策　划　辰　昕

主　编　赵　黎

副主编　李嘉美　刘　逆　习　骅　吴继林

编　委　丁晓龙　刘建涛　李昱明　胡顾然　焦莉燕　张　楠

朱　涛　李海超　刘效彤　郭　雪　孙春娥　陶　莉

李　洁　莫赤梅　陈少谊　蚁行芳　刘　烨　魏　薇

李义霞　周嘉欣

幸福书 3

主编　赵黎

这是一本帮您领悟幸福真谛的书
这是一本只有微博时代才能诞生的书
这是一本由上千万人共同见证、参与创作的书

人民出版社

责任编辑:吴炤东
封面设计:成　劼

图书在版编目(CIP)数据

幸福书3/主编 赵黎. —北京:人民出版社,2012.9
ISBN 978-7-01-011224-4

Ⅰ.①幸…　Ⅱ.①赵…　Ⅲ.①幸福—通俗读物
Ⅳ.①B82-49

中国版本图书馆CIP数据核字(2012)第218289号

幸福书3
XINGFU SHU 3

主编 赵　黎

人民出版社 出版发行
(100706　北京市东城区隆福寺街99号)

环球印刷(北京)有限公司印刷　新华书店经销

2012年9月第1版　2012年9月北京第1次印刷
开本:880毫米×1230毫米 1/32　印张:9.125
字数:200千字　印数:0,001-20,000册

ISBN 978-7-01-011224-4　定价:29.00元

邮购地址 100706　北京市东城区隆福寺街99号
人民东方图书销售中心　电话 (010)65250042　65289539

传递幸福赠言

赠言人姓名：________ 电　话：________________

邮政编码：__________ E-mail：________________

地　址：____________________

“感悟幸福、传递幸福”大型社会公益活动倡议书

新中国成立 60 多年来，特别是改革开放 30 多年来，在中国共产党领导下，在全国各族人民的共同努力下，中国社会发生了翻天覆地的沧桑巨变。综合国力大幅跃升，人民群众生活水平明显改善，国际地位显著提高，中华民族巍然屹立于世界民族之林。然而，不可忽视的是，面对辉煌成就，面对生活水平的巨大改善，面对可期的美好未来，不少人的幸福指数并没有明显提高，甚至有一些人在接受调查时认为自己感受不到幸福。

幸福感的缺失很可能与我们的目标定位有一定关系，我们迫切地期盼着国家更美好，迫切地期盼着自己的生活更美好，迫切中竟然忽略了追求过程、创造过程本身的美好。其实，幸福一直在过程中、在我们眼前、在我们身边。

幸福来自每个人作为个体的自我感悟。这种感悟是可以学习的，是可以交流的，也是可以传递的。从某种意义上说，在相同社会背景和条件下，幸福指数是可以随着社会成员对幸福的认知能力、感悟水平、交流和传递频率的提升而有所提升的。我们渴望幸福，所以我们要学习幸福、感悟幸福、交流幸福、传递幸福！

我们倡议：让我们一起探寻和传播当今时代的幸福感悟，

使更多的人能够理解幸福、实现幸福，并进而在更大的范围内传递幸福、普及幸福。让我们一起用行动诠释“老吾老以及人之老，幼吾幼以及人之幼”的传统中华美德，用行动弘扬人人为我、我为人人的社会主义道德新风尚。希望所有有缘读到这本书的人，把感悟幸福和传递幸福作为自己幸福的实现方式之一，和创作者一道为整个社会的进步、发展，为社会全体成员的幸福贡献一份力量。

《幸福书1》、《幸福书2》和《幸福书3》出版发行以及“感悟幸福、传递幸福”大型社会公益活动，是大家学习幸福、感悟幸福、交流幸福、传递幸福的自发行动。本书部分稿费收入将用于慈善事业。

我们为您的参与提供如下建议方案：

1. 把《幸福书》系列放在您的案头，认真阅读、经常阅读，最好每天都能读上几段。

2. 将《幸福书》系列作为知心礼物赠送给您的亲友、同事、同学（一定要在扉页——“传递幸福赠言”页上用心写下赠言），抽时间与他们进行幸福感悟交流。

3. 机关、企事业单位和各类社会组织，可开展集体爱心捐赠活动，先确定捐赠对象（可以是西部地区或贫困地区中小学、企业职工书屋、农村村民书屋、青年志愿者等群体），之后组织单位每位员工在《幸福书》扉页上，撰写赠言，然后将留有赠言的《幸福书》系列集中捐赠给选择的对象。

4. 大型社会活动（包括大型会议、大型文艺演出等）可在活动中增加《幸福书》系列爱心捐赠内容（只占用几分钟时间）。活动开始前将书发给每位到场的人，现场宣布捐赠对象，请大家有针对性地撰写赠言，由活动组织者将留有赠言的书集中，活动结束后统一捐赠出去。

5. 作为个人积极参与集体捐赠活动，用心撰写赠言，您的赠言将是受赠者得到暖心礼物的重要组成部分，它会温暖另一颗心，增进受赠者的幸福感受。

6. 作为《幸福书》系列的受赠人，建议您以书信、手机短信或电子邮件方式给赠书者一个回馈，哪怕是一句话，您的回馈是送还赠书人的最好礼物，会增进他（她）的幸福感。

7. 参与创作《幸福书》，把您对幸福的认识和感悟用300字左右篇幅写下来，加上一个标题，写在《幸福书1》、《幸福书2》或《幸福书3》结尾部分的“感悟幸福回馈”页上，寄给《幸福书》编辑部（100865，北京市复兴门外大街10号，全国总工会信息中心周嘉欣收），或登录新浪“幸福书编辑部”微博（http：//weibo. com/happywaychinadream）留言。一定要留下您的姓名、地址、邮编和电话，您的稿件如被采用，《幸福书》编辑部将及时告之，并会将稿费和1本样书寄给您。

《幸福书3》创作团队

2012年7月

理解幸福·实现幸福

（同名讲座核心内容）

辰　昕

一、如何看待当前的“幸福热”

2012年6月28日，联合国大会通过一项决议宣布每年3月20日作为“国际快乐日”，并希望每个人都能投身于快乐之中。决议称：“对幸福的追求是一种基本的人类目标”，呼吁所有成员国以适当方式庆祝国际快乐日，包括通过教育和举行公共活动等。

联合国通过这个决议在一定程度上是不丹王国外交努力的结果（不丹2011年人均GDP只有2288美元，还不到我国人均GDP的一半，在世界大家庭中，属于经济不发达国家，但不丹人的幸福指数却在全世界名列前茅。不丹政府施政非常重视人民的幸福，已经推出自己国家的幸福指数），但更重要的是顺应了时代发展的需要，顺应了世界各国民众的需要。随着经济全球化带来的世界各国经济社会的不断发展，近年来，对幸福感的追求和重视，在全世界更大范围内成为人们的共识。20世纪六七十年代开始在一些发达国家出现的“幸福热”现象，如今开始在更大范围内出现。

这种现象在我国表现得尤为突出：

1.“幸福”成为各种文艺作品的主题

从2010年初开始，热播的电视剧一部接着一部，《老大的幸福》之后，有《老马家的幸福往事》、《幸福》、《守候我们的幸福》、《追着幸福跑》、《幸福密码》等。幸福成了图书市场的卖点，白岩松的《幸福了吗》，宋丹丹的自传《幸福深处》，中央政治局委员、广东省委书记汪洋署名推荐哈佛大学本·沙哈尔的讲义《幸福的方法》，在当当网上搜索关于幸福的图书有上千种，一时间似乎书名加上“幸福”二字就能成为热销书。

2.“幸福”成为民众街谈巷议的话题

老百姓聊天中使用“幸福”一词的频率越来越高，只要我们稍加留意，经常能听到。“幸福”一词的词性也被迅速突破，使用范围越来越宽泛，从名词，到动词、形容词、副词。“幸福”一词超高的使用频率，从互联网上能反映出来，在百度上搜索“幸福”一词，得到的是海量信息，已经无法用数字计算。当然，也有人调侃自己“被幸福”。

3.“幸福”成为媒体竞相报道的标题

报纸杂志讨论幸福的文章数不胜数，随便翻开一张报纸，几乎都能看到有关幸福的文章或词汇。网络媒体的报道更是多如牛毛。各类电台、电视台诸如《幸福晚点名》、《幸福魔方》、《下一站幸福》、《幸福来敲门》、《向幸福出发》等栏目交相辉映。不仅国内如此，国际媒体对中国的“幸福热”也给予高度关注。近两年，《参考消息》刊出的国际社会关注中国“幸福”的文章几乎每周都有。

4. “幸福”成为各级政府施政的议题

2010 年的“两会”报告中，温总理讲到要让人民生活得更幸福，更有尊严。2011 年“两会”前几天，温总理接受采访时表示，要考核干部“使人民幸福”的能力。《人民日报》文章说，使人民更加幸福是中国未来一个五年规划的重要议题。各地政府纷纷提出幸福口号和政策举措。总理的讲话、表态，以及各级政府诸多相关政策举措、目标口号的提出，反映出使人民幸福正在成为各级政府的重要施政理念。

5. “幸福”成为专家学者研究的课题

在万方数据库中输入“幸福　研究”，有上万篇相关期刊文章供您阅读，有近 3000 篇学位论文把“幸福”作为对象进行研究。这些研究成果从时间上来看，大都是近两年所作。“幸福”问题成了时尚的学术课题，哲学、社会学、经济学、政治学、统计学，甚至法学、理学、工学等各领域的学者，都开始研究有关“幸福”的问题。

幸福热是一种表象，它的产生绝不是偶然的，它是社会发展到一定阶段的产物，表象背后有深刻的政治、经济、文化和社会根源。

幸福热是一种乱象，它反映人们对幸福的理解和认识存在模糊，存在迷茫，正确的幸福观是什么，需要全社会共同厘清。

幸福热是一种征象，它反映出人们对幸福的渴求更强烈，对幸福的感情更浓烈，对幸福的追求更热烈。但怎样才能获得幸福，需要正确的方向。

我认为，“幸福”问题成为热点，有这样几个原因：

第一，经济政治社会发展达到一定程度。当生存和温饱不再成为制约人们的首要问题，当政治禁锢越来越弱化，当社会越来越向安全和有序迈进，民众基本需求的张力减少之后，精神层面的追求自然抬升。

第二，社会平均文化水平达到一定程度。古时候，思考精神层面问题的只有少数智者，所谓智者，就是具有一定知识和文化水平的人。当社会平均文化水平提升，人人受教育，人人会思考，人人成为智者，关注和讨论精神层面问题的人自然增多。

第三，人际之间沟通传播便捷到一定程度。没有人际间的交流沟通传播，任何问题都成不了热点。发达国家最早出现“幸福热”，报纸的广泛发行以及电台、电视台的发展起到了助推作用。互联网飞速发展带来的信息与沟通的快速便捷，则是当今“幸福热”的助推器。

二、如何正确理解幸福

我们来看看“幸”和“福”两个字的来历。

甲骨文
金文
篆文
隶书
楷书
行书
草书
标准宋体

甲骨文
全文
篆文
隶书
楷书
行书
草书
标准字体

从“幸”字的甲骨文字形来看，表现的是用镣铐锁铐罪犯，造字的本义是将重罪犯或死囚脚颈连锁，文言版的《说文解字》提到，“幸，所以惊人也”；白话版的《说文解字》解释说，“幸，是用来警醒世人的枷锁刑罚。看到这种凶事，庆幸自己吉而免凶，幸而不亡，犹可说也，可庆幸也”。所以，才有“庆幸”、“幸存”、“幸亏”、“幸免”等，衍生出“好运的、不可思议”的意思。幸的词性也从本义的动词变成现在的形容词、副词。

“福”字从甲骨文字形来看，一种写法是：左边是一坛美

酒，右边是一个人向神跪拜；另一种写法是：下面是一坛美酒，上面是一个人向神跪拜。造字的本义是用美酒祭神，祈求富足安康。文言版的《说文解字》说，“福，佑也”；白话版的《说文解字》说，“福，神灵保佑。祈求免祸，福者，备也；备者，百顺之名也”。凡事有所准备，祈求也是一种准备，当然就会带来与祸相反的福。后来引申为“满足的、理想的”，词性也从本身的动词变成了形容词、名词。

“幸”字和“福”字具有相通的意思，都有“好运的、理想的、满足的”等含义。它们的差异在于，“幸”是靠天然和运气得来的，“福”是靠准备和祈祷，也就是自身努力得来的。那么“幸”、“福”二字合在一起，就是人生的最佳境界，天然的、运气的和自身努力的那种理想状态和境界，都被得到了。

古今中外，影响比较大的幸福观主要有：

1. 儒家幸福观

儒家的代表人物是孔子，孔子是对中华文化影响最深远的人，在世界十大文化名人中排第一。孔子的主要思想集中在《论语》里。《论语》没有记载孔子直接阐述幸福，但我认为孔子的思想中包含着幸福观。《论语》中经常谈到“君子”，孔子心中的“君子”应该是人格高尚的人、有才德的人、在上位的人。我认为“君子”应该是《论语》中相对幸福的人。《论语·宪问第十四》中“子路问君子”时，子曰“修己以敬”，“修己以安人”，“修己以安百姓”，这就是孔子心中幸福的三个层次的标准。

第一个层次是“修己以敬”，是说要修养修炼自己，达到严肃、敬畏、警觉的状态。按照现代积极心理学的观点，如果一个人能够达到严肃、敬畏、警觉的状态，一定会更好地、更细致地体验和感受外在的环境，其实也就拥有了体验幸福的能力。这是自我幸福的能力，是得到小幸福的能力。

第二个层次是“修己以安人”，意思是修养修炼自己，通过自己的状态使周围的人安然。使接触到的人安然，这实际上也是使这些人接近幸福。这就让个人的幸福达到了另一个更高一些的境界。

第三个层次是“修己以安百姓”，修养修炼自己，造福百姓，让百姓都安乐。这是一种更大的境界。能够福佑一方百姓的人，是真正大幸福者，也是最幸福的人。

很多研究儒家思想的学者认为，儒家幸福观应该理解为“孔颜之乐”。这种理解与我上述理解并不矛盾。“孔颜之乐”源于孔子两段论述：其一《论语·述而第七》里：“饭疏食，饮水，曲肱而枕之，乐亦在其中矣。不义而富且贵，于我如浮云”。其二《论语·雍也第六》里：“一箪食，一瓢饮，在陋巷，人不堪其忧，回也不改其乐。贤哉，回也。”两段论述清楚地表明了孔子对“乐”（幸福）与物质、与精神关系的看法。

宋明理学时期，儒学中已借鉴了很多佛教和道教的心性理论和方法，“孔颜之乐”成了儒家“内圣”境界的终极问题。不同代表人物有着不同的理解。一种理解认为，“孔颜之乐”是与天地万物同体，得到的是自然之乐、自由之乐。

第二种理解认为，“孔颜之乐”是与“理”合一之乐，通过“持敬”和“格物穷理”，达到“从心所欲不逾矩”与“理”合一境界。第三种理解认为，“孔颜之乐”是与事功合一，乐在不离事功，乐在“博施济众”，与事功合一，则忧亦可得乐，苦亦有乐。第四种理解认为，“孔颜之乐”是“性”“情”合一之乐，通过“致良知”，发现内心，发现本性，乐在其中。

2. 佛教幸福观

佛教的目标是引导人们离苦得乐。苦者，不幸也；乐者，幸福也。佛陀曾说，“为了众生的幸福和快乐，难道我不应该探求真理吗？”可以说，佛教是关于如何实现幸福的哲学。我个人认为，佛教同样分成三个层次引导人们如何走向幸福，分别是：身心安泰，普度众生，无苦无乐。

第一个层次是身心安泰。消除贪嗔痴，了烦恼、了生死，身心安泰，自我解脱，这是小乘佛法的核心思想。这完全可以看做是追求小我的幸福，或者说是小我追求幸福的一种方式。要想身心安泰，就要做到“八正道”：第一是正见，即对世界、对人生要有正确的认识；第二是正思，能够依正见而对事物进行思维；第三是正语，和人交往中做到诚实、和谐、礼貌；第四是正业，要从事遵守国家法律、符合社会公德、无害于他人的行为；第五是正命，不做非法、违纪，伤害社会公德的事；第六是正勤，勤奋敬业，做正向的努力进取；第七是正念，起心动念要有正方向，境界高远；第八是正定，内外如一、净化心灵。

第二个层次是普度众生。自己成道只是小道，要成大道就必须帮助众生得道，这是大乘佛法的核心思想。佛教认为世俗所处的境界是此岸，菩萨和佛的境界是彼岸，成菩萨或成佛的任务是帮助众生共同“渡”到极乐世界的彼岸。这可以看做是造福众生、追求大幸福的方式。

第三个层次是无苦无乐。这是佛教哲学最重要的特点。无苦无乐，是极乐和永恒，是最高境界。佛教中的原话是“苦是苦，乐亦苦，无苦无乐，即是极乐”。这句话可以这样理解：苦本身是苦的；乐是不可持续的，乐接下来也还是苦，所谓乐极生悲；无苦无乐，无苦是为乐，无乐，也就无苦。这是一种永恒的境界，也是极乐世界。

3. 道家幸福观

道教代表人物是老子和庄子。老庄思想，道家哲学，包含了对幸福的认识和理解。《道德经》讲“祸莫大于不知足，咎莫大于欲得，故知足之足常足矣”，倡导的是顺应自然、清净自心、知足常乐地生活，引导人们以一种愉悦平和的心态去对待生活。道家的幸福观，可以分两个层次来理解：第一个层次，努力摆脱世俗生活对人的种种束缚，要解决人生的各种痛苦，以使人获得一种完满的幸福和自由。第二个层次，道教从得道成仙的角度出发，强调“福莫大于生”，认为幸福不在于有多少权力名声，不在于有多少物质财富，而在于能够身体健康地、心情愉悦地活着，永远活下去，以至于长生不老。

道教幸福观的核心可以归结为对生命的热爱。让生命摆脱束缚，自由自在，这是对生命的热爱；保重身体、快乐生活，追求生命的长度，更是对生命的热爱。基本原则就是顺应自然和知足常乐。此外，道家说“祸兮，福之所倚；福兮，祸之所伏”，又能够辩证地看待幸福，启示我们认识到祸与福的对立统一，可以相互转化。

4. 西方理性主义幸福观

理性主义是西方思想史上的一大传统。古代以苏格拉底、柏拉图、斯葛特学派等为代表；近代以笛卡儿、康德、黑格尔等人为代表。理性主义强调理性的作用，贬低感性和情感的作用，主张抑制欲望、追求道德的完善或精神上的幸福。理性主义者认为人生的目的和幸福在于按照理性来行事，而感官的享受和快乐只会玷污理性，荒废人生。理性主义的幸福观有两种：一种是以柏拉图、亚里士多德为代表的和谐说，一种是以犬儒学派和斯多葛学派为代表的禁欲主义。

5. 基督教幸福观

基督教神学家认为，人要达到幸福的境界，不在于财富、名誉、权力和肉欲的享受，而在于宗教德行中，在于对上帝的热爱和追求中。只有对上帝的深思、崇拜，才能返回天国，获得真正的幸福。因此，在神学家看来，尘世生活不过是趋向上帝天国的旅途，德行是达到幸福的手段。只有在修道院中摆脱尘世的诱惑和纷扰，达到圣洁状态，才能最终获得幸福。

6. 后现代心理学的幸福观

随着心理学的不断社会化，有人认为现在进入了后现代心理学时代。在这样的时代，人们越来越关注精神品质，关注和谐、幸福。但这个时代同时是物质文明不断发展的时代，人们隐约的意识中都在感受到幸福度似乎在下降。于是，产生了这样的观点：幸福是一种感觉，它不是物质，也不是文化，它不能直观地视觉化和听觉化。幸福是一种流动在任何一个生命中的能量，当生命体静下来才能感知幸福。在这个时代，幸福感的降低和缺失，不是幸福没有了，或者幸福减少了，而是人们丢弃了幸福。国内后现代心灵导师林仕锟这样比喻，“幸福一直都在，如同道路一样，幸福不是终点站，幸福一直在路的两旁”。幸福的减少和缺失，根源在于人们忽略了幸福的存在，只把它想成是一个遥远的目标，于是把幸福遗忘在路的两旁。获得幸福的关键在于人们要活在当下，品味当下。

7. 马克思主义幸福观

马克思主义幸福观起源于唯物主义幸福观，费尔巴哈以感性为基础，建立了庞大的幸福思想体系。包括三个方面：第一，追求幸福是人的本性；第二，道德是幸福的基础和源泉；第三，在个人幸福与社会幸福的关系上，一个原则是自身享受幸福的同时不能剥夺他人的幸福。马克思在他的理论体系中进一步系统地阐述了幸福观，其基本内涵是劳动是幸福的源泉，道德是幸福的前提，幸福是物质幸福与精神幸福的结合，是个人幸福与社会幸福的统一。

以上种种幸福观，无论是形成时间，还是影响范围，都存在着巨大的跨度，但认真分析，其中包含着不少有助于我们深入理解幸福的共性内容：

第一，追求幸福是人的本性。任何一种幸福观都没有把什么人排除在外，都是面向所有人的。正如一位叫帕斯卡尔的法国人（17 世纪数学家、物理学家、哲学家）曾经说过的“人人都寻求幸福，这一点是没有例外的”。

第二，幸福更偏重精神享受。各种幸福观基本都认识到，物质上得来的幸福是短暂的、有缺陷的，精神上得来的幸福才是长久的、完整的。

第三，幸福存在不同的境界。儒家“修己以敬”、“以安人”、“以安百姓”是不同的境界，佛教“身心安泰”、“普度众生”是不同的境界，理性主义和基督教讲的道德上的完善程度也是不同的境界，马克思主义个人幸福和社会幸福同样是不同的境界。

第四，幸福与控制欲望有关。儒家的修养修炼是控制欲望，各种宗教寻求解脱的办法都是控制欲望，理性主义和心理学的观点更明确地提出要控制欲望。

近几十年，国外很多学者，包括经济学、社会学、政治学、医学、统计学、流行病学，以及管理科学等各个领域的学者，针对幸福做了大量系统的、实证性的研究。近年来，我国也开始陆续出现此类研究。

有关幸福的多领域和跨学科研究涉及面很广，但多数有一个共性的特征，希望能把幸福与一些具体的变量联系起来，希望能用科学的办法解释和测量幸福。这些变量包括经济发展水平，人的年龄、性别、收入、受教育水平、婚姻状况、饮食习惯，其他个人特征、地区特征、国家特征等。

幸福与经济的关系。20 世纪 70 年代，西方学者就已得出结论，认为经济发展到一定程度之后，幸福并不随着 GDP 增长而提高。研究显示，1972—2008 年，美国人的幸福感没有上升。20 世纪 70 年代初期，1/3 的美国人认为自己生活幸福，21 世纪第一个十年的中后期，所报告的幸福水平与 30 年前差不多，甚至略有降低。

有学者在美国抽取了 4.8 万个样本，进行问卷调查，非常幸福 3 分、比较幸福 2 分、不怎么幸福 1 分，测算得出美国平均幸福水平为 2.2 分这个初始基数，标准差是 0.635。并统计测量了幸福与一些变量的关系。

幸福与年龄的关系。随着年龄变化，幸福值是个 U 形曲线，最低点在 40 岁左右。40 岁之前不断下降，40 岁之后不断上升。

幸福与性别的关系。男人的幸福指数比平均值低 0.0497，女人平均幸福水平比男人高大约 0.052。

幸福与教育的关系。教育对幸福度的影响是强阳性，即人们所受的教育越多，幸福水平越高。在美国每增加一年受教育年限，幸福度提高 0.017 个点。

幸福与工作的关系。是否失业，能不能找到工作，对幸福感的影响也不小，相差 0.02343。

幸福与婚姻的关系。婚姻状况对幸福感的影响非常大，其他因素不变，已婚比单身高 0.2322。

幸福与金钱的关系。关于金钱能否换来幸福，调查得出的答案是肯定的。收入每增加 1000 美元，就与幸福感增加 0.00246 个单位相关，那么增加 10 万美元，幸福度会增长

0.246，这比婚姻、失业的影响都要大。当然，当收入已经处于一个很高的水平，收入增加带来的幸福边际效用逐渐递减，直至为零。

重大事件也会影响人的幸福度。比如美国“9·11”事件，比如经济衰退，2008—2009年金融危机，比如，受主权债务危机影响，政府实施严厉财政紧缩政策的几个国家，如希腊、冰岛、葡萄牙等，社会幸福度在明显下降。

不过，这些研究的局限也是明显的，因为研究表明，原因不明的幸福趋势占比远远大于原因清楚的幸福趋势。只有不到20%—30%的幸福感差异可以由独立变量解释。前面谈到美国幸福感存在一个0.635的标准差，这几乎接近于可以解释的幸福感的最大值。西方学者得出一个观点，在目前的认知水平上，关于人类的幸福问题，我们的知识仍然是稀缺的。

我本人对幸福的一点见解：幸福是人的个体感受，这种感受随时在发生变化。幸福感的强弱，取决于个人的心理预期与其现实状态之间的对比关系。现实状态越接近心理预期，这个人的幸福感越强，当现实状态等于心理预期或超过心理预期时，这个人的幸福感达到最强，但由于心理预期的随时变化，这种感觉很难持续太久；现实状态越远离心理预期，这个人的幸福感越弱，二者距离达到一定程度后，这个人可能会感到幸福感的丧失。

可以用一个坐标图来表现幸福感的状况。时间是横轴，表现心理预期值和现实状态值的是纵轴，在这个坐标图上，可以为每个人画出心理预期变化值和现实状态变化值的两条曲线。

从这两条曲线之间的距离关系就可以分析出幸福程度。以下试着做些分析：

一般说来，或绝大多数时间，一个人的心理预期值高于现实状况值。由于个人的努力，或者由于整个社会的不断发展进步，多数人的一生中，现实状态值可能会不断提升。如果心理预期值保持相对稳定，在现实状态值提升的过程中，心理预期值和现实状态值在不断接近，一个人的幸福感肯定会不断提高；但随着现实状态值的提升，人的心理预期往往会随之变化，如果心理预期值提升幅度大于现实状态提升值，二者的距离不仅没有缩小，反而变大，幸福感不仅不会提高，反而会下降；如果心理预期值的变化幅度刚好与现实状态值保持同步，幸福感可能没有什么变化；如果心理预期值提升幅度小于现实状态值提升幅度，二者仍会慢慢接近，幸福感会有所上升。

一个人为自己设定了阶段性的目标，等于阶段性地稳定了心理预期值，那么在这个阶段，如果能够努力不断提升现实状态值，不断接近目标，幸福感会不断提升。但一旦达到或非常接近目标，人的心理预期往往又会很快发生变化，又会设定新的目标（心理预期），新的心理预期又会拉开和现实状态值之间的距离，幸福感又会进入一个新的变化周期。

有的人，心理预期值永远不会太偏离现实状态值，这种人心态好，欲望不高，两条线距离很近，这样的人自身幸福感较高，对社会和谐贡献大，但人生缺乏动力，对社会进步贡献小，即便他人生方向错了，造成的破坏也小。有的人，两条线都在上升，但总是相距很远，这样的人属于目标远大或追求完美的人，他们不懈奋斗，对社会进步可能做出很大贡献，或是造成很大破坏，但即使是贡献很大，被社会广为赞誉，他本人的幸福感仍难以提升。

多数人，两条线是波动的，时近时远。距离远了，幸福感会降低，但奋斗努力的动力随之提升，行动之后，产生阶段性成果，心理预期变成现实，幸福感提升，两条线接近，甚至一度重合。但很快又会产生更高的心理预期，心理预期线往上走，两条线又渐行渐远，不幸福感增强，幸福感下降，动力增强，又产生新一轮波动。

我认为，用这个方法，可以解释幸福感的各种变化。幸福是个很有趣的事情，别人认为很幸福、应该幸福、一定幸福的人，他本人内心未必感到幸福，甚至可能认为自己很不幸。别人认为很不幸，根本不可能幸福的人，可能他本人却并不这么想，甚至可能生活得悠哉游哉，自得其乐，幸福得很呢。这是因为我们在解释时不能混淆了心理预期值、现实状况值主体的关系，只能是一个主体，对比才有意义。刚才说的别人认为很幸福，自己感到不幸福，是因为用别人的心理预期值和本人的现实状况值进行对比了。另外，人们都说找不到持久的幸福，这正符合前面论述的心理预期值和现实状态值上下波动带来的幸福感波动变化的情况。同时也说明，绝大多数人没有找到调试心理预期值或调整心态的办法，如果能够找到调试心理预期的办法，像儒家讲的修己以敬，佛教讲的身心安泰，道教讲的知足常乐，幸福感一定会更强，更持久。

三、如何实现幸福

要想获得幸福很简单，就是想办法拉近现实状况值和心理预期值之间的距离。应该有两条路，第一是提升现实状况值，第二是合理控制心理预期值。第二个肯定是有效的，不管现实状态值如何，我们只要能够把心理预期值控制得和它差不多，肯定会感到幸福感上升。第一个办法难度在于：一方面，提升现实状态值受到很多因素影响，个人意愿和个人努力只是其中一个因素，未必能够起到决定作用；另一方面，人是很奇怪的，如果不控制心理预期值，不管现实状况值提升到什么样的高度，都会产生比现实状况值高的心理预期值。一首江南小令阐述了这个道理："终日奔忙只为饥，才得有食又思衣。置下绫罗身上穿，抬头却嫌房室低。盖了高楼与大厦，床前缺少美貌妻。娇妻美妾都娶下，忽虑出门没马骑。买得高头金鞍马，马前马后少仆役。招了家人数十个，有钱没势被人欺。时来运转做知县，抱怨官小职位低。做过尚书升阁老，朝思暮想要登基。一朝南面做天子，东征西讨打蛮夷。四海万国都降服，想和神仙下象棋。洞宾陪他把棋下，吩咐快做上天梯。上天梯子未做好，阎王发牌鬼催急。若非此人大限到，升到天上还嫌低。玉皇大帝让他做，定嫌天宫不华丽。"

综合办法是：努力提高现实状况值，同时管理好心理预期值。我认为，管理好心理预期值，是提高幸福感必须要做的。当然，为了社会进步，为了我们生活得更加美好，我们也要努力改变现实状况值。

再回头看《说文解字》对"幸福"两个字的解释，"幸"

字是对比死刑犯，暗自庆幸，感到自己幸运，这不正是在控制心理预期值吗？“福”字是向神灵敬献美酒进行祈求，这不正是在努力提升现实状况值吗？在组词时没有把“福”字放在前面，组成“福幸”，而是把“幸”字放在前面，组成“幸福”，正是把管理心理预期值放在首位。

幸福从根源上讲是哲学问题，哲学最重要的是合乎逻辑和把握规律。根据前面讲的逻辑和规律，我研究提出了以下获得幸福的基本方法：破除三个误区，努力做到十个“一”。

要破除的第一个误区：名利＝幸福

英国作家萨克雷有一本很有名的小说叫《名利场》，他把我们生存的世界比喻为名利场，人人都在追名逐利，人人都以为得到名利就得到了幸福，然而小说的情节告诉我们，结局往往事与愿违。无论是读历史、读小说，还是看现实，我们会发现太多太多事与愿违的例子，却很少看到梦想成真的例子，如果有，也是在童话中。一项研究认为，如果生命只以追名逐利为目的的话，带来的多是负面后果，这些人比其他人更有压力，更容易沮丧和焦虑，身心都显得不健康，缺乏生命力。有学者在新加坡商业学院学生中做的调查显示，那些内心充满强烈的物质化价值观的人，其自我实现度、生命力和幸福感普遍较低，取而代之的，是更多的焦虑和身体障碍。

这正与我对幸福的见解相吻合。过于看重名利的人，心理预期值往往很高，并会不断抬升，没有止境。绝大多数人根本不可能达到目标，幸福感当然很低；少数人虽然能有所收获，但短暂的满足之后，心理预期值会与现实状态值偏离得更远，幸福感仍然在降低。

我们承认物质决定意识，不否认物质条件的重要性，但物质条件仅仅是幸福感受的基本条件而已。名利其实只是别人眼中看到的，对于人自身来说，只有正确认识它们，才能始终保持一颗平和的心。如果把名利作为追求的最终目标，结果只能反受其累。

要破除的第二个误区：享乐 = 幸福

享乐确实能带来快乐，但很难持久。贪图享乐的人总是盲目地去满足欲望，盲目地寻找快乐逃避痛苦。在快乐的诱惑下，他们很少考虑后果，认为充实的生活就是不断满足自己各种各样的欲望，眼前的事只要能让他开心，就不顾一切地去做，刺激劲儿过去，再找更新鲜的刺激。由于他们只看重眼前，短暂的快乐会让他们失去理智。因为同一件事给人带来的满足感会随着重复的次数而递减，所以说贪图享乐的人，必须不断地去寻找新的刺激，导致的结果往往是痴迷网游、赌博、无谓的冒险，甚至吸毒、滥交，最后当一切都无法为他带来满足的时候，就会变得极度空虚，走向迷途。

心理学家做过这样的实验：付费给一些大学生，要求他们只是享受，其他什么都不可以做。实验结果是，一段时间后，这些大学生就会感到极度沮丧，尽管参与研究的收入很可观，但过不了多久，所有的人都主动放弃了。贪图享乐的结果，是世上再没有任何东西可以给自己带来快乐，最后只能选择毁灭性的解除痛苦的办法。

要破除的第三个误区：成功 = 幸福

成功其实很难定义，多数人把取得社会普遍认可的一定程度的权力、地位、名誉、财富，看做是成功。这种成功和幸福的关系，与前面论述的名利和幸福的关系差不多，在此不再赘述。

这里想说的是有些人把达到一个目标或做成一件重要的事看做成功，并把这种成功等同于幸福。我认为这同样是对幸福理解的误区。很多人都有这样的经历，他们会长时间努力去做成一件事，在这个过程中一直认为成功会带给自己快乐、充实感和幸福感，甚至带给自己持久的幸福。成功的一刹那，可能确实会让人欣喜若狂，但用不了多久，那种梦想成真的喜悦和所有的快乐，就会消失得无影无踪，内心会突然变得很空虚，甚至迷茫和恐惧。成功之前，人们的逻辑是，即使付出再痛苦的代价，为了换取成功后的幸福，一切都是值得的。但成功后，用不了多久，那种空虚的体验，会让人一下醒悟，原来的逻辑是不真实的。

人生中，不断努力达到一个又一个重要的目标，不断努力完成一件又一件重要的事情，无论对个人，还是对社会，都是必要的，也是重要的。我无意诋毁任何一种成功，我只想说明，如果内心中把成功等同于幸福，那是对幸福的误解，沿着这种理解去做，无法真正实现幸福。我想阐述这样一个道理：成功的人生不一定是幸福的人生，但幸福的人生完全可以被看做是成功的人生。

要努力做到十个“一”：

1. 明确一个终极目标

我们的人生，归根结底是为了什么？我想答案是明确的，衡量人生成就的标准应该是幸福。对任何人生而言，幸福都应该是至高无上的追求，人生应该回归本质，把幸福作为第一追求，把物质、财富等都放到其次。人生中一切的一切，都是为了达到幸福而服务的，而绝不是相反，更不应该牺牲幸福而去换取其他什么。

对一个社会、一个国家，尤其是执政党来说，更应该把实现公民的幸福作为施政的最终目标。要让每一个生命都享有尊严和自由，每一个个体都能最大限度地感受幸福。

2. 确信一个平等天赋

人追求幸福的权利是天赐的，是生而平等的，没有任何人、任何宗教、任何政权可以把它夺走。所有的人都可以变得比原来更幸福，而大多数人在追求幸福上没有发挥出真正的潜能。一项研究认为，幸福感主要取决于三个因素：基因、环境、行为。基因没法控制，环境不好掌控，但我们有决定行为的力量。

在与死亡抗争的过程中，许多病人对生命的看法有了重大改变。他们不再看重琐碎的事情，放弃去做他们不愿意做的事情，加强了与家人、朋友之间的沟通，全然活在当下，而不再是过去和将来。于是，一颗对身边环境更加感激的心诞生了：季节轮回、落叶、那最后的春天特别是他人的爱。令人震撼的是：他们在得知患了重病之后才开始充实自己的生活，感到真正虚度了以前的光阴。人还是那个人，对生命有着一样的知识，对事情有着一样的认知，对亲人有着一样的情感。他们只是找回了以前就拥有但忽略的东西，如果早一点发现运用，人生是不是会更好呢？

要用多大的代价，才能认清活着的意义。闻道者百，悟道者十，得道者一。让我们记住复旦大学一位叫于鹃的老师在《此生未完成》中写下的话：在生命临界点的时候，你会发现，任何加班，给自己太多的压力，买房、买车的需求，这些都是浮云。如果有时间，好好陪陪你的家人，把买车买房的钱给父母买双好鞋子，不要拼命去换什么大房子，和相爱的人在一起，蜗居也温暖。

3. 胸怀一个合适理想

为一个有意义的目标而努力、而奋斗，会带来持久的幸福感。幸福不是爬到山顶的一刹那，也不是在山下漫无目的地闲逛，而是在向山顶攀登过程中的种种经历。有理想的人，即使是在挫折中，仍然能感到幸福。单纯地把成功等同于幸福是一种误区，但把追求理想的过程体验看做幸福，则可以为人们带来持久的幸福感。

国外有一种沉浸体验，当个体沉浸于体验状态，体验本身就是最好的奖赏。在沉浸状态中，感觉和体验合而为一，行为和觉察融为一体。沉浸体验表明，过大的压力让人没有最好的状态，没有压力和过小的压力也发挥不出人的潜能，只有在一个过难和过易之间的区域，人们不但可以发挥潜力，还能享受过程中的快乐。所以说，我们在树立理想时，不能让理想太过于遥远、不切实际，也不能让理想太过于简单、轻而易举就能够达到。

4. 强化一个感性能力

所谓感性能力，是视、听、味、嗅、触、情绪、情感等所有感觉的总称。头脑因为思维而敏锐，肌肉因劳作而强健，感性能力同样因为锻炼而敏感。如果感性能力不能得到正常发展，人生会越来越乏味，我们经常见到这样的人，有好的工作、有高的工资、有房、有车，生活当中该有的东西都有了，但他对什么都没有兴趣。他具有获得幸福的条件，但就是找不到幸福的感觉，追根溯源，关键在于他缺乏良好的感性能力。

要想体验幸福，就要有体验幸福的能力。同样条件下，一个细腻、敏感、丰富的人，比一个枯燥、乏味、麻木的人生命质量要高得多，幸福感会强得多。比如，同样是到一个湖光山色的美丽地方，有人立即就能感受清新的空气、湛蓝的天空、碧蓝的湖水、碧绿的草原、苍翠的青山，享受大自然的恩赐，有人可能只会漠然视之。

感性能力强的人，自己实现幸福的同时，还会为整个集体、社会乃至国家创造更多实现幸福的条件，因为他感性，知道什么是美好的，他会创造美好。而感性能力弱的人，或者缺乏感性能力的人，不仅自己不幸福，也会让集体和社会不幸福。

5. 培养一份真挚情谊

在外界因素中，是否快乐幸福取决于是否具有丰富和满意的人际关系。心理学研究发现，在母亲身边玩的小孩要比不在母亲身边玩的小孩有创造力，孩子在母亲身边一定范围内，创造力是惊人的，这个范围被学界称为“创造力圈”。在这个圈内，孩子们敢于尝试，勇于尝试，跌倒了可以自己爬起来，原因是他知道那个无条件爱他的人就在身边。成人不需要像孩子一样离亲人很近，只要我们知道有人在爱自己、关怀着自己就可以产生同样的安全感。无条件的爱所带来的力量，为我们建造了一个幸福圈。无条件的爱是幸福的源泉。

亲情、友情极为重要。善待爱人、亲人、朋友，培养真挚的情谊，你一定会更幸福。

6. 打造一种简单生活

19 世纪哲学家梭罗曾劝告过他同时代的人，去减少日常生活中的复杂性：简化、简化、简化！做两三件事就够了，而不是一百件或一千件事。世界上没有魔法，简化忙碌的生活，才能享受幸福。简化生活并不会影响成功。

超负荷的忙碌，加上日常的压力，导致了我们在生活中很多的不快乐、不幸福。时间上的富裕比物质上的富裕能给人更多的幸福感。时间上的富裕，代表的是人们有更多的自由时间去追求对个人有意义的事情，有更多的时间去反思，以及去享受快乐和幸福。

世界上最好吃的美食，狼吞虎咽时很难尝到其中的美味。天天开豪车、吃美食的社会名流、达官显贵，每天忙忙碌碌，一顿饭的时间都安排不开，并不一定快乐。其实人生需要简单，做个单纯的人，才能走一段幸福的路。

7. 发现一个最深渴望

人们内心当中最深的渴望就是做自己想做的事情。内心想做的事情，是发自内在和谐的一种目标，我们如果能够按照这种目标去行动，就能感受到幸福。

人类最美丽的命运、最美妙的运气，就是做自己喜欢的事情，同时能够获得报酬。有心理学家把对待工作的态度划分为三类：一是把工作当成任务，二是把工作当成事业，三是把工作当成使命。把工作当成任务所期盼的只是薪水，每天要被迫完成任务，毫无快乐可言；把工作当成事业，除了薪水之外还关注发展，关注事业给个人带来的机遇，这里边有快乐也有痛苦；把工作当成使命，工作本身就是目标，有没有薪水、薪水多高、能通过工作获得什么，都不是最重要的，工作就是因为想做这份工作，干这份工作是自我和谐的目标。能把工作当成使命的人，对工作充满激情，工作对他们而言其实是一种恩典。

生活中有很多这样的事例，大学毕业生找工作时，有的人出于各种各样的考虑，无奈选择了并不喜欢的工作，由于不喜欢，人成了工作的奴隶，每天痛苦的挣扎。有很多这样的人，经过几年痛苦的忍受，最后换了新的工作，白白浪费了几年，耽误了事业的发展。相反，有的人坚持选择自己最喜欢的工作，可能起点很低，薪水很微薄，但因为他喜欢，所以能发挥巨大的创造力，每天以最大的激情去工作，这样的人往往事业发展得很快。

8. 养成一个积极心态

幸福并不取决于我们得到什么或者身处何种境地，而取决于我们选择什么样的视角来看待生活。选择什么样的视角，是一种心态，也是一种习惯。

保持一个积极心态是一种习惯，保持一个消极心态也是一种习惯。心态差之毫厘，一旦形成习惯，于任何人而言都会影响终身。有些人即使工作生活得再好，就是感觉不到幸福，有些人即使境遇再差，一样能苦中作乐。大量的事实证明，确实是心能转境。对不同的头脑，同一个世界可以是地狱也可以是天堂，事情本没有好坏之分，只是取决于你如何看待。

即使是面对失败，也会因心态不同而产生不一样的结果。乐观积极的人相信“明天会更好”，相信失败是成功之母；悲观消极的人觉得永无出路，甚至去相信“命中注定”。两种心态，能否幸福，一目了然。

9. 分享一份幸福感悟

如果把幸福看做一种资源，它是可以无限再生的资源。一个人或一个群体拥有幸福，并不会妨碍另一个人或另一个群体同样拥有幸福。幸福不会因为人们相互间交流和分享而减少，只会因为交流和分享而增加。人人都可以更幸福。就像佛祖所说：“一根蜡烛可以点燃一千根蜡烛，而他自己的生命却不会受到任何影响。”与物质资源不同，幸福是无限的。

经常抽点时间，把自己的幸福经历、幸福感悟和实现幸福的方法，讲出来与亲人、朋友分享。相信你的经历、感悟和方法会对他们实现幸福有所帮助。看到亲人、朋友更加幸福，你的幸福感也会更强、更持久。如果亲人和朋友愿意将自己的幸福经历、幸福感悟和实现幸福的方法拿出来与你分享，不要吝惜时间，要耐心倾听，真心赞美，认真思考。你的倾听和赞美，会帮助亲人、朋友进一步享受幸福。他的讲述，哪怕只有一点一滴能够启发你，也会有助于你进一步实现幸福。

10. 启动一个新的开始

理论知道得再多，不去实践，只是空谈，不会有任何结果。明白了如何能够让自己更幸福，最重要的是马上按这些道理去做。

启动一个新的开始，就像我们播下一颗种子，有了这个开始之后，会发芽、成长，会开花、结果，伴随这个过程，总会有新的收获，而我们也总会得到美妙的幸福感受。

身处转型的中国、变革的中国，面对纷繁的社会、浮躁的社会，时下的国人似乎已很难说清自己是幸或不幸。无奈者有之，迷茫者有之，慨叹者有之，牢骚者有之……然而，我们毕竟无法跳出三界外、逃离五行中，也就必须努力寻找正确处之的路径。

用心梳理什么是幸福、幸福之于人生的意义、如何实现幸福等问题的答案，是本人寻找路径的尝试。点滴收获，用以自我启示、自我勉励，当然，也希望能被更多有缘者分享。

于纷繁社会中探寻幸福，既非小资、小我，更非陶渊明之避世。须知任何社会、任何国家，均由一个个活生生的生命个体构成，任何生命个体的改变，都会影响整体、影响全局。改变自我就是改变社会，幸福自我才能幸福社会。我们不妨将个体的改变称为“微改变”，如果我们能认识到微博的力量，也一定能认识到“微改变”的力量。希望人人都能开始自己的“微改变”。当我们都渐渐做到了我“仁”你也

"仁"、我"义"你也"义"、我"礼"你也"礼"、我"智"你也"智"、我"信"你也"信"，社会一定会朝着我们期盼的方向迈进，国家也一定会朝着我们期盼的方向迈进！

大胆前行吧，朋友，让我们共同朝着幸福的方向迈进。

序

《幸福书 1》、《幸福书 2》陆续面世之后，引起了社会各界强烈反响。《幸福书 1》出版发行刚满 4 个月，2010 年 7 月，即被读者评为当当网终身五星级图书。2011 年 5 月，《幸福书 1》入选新闻出版总署 2011 年向全国青少年推荐的百种优秀图书。2012 年 4 月，《幸福书 1》入选中宣部、中央文明办、新闻出版总署联合向全社会推荐的百种优秀思想道德读物。

组织、编辑《幸福书》的过程是一个乐在其中、幸福在其中的过程。《幸福书 1》采取的是“朋友—朋友”的征稿方式，我们在上千位朋友的上千份稿件中选取凝练了 300 条稿件成书。征集编辑过程中，结识新朋友，朋友间交流幸福，其乐无穷。《幸福书 2》的稿件汇集是在“感悟幸福、传递幸福”活动的带动下，通过信函、手机短信平台、网络平台和电子邮件等方式进行的，创作者和编者并不见面，但一段段文字中传递的感悟、心态、温情和力量，持久激荡和温暖着每一个参与者的心灵。《幸福书 3》又增加了微博征稿的方式，这是只有网络时代才能出现的方式，它使《幸福书 3》成为几百万人、上千万人共同见证、参与完成的一本特别的书。2012 年 4 月 23 日—6 月 23 日《幸福书 3》历时两个月的征稿过程广受关注，人民网于 6 月 13 日专门载文《〈幸福书 3〉内容征集火爆进行，千万网友共同见证》，描述了热心网友参与创作《幸福书3》的盛况，文中披露，新浪微博6月初的分析数据显示，活动的覆盖人数已经超过数百万。截至本书出版时，我们开设的“幸福书编辑部”微博（http：//weibo. com/happywaychinadream）粉丝已近100万人。我们将把这个微博长期开下去，希望吸引越来越多的朋友与我们一起交流幸福话题，共同把幸福书系列不断做下去。在新的时代采用最具有时代特征的方式激发国人感悟幸福、分享幸福，我们和见证的人、参与的人一样，激动着、幸福着。

由于书的容量有限，大量的来稿我们只能忍痛割舍。我们更倾向于选取那些来自不同地方、不同背景、不同阶层的朋友的稿件，希望读者阅读时，能找到共同点，感觉更亲切。

幸福是一门大学问，它关系到我们每个人。《幸福书》系列三年连续推出的三本碎片化的交流与分享，固然能帮读者从多角度感悟幸福的真谛。但也有许多读者反映，希望我们能全面地解读幸福，帮助他们找到幸福的方法，我们在《幸福书3》的开篇登载了辰昕先生《理解幸福·实现幸福》同名讲座的核心内容，但愿对这些读者有所帮助。

有学者评价：《幸福书》系列的创作方式是开创性的，是前所未有的；《幸福书》系列以滚雪球的方式，以几何级数的效应，在社会上汇集、传递正能量，作用力在持续发酵；《幸福书》系列一年一年地坚持下去，不仅可以如实记录中国社会转型发展进程中人们幸福感的变化历程，而且对推动中国社会和谐、秩序、进步所产生的影响力也将是难以估量的。学者的褒奖，我们不敢承受，但我们愿意把它看做一种激励，我们将坚持把《幸福书》系列做下去，这既是我们最初的心愿，也是回报读者最好的方式。希望能借助《幸福书》系列的不断推出，让阅读幸福、品味幸福成为一种生活态度，让晒出幸福、传递幸福成为潮流时尚，让收获幸福、实现幸福成为一种人生归宿。

目 录

Contents

序 *1*

1 孔祥瑞对幸福的理解 1

2 体味幸福 2

3 王文珍对幸福的理解 3

4 幸福是完整的 5

5 幸福因为有你 6

6 幸福消防员 7

7 知足就是幸福 8

8 回不去的地方叫故乡 9

9 珍惜现在，享受幸福 10

10 和平就是幸福 11

11 幸福，无法阻挡 11

12 幸福的回忆 12

13 隔了三代的笑容 13

14 独属于你的幸福 14

15 幸福的瞬间 15

16　因为虔诚所以幸福　16

17　幸福在路上　17

18　幸福的距离　17

19　幸福就是感知对方的温暖　18

20　敞开心扉，感受幸福　19

21　“90 后”的幸福　20

22　追求幸福　21

23　活着就是幸福　22

24　我的幸福一直都在　23

25　幸福感悟　24

26　遇见白衣天使的幸福　25

27　幸福，是生病时最先赶到的关心　26

28　内心平和，便是幸福　27

29　扛得住该扛的责任　28

30　美丽的公车女孩　28

31　生命的晨曦　29

32　期待那一刻的幸福　30

33　做简单的自己　31

34　五倍的幸福　32

35　苗家阿婆的幸福　33

36　淡淡的爱，满满的幸福　34

37　淡淡的茉莉花　35

38　活出漂亮的自己　36

39　幸福的滋味　36

40　幸福独家记忆　37

41 幸福时光机 38
42 幸福就在身边 39
43 在竞争中收获幸福 40
44 因为付出，所以快乐 40
45 简单就是幸福 41
46 幸福的答案就是遇见了你 42
47 思考的幸福 42
48 十九岁的幸福感悟 43
49 人在旅途 44
50 医生的幸福 45
51 幸福的样子 46
52 奋斗并幸福着 47
53 每一天都是特别的日子 48
54 别不知足 48
55 岁月静好 49
56 幸福就是活在当下 51
57 旅行的咖啡 51
58 常常回头看看幸福有没有跟丢 52
59 简单的幸福 53
60 涌动的青春 53
61 平淡的幸福 54
62 幸福很简单 55
63 幸福小女人 56
64 幸福的模样 57
65 幸福就在眼前 58

66　每时每刻，享受幸福　59
67　初见的幸福　60
68　父亲给的幸福　61
69　体会幸福　61
70　好好爱自己　62
71　我的小甜蜜　63
72　享受在路上的幸福　64
73　幸福，不是爱情的专属　65
74　幸福就在身边　66
75　找寻自我的路上　67
76　幸福不需要太满　68
77　幸福，不外乎睡到自然醒　69
78　幸福不过如此　70
79　幸福就是我们一直在一起　71
80　学生自有学生福　72
81　感谢您，我的老师　73
82　在路上，找回自我　74
83　“吃货”的幸福　75
84　姐妹情深　76
85　湘乡孩子们的梦想　77
86　因为快乐，所以幸福　78
87　爱着，并幸福着　79
88　感悟幸福　80
89　人生在于坚守　81
90　感谢妈妈的一路相随　81

91	母爱无疆	82
92	融之幸也，乐之福也	83
93	幸福是什么	84
94	农村妇女的幸福	85
95	六个小女生的幸福往事	86
96	掌心的阳光	87
97	我理解的幸福	88
98	用心体会幸福	89
99	何谓幸福	90
100	幸福不在话多话少	91
101	兄弟情	92
102	一碗肉丝面	93
103	我的幸福生活	94
104	幸福相爱	96
105	被幸福所充盈	97
106	当老师是幸福的	98
107	常回家看看	99
108	被爱是一种幸福	99
109	幸福无处不在	100
110	岁月静好便是幸福	101
111	母爱	101
112	幸福二三事	103
113	桂花依旧香	104
114	放下一切去流浪	105
115	为幸福让道	106

116　幸福时刻　107
117　幸福源于内心　108
118　随处可见的幸福　109
119　追求小幸福　110
120　诗意地寄居　111
121　给予是最大的幸福　112
122　满满的幸福　113
123　有你，在哪儿都幸福　113
124　通向心灵的世界　114
125　幸福就是不停地行走　115
126　知足与进取　116
127　幸福湘西人　116
128　徒步旅行的幸福　117
129　幸福着家的幸福　118
130　一张单程票　119
131　幸福 = 快乐　119
132　幸福与梦想同行　120
133　幸福无须追求　121
134　平平淡淡才是真　122
135　有爱就有奇迹　123
136　我的幸福，我们的幸福　124
137　我懂得了珍惜幸福　125
138　我和大肥猫的幸福生活　126
139　幸福流水账　127
140　幸福就是一份爱心报纸　128

141 当下的幸福 128
142 男友小潘 129
143 幸福着他的幸福 130
144 幸福与空气 131
145 我的父亲 132
146 妈妈，我爱你 133
147 幸福从未走远 133
148 生活中的幸福 134
149 宝宝日记 135
150 想念一个人 136
151 坚持与放弃 136
152 爷爷的手 137
153 感谢妈妈 138
154 幸福是一种心境 139
155 妈妈的爱 140
156 梦想总会实现 140
157 爸妈，我爱你们 141
158 我眼中的幸福工作 142
159 幸福瞬间 143
160 幸福从未走远 143
161 幸福可以延续 144
162 感受简单的幸福 145
163 缠绕在生活中的幸福 146
164 幸福对我来说很简单 146
165 感恩生命 147

166 相亲相爱一家人 148
167 淡淡的幸福 149
168 孕妈的幸福 150
169 幸福小女人 150
170 父亲 151
171 难忘是家人 152
172 幸福定义 153
173 两个人的幸福 154
174 打一场戒烟的战争 154
175 设计师的幸福 155
176 爸妈的心事 156
177 缘分让我们相遇 157
178 工作并幸福着 158
179 勤奋换来幸福 158
180 幸福小事儿 159
181 我是球迷我幸福 160
182 有你，这个冬天一点儿都不冷 161
183 追寻幸福 162
184 等待的幸福 163
185 平凡真实的幸福 164
186 “金太郎”的幸福 164
187 感恩父亲 165
188 致闺密：幸福一如我们初见时的笑容 166
189 深爱你的人 167
190 幸福，有时候是一份淡淡的回忆 168

191 幸福中的我们 168
192 深圳——幸福梦想家 169
193 幸福是我们有缘成为姐妹 170
194 简单的幸福 171
195 幸福就是你爱的人，正好也爱着你 172
196 一千个人的幸福观 173
197 拥抱幸福 174
198 平淡的幸福 174
199 幸福是什么 175
200 和家人在一起的幸福 176
201 快乐并幸福着 177
202 幸福就在身边 178
203 我的幸福 178
204 行走是一种莫大的幸福 179
205 幸福是一种感觉 180
206 幸福四季 181
207 幸福就在这里 182
208 爷爷和孙女 183
209 微笑吧，朋友 184
210 友谊万岁 184
211 女儿的主心骨 185
212 属于我的幸福 186
213 幸福曾经在一起 187
214 被幸福包围 189
215 不迷失即是幸福 189

216　幸福是一种心态　190
217　梦中的幸福　191
218　蓦然回首，幸福还在　192
219　女儿，请听妈妈为你唱首生日歌　193
220　女生宿舍那些人　194
221　一条短信的幸福　195
222　老友记　196
223　幸福生活　196
224　幸福在前方　197
225　幸福心绪　198
226　珍惜现在就是幸福　198
227　幸福故事　199
228　我是这样爱你，我的乖　200
229　幸福是回忆酿的甜　201
230　简单了，就幸福　202
231　这就是幸福吧　202
232　温暖的心　203
233　人生若只如初见　204
234　外婆笑了　205
235　幸福三重奏　206
236　追问幸福　207
237　挖野菜　208
238　女儿是娘贴心的小棉袄　209
239　送别——略带苦味的幸福　210
240　幸福来自对生活的热爱　211

241 母爱无疆 212
242 青春的幸福 213
243 幸福是全力以赴 213
244 儿女的幸福 214
245 体验幸福，发现幸福 215
246 我的宝贝，我的爱 216
247 傻傻地，幸福着 216
248 奋斗的幸福 217
249 什么是幸福 218
250 啥是幸福 219
251 我的幸福 220
252 一个叫家的地方 221
253 健康是福 222
254 做一个幸福的人 223
255 找寻幸福 223
256 有关幸福 224

1 孔祥瑞对幸福的理解

我觉得最幸福的事就是用自己的智慧和思路，用自己的汗水和双手把岗位上遇到的问题和设备存在的隐患，利用创新的手段一一解决，改善设备的性能，提高设备的安全性并提高工作效率，为企业的发展做出贡献，体现出自己的人生价值。

当前，妨碍我追求幸福的障碍主要是知识的问题。昨天的知识未必能解决今天的问题，今天的经验未必能解决明天的事情。要想跟上时代发展的步伐，必须树立不断学习、终身学习的思想。要奉献必须用知识，要效率必须靠科技。

我认为幸福是，自己做一些自己愿意做的事。把工作、追求、创新作为体现自身价值的平台，不断追求伟大的理想，因工作而快乐，无悔人生。

作者：孔祥瑞，1955 年生，中共党员，高级工人技师，现任天津港（集团）煤码头公司孔祥瑞操作队队长兼党支部书记，2005 年被评选为全国劳动模范，2006 年被评为 CCTV 感动中国年度人物，2009 年荣获 100 位新中国成立以来感动中国人物称号并作为中国工人代表登上美国《时代》杂志封面，2011 年在第三届全国道德模范评选中荣获全国敬业奉献道德模范称号，被群众誉为“蓝领专家”。

2 体味幸福

劳动创造了幸福。当自己意识到劳动的职业不分种类、高低、贵贱，不计较时间和地点，都是在为人民服务、为社会服务，都会通过自己的付出得到幸福。只要诚实、辛勤地劳动着，把自己的一个个梦想实现，回过头来，再慢慢地体味，体味劳动的过程，体味过去艰苦的条件，你在劳动中就会感觉到快乐，幸福就会渐渐地铸入心间。这样天天在劳动中就会有使不完的劲，就会有饱满的热情和精神面貌来创造幸福美好的明天。我觉得：天天有笑脸，天天就有幸福感。

作者：刘家奇，男，生于 1963 年 5 月，汉族，高中文化，中共党员，四川省武胜县清平镇方沟村一组人，幼年留残，1980 年学会修补手艺，1985 年以来一直在北京市西城区月坛街道三里河二区从事修鞋工作。20 多年来刘家奇服务群众 10 万多人，修过的鞋不计其数，打造了“小刘修鞋匠”三里河二区这个信誉好、名气大的服务品牌。并且，他还积极参加社区每年组织的学雷锋活动和义务劳动，在活动期间免费为居民修鞋。他多次主动为社区的“爱心基金会”捐款。“5·12”汶川特大地震灾害发生后，他又及时从不多的积蓄中拿出 1000 元，捐献给了灾区。刘家奇先后被评为“月坛地区荣誉市民”、“西城区创建文明城区好市民”、“西城区文明市民标兵”、西城区月坛街精神文明建设“十佳好公民”、“西城区贴心人服务队先进个人”、“月坛地区让我感动的身边人”、“月坛社区便民服务优秀志愿者”和“月坛街道优秀共产党员”。2007 年 5 月，刘家奇被评为“武胜县残疾人自强模范”。2009 年，他先后获得广安市和四川省诚实守信模范。

3 王文珍对幸福的理解

非典期间我奉命担任非典隔离病房护士长，由于非典病人传染性强，我们不仅要完成非典病人临床护理工作，还要克服天气炎热、工作强度大、危险性高等困难。我严格执行消毒隔离制度，每天与护士一起消毒，经常被消毒液呛得眼泪直流。一次，有位病人去世，为防止护士感染，我独自承担尸体处理工作。当我们圆满完成任务时，我带领全体护士平安走出非典病房，看着她们一张张年轻的笑脸，我感到无比的自豪和幸福。

我于1981年中专毕业从事护理工作，虽然现在担任护理部总护士长，但面对快速发展的医学，加上现在的护士大多是本科以及硕士毕业，自己在护理科研以及论文撰写方面有一定困难，低学历成为我专业发展的障碍。

我是一个对生活要求不高、比较简单的人。我认为：身体健康、家庭美满、工作快乐是幸福的全部内涵。为此，我生活起居规律，坚持锻炼身体以保持身体健康；我爱自己的家人，也得到了他们的理解和生活上的照顾；通过30余年的工作经历，我深深地体会到当你喜欢自己的工作，把身边的同事、患者都当做亲人一样去关心、爱护，你会得到他们的支持、信任和尊重，从而体会到工作带给你快乐与幸福。

作者：王文珍，1962年生，中共党员，1978年考入海军总医院护校并入伍，现任海军总医院护理部总护士长。入伍34年来一直奋战在一线临床护理岗位，2008年被评为全国三八红旗手，2009年荣获第43届国际南丁格尔奖，2011年在第三届全国道德模范评选中荣获全国助人为乐道德模范称号，被群众誉为“身边的‘提灯女神’”。

4 幸福是完整的

当我在废墟下掩埋了近 40 个小时被救出时，面对我的却是截肢的噩耗。我不知道要如何面对没有双腿的日子，可是在没有其他选择的情况下，我不得不接受残酷的现实——残缺的身体，我不知道该怎么面对今后的人生。我几度想要了结生命，是家人的开导让我对生活燃起了新的希望。病床上的我，拿起爸爸在废墟下给我挖出的吉他，给病友们唱歌。医院的病友们都很喜欢听我唱的歌。在医院的日子，是音乐让我慢慢走出阴霾，也是音乐让我露出了属于自己的微笑。出院后的我，拒绝坐轮椅。坚持安假肢，假肢给我带来的是无限的痛，那种钻心的痛，烙在我的心，痛在我的身，只有我自己清楚那是一种什么样的感觉。

为了家人，也为了自己。我带着我的“无敌金刚腿”回到了熟悉的南桥，南桥依旧灯火阑珊，前尘往事聚散由缘。重新站到留下了我无尽回忆的地方，我思考着生命真谛。以前，唱歌是职业上的交易，而现在，我用一颗感恩的心对待每一位倾听我歌曲的游客。当经历了生与死的灾难，我还能站起来，我还可以看到朝霞迎晨、太阳升起。我还拥有家人的不离不弃精心呵护，我还可以用我的歌声给很多人带去快乐。这些对我来说就是幸福。

作者：李应霞，一位在四川地震中存活的歌手。

5 幸福因为有你

我最爱的妻子，一个伟大从容的女人。我们的家，在厦门这个大都市显得如此渺小，它只是一间租来的屋，但却被你装扮得极尽温馨：用彩纸装束的曼妙灯光；电视机旁边放着你登山采回的野水仙；杯子里装的是你从海边捡来的色彩斑斓的小石子；薰衣草的味道飘满小屋；窗明几净……每天我回家看到干净整洁而又温馨的家，我会想哭，亲爱的，你辛苦了，这几年跟着我风风雨雨，从没听过你的任何怨言，反而把一切安排得妥妥当当。

我时常觉得自己是个命运多舛的男人，2009 年父亲突遭车祸，去世了。在住院的半年期间，妻子就像女儿，一起跟着我守夜，为父亲洗澡擦背，端屎端尿，吃药喂饭。多少个夜晚，妻子为了不吵醒困倦的我，常常独自一人半夜里给父亲换衣换药。医院的护士阿姨也感动得哭了：我在医院几十年，第一次见到这样的女孩，比亲生女儿还亲，太难得了！

这就是我的幸福故事，我想，我是幸福的。此生有此妻，喝水也甜蜜！

作者：钟建华，男，现居厦门。

6 幸福消防员

青春，是一首歌，是一曲引领时代的动人旋律；青春，是一本书，是一部将会载入史册的绚丽诗歌；青春，本应充满着惊奇，闪耀着光辉；青春，注定要承担责任，注定要与责任同行。正是如此，我们离开繁华，走出时尚，毅然踏入警营的大门，去追寻心中那美丽的橄榄梦。选择消防，是一种远大的理想。经济在发展，社会在进步，对消防来说，奉献的舞台将越来越大，责任也越来越重。酷暑里，我们赴汤蹈火，换来百姓清凉；风雨里，我们抢险救援，铸就浩然英魂；危急时，我们出生入死，换来人民安居；烈火中，我们英勇顽强，谱写红门之曲。消防，是一种信任，是一种重托。生如夏花之灿烂，死如秋叶之静美。我，以纯真的心灵，渴求的目光，走进消防警营这片神圣而又永恒的世界。我，血气方刚，风华正茂，橄榄绿将一腔热血与庄严使命融为一体。在消防事业的长河中，千万的消防人只是其中一朵朵小小的浪花，可正是这无数的浪花翻开了今天消防事业新篇章，聚成了红门大家庭。

我无悔，我自豪，我幸福，我是消防人中的一员。

作者：翁凯年，男，消防员，现居惠州。

7 知足就是幸福

幸福包括很多种，最重要的就是知足常乐。小的时候盼过年，因为过年就有好吃的，就有新衣服穿，现在每天都像过年，这不幸福吗？我觉得现在不能总想着没有啥，应该多想着有啥。人活着图什么，就图个家里的人都健康和睦，安安稳稳地过日子不是？

现在国家政策好了，对于农副产业扶持，我的鸡场和孵化场虽然规模不是很大，但我相信只要努力、全凭实力干就能将日子越过越好。吃点苦、操点心、受点累都不算什么，重要的是靠自己的双手吃饭，睡觉睡得踏实，我感到幸福。

作者：张春虎，男，1982 年出生，汉族，初中文化，群众，吉林省通化市环通乡光复村二组人，16 岁初中毕业后，一直在养鸡场打工，2005 年开始自己经营养鸡场和孵化场。通过七年的卧薪尝胆学习经验，又通过七年的苦心经营，张春虎的孵化场目前已经拥有 6 台大型孵化器，5000 多只蛋种鸡。服务辐射整个通化市区以及周围各区县的各大鸡场。同时，他注意钻研和学习科学的养鸡方式，并且通过自学，掌握了为鸡和雏鸡诊疗的方法，成为当地小有名气的“鸡医生”。2009 年为了方便乡里，他自己出资 4 万多元为村里修桥，受到村民的赞誉。

8 回不去的地方叫故乡

当人们以为这个世界的幸福在流失，我们看到 2008 年被汶川地震夺取生命的同胞，多少人的身体从冰冷的废墟中抬出，任凭他们的家人爱人哭喊“如果你活着有多好”，这时活着便是幸福；我们看到终日在都市中奔波忙碌的人们，因过度操劳卧病在床，这时健康便是幸福……我们总是把幸福与高高在上的物质、精神欲望混淆，却不曾真的领悟幸福如影随形，但又有多少是在失去之后才懂得苦苦回味。

“回不去的地方叫故乡”，因人生理想与价值实现的使命感，我始终拼搏在远方。有次接到因喝酒微醺的父亲电话，他用沉重的声音对我说："对不起女儿，我不该让你离开家一个人在外受苦。"已从娇生惯养中蜕变的我笑着安慰父亲，但挂上电话后忍不住蜷缩在租房里大哭一场，伤心不是因为与相处多年而计划结婚的恋人分手，而是一边感恩父母之爱，一边感叹无法日日陪伴他们。如今，我怀揣着幸福之感，走在拥有更多幸福的路上，终有一天我会实现理想，也终有一天我会与父母、未来的丈夫久久相伴。梦想本身，也是一种幸福。

作者：佚名。

9 珍惜现在，享受幸福

有的人说，幸福的感觉如履薄冰，太担心得到后会失去；有的人说，幸福的生活是可遇而不可求的，人生凡事随缘。

只是，幸福究竟为何，每个人对幸福的体会都不会相同。每个人的幸福感都不是一成不变的。常常是得到了一种幸福，又期许更大的幸福。对我而言，幸福就是可以在校园里跟同学在一起，一起学习，一起奋斗，一起开心爽朗地笑，一起经历风风雨雨。幸福就是你已经失去的、每当想起就会有一种深深留恋感的过去，就是你满怀希望对未来的憧憬，也是你现在普普通通平平凡凡没有一点波澜的生活。所有的一切，都是在失去以后才知道珍惜的。不过失去以后再想珍惜，为时已晚。所以，珍惜现在，就是在享受幸福。

作者：李洁，女，贵州人。

10 和平就是幸福

2011 年 1 月 30 日，开罗空气中弥漫着一触即发的杀气，让人从幸福的梦境中惊醒。车外不断地传来枪声、争吵声、尖叫声，还有一阵阵浓烈的烧焦味扑鼻而来。我们被当地的示威者滞留在回酒店路上的一座桥上。车厢内的我们被一片漆黑所吞噬，一声不吭。我们的命运将会怎么样呢？被枪打死，还是被火烧死？车内的人胆战心惊。后来，示威者“赦免”了我们，把我们放走了。那一夜，我们彻夜无眠。接下来的几天，我们也无法赶上回国的航班。枪声、嘶哑的喊叫声徘徊在我们的耳畔，紧张压抑的气氛让我们喘不过气来。

那里看不见星星，只有炽眼的白灯。机场里没有食物、没有热水，无法躺下睡觉，甚至没有座位可坐。饥饿像是野兽贪婪地吞噬着人的意志力。之后几天的宵禁，让我心中重燃的希望又被扑灭了。

2 月 2 日，再过一天就是除夕。我们终于坐上了回国的专机。当我再次望向窗外时，看到的不再是璀璨星辰，而是我期盼的熟悉的城市，还有五彩缤纷的霓虹灯。那股幸福感，再次涌来。

作者：陈琦，男，黑龙江人。

11 幸福，无法阻挡

生有时，死有时；哭有时，笑有时；哀恸有时，跳舞有时；寻找有时，失落有时；保守有时，舍弃有时；静默有时，言语有时……而每一种有时，都是一种幸福！

此生此世，我相信幸福会永恒相伴，当我站在珠穆朗玛峰大本营 5200 米高点时，我的幸福充满整个胸腔；当我与同伴在喀那斯无人区徒步中相扶相伴时，我的幸福用汗水告诉过你；当我在大风大浪的海上漂泊十三个小时后，看到科隆山上的十字架时，我的幸福在人生中又一次爆棚……

幸福，没有经历过狂风暴雨，你永远不懂。而在每一次的绝望之后，幸福对我的人生又赋予更深层的含义。感谢曾经的磨难，才有了今天认真、乐观、坚强和从容的我。

幸福就在当下，当然我也有梦想，那是理想中的幸福，便是和心爱的人去北极看极光，去荷兰看风车，去埃及看金字塔……

可是亲爱的，我深深地知道，生活平淡安稳，便是温暖幸福！我相信做一个温暖的女子，小富则安，小爱即满，清淡如水，明媚如花……幸福，便会无法阻挡！

作者：上官晴，女，现居长沙。

12 幸福的回忆

我在储物柜底下翻出了一张唱片，上面用签字笔潦草地写了几个字，简直都不用细看——那是我上大学和朋友组乐队时灌录的，签字笔写着我们乐队的大名。出于一种对往日的怀念，我把唱片塞进了卡槽里，略带紧张地等待着耳机里传出的声响。

首先听到了干净的吉他，那是我如今再也弹不出来的优美和弦，多么单纯！我仿佛见到了大学时期的我，和一帮满怀激情的朋友们废寝忘食地听打口碟、褒贬各种音乐、扒我们喜欢的和弦，好像作业和学分都与我们无关，时间被我们尽情挥霍，没有什么在别人看来值得谈论的追求，而我们竟感到如此充实！我始终认为这是我迄今为止感到最为幸福的阶段：在毫无负担的情况下追求我的梦想。尽管那时是那么的不成熟，但是真诚到叫我流泪。我曾经拥有过的幸福啊，让我为你哭一次也好。

作者：陈力挺，现居上海。

13 隔了三代的笑容

我的外公今年 80 岁，他有 7 个女儿、9 个外甥、12 个外甥女、6 个曾孙、3 个曾孙女，四代同堂的一大家子可谓是人

丁兴旺。外公是一位生活简朴、勤劳善良的老人家，他自己耕作田地，种植果林，性格好强的他直到现在还坚持自己挣钱养活自己和外婆。

我很少看外公笑的样子，也许是他一向严肃的原因，家里的很多小孩不喜欢外公。可我却不一样，我一直觉得，外公是个超人，他懂得的东西非常非常多，所以我很喜欢和外公谈天说地。外公也不喜欢照相，即使是照相他也面无笑意，所以当有一天发现这张照片时，我的心像是开了花，感动的情绪一下子蔓延开来，外公和我5岁的侄子之间隔了三代，也许思想有代沟，也许语言有代沟，但可以确定的是，他们的笑容没有代沟！

这又让我想到了生命的延续，外公年事已高，满脸的皱纹代表岁月的无情，而侄子就如初生的禾苗，正在茁壮成长。外公眼里透露的情感慈祥而欣慰，侄子自然是调皮与可爱，这个画面让我有种说不出的难受。人，就在一代一代的人中变化着。

作者：陈淑惠，大学生，福建闽西人。

14 独属于你的幸福

每个人都拥有幸福，每个人都拥有不同的幸福。

从小我是个好动的孩子，坐不住，但我却酷爱美术，或许是美术的魔力，让好动的我能够静下心来，尽管画得不好，但每每看到自己完成的涂鸦，心中便有着说不出的喜悦——我渐渐明白，这是属于我的幸福。

对于美术，爱上了便一发不可收拾，哪怕受到再大的挫折。美术这条路我已经走过 14 年，对于心中这份情结，这份幸福的追求，可以说我从来没有后悔过。尽管仍是美术生涯上的初生婴儿，但是我仍钟爱这份独属于我的幸福，因为它带给我的是无与伦比的快乐。

守住心中的那一份幸福吧，因为那是独属于你的。

作者：陈挺，学生，现居汕头。

15 幸福的瞬间

看了洪子写的《一定要幸福》，感触很深。幸福是什么，很多人在找寻答案。

刚刚从高中的校园走出来一年，我不能去完美地定义人生是怎样，可是我却可以感受到什么是幸福。在我眼中幸福是简简单单的。亲人一句会心的鼓励，好友一个真诚的微笑，伴侣一个信任的眼神，都是一种无法比拟的幸福。

有一天，在颐和园看到两位老人静静地坐在昆明湖边的椅子上，一起看着湖中的游人嬉戏，没有多余的话语，但他们的目光是朝着同一个方向。瞬间，我心里充满了感动，同时也有一种幸福的满足感。按下快门，记下这幸福的瞬间。我想这便是幸福，简单地和爱我的人、我爱的人在一起，等到风景都看透，还愿一起看细水长流。

作者：陈颖，女，大学生，湖南衡阳人。

16 因为虔诚所以幸福

幸福，就是在旅行中发现属于你的人生，旅途中，会遇见不一样的人，看见不一样的事，我喜欢用相机记录这一切。

十一，重游甘南。甘南之行，最重要的就是到拉卜楞寺走一圈，一座如此宏伟的宫殿，规模仅次于布达拉宫。放下行李，我们便开始捕捉各自心中的美景。墙角边夕阳下自弹自唱的盲人，虽然我听不懂他在唱什么，但却能深深地感受到他歌声中平和而又舒缓的味道。挥动衣袖的喇嘛，迎面走来，脸上却都带着纯真的笑意。这是一个充满信仰的民族，虔诚的朝拜者在长长的转经廊留下的背影让我久久不能忘怀，此刻的我虽然也跟着走了一路，转了一路，但那些虔诚的藏民年年岁岁所累积的信仰，却不知道是用他们的双脚丈量过多长的经廊，用那双粗糙的双手转动了多少次经筒。今生的苦难已无法改变，但愿以今世虔诚的转经修来下世的福分，虽然我并不认同这样的观点，但也为这种虔诚所打动和感染着。

夕阳下的寺庙显得格外美丽，寺旁大夏河的水流过，山坡牧场上满是悠闲吃草的牦牛，也有三五成群的藏民席地而坐，喝酒打牌，庙里却是游人如织，而山坡上多是长枪短炮对准了寺庙的方向不停地按动着快门。或许此刻，在每个人的眼中，此刻都是不一样的风景吧！幸福，其实可以很简单，而我更喜欢旅途中遇见的幸福，拍下一张张带着回忆、带着色彩的幸福。

作者：程敏。

17 幸福在路上

幸福，可以很简单。对于我这样一个喜欢旅行的人来说，幸福就是一直在路上。可以为了一部电影，去寻找加国的灯塔，感受亲情与爱情的伟大；为了一部小说，去到古巴的渔港，与老人一起，战海斗天；抑或是亲手播下一颗种子，用心呵护，体会生命的顽强和绚烂。幸福很多时候就是一种感觉，同样是一碗米饭，对于不同人的意义是不一样的。我们不需要为幸福设立一个标准，我们要做的，是收拾好心情，去迎接下一刻未知的惊喜。

作者：崔仕冬，男，现居天津。

18 幸福的距离

人们常说，幸福无处不在。幸福可以很简单，可以很奢华；可以是成功后的喜悦，也可以是和家人重逢的感动。似乎“幸福”就好像是童话里那美满结局的代名词。可是，我发现其实在这世上，有一种幸福叫距离。

我和朋友的友谊就像是上等的龙井那样香醇，可是当它尘封多年之后，会铺上厚厚的尘埃。无论之前有多么深厚，多么天长地久，其实它和龙井一般经受不起岁月的洗礼。

几年后，我们各奔东西。我们的友谊在手中流过，穿过指缝，头也不回地走了。我们感情的距离愈来愈远，生活学习的距离也愈来愈远，这些往事更是随着时间一同流进岁月的长河里，一去不复返。我们的一切就像一叶扁舟在广阔无垠的海洋中渐渐漂远。长大后，才发现这些看似辛酸悲楚的“距离”其实也是一种幸福，正是因为这些距离，才使我更加懂得珍惜这份友情，更加将那段往昔铭记在心头。距离产生美，正因为有了距离，让我备感友谊的弥足珍贵，让我每次回想昔日友情的时候，幸福感溢上心头——有种幸福叫距离。

作者：戴斌，现居黑龙江。

19 幸福就是感知对方的温暖

有一首歌《越长大越孤单》里面有一句歌词：“越长大越孤单，越长大越不安！”很庆幸在我成长的路上，我没有感到一丝的不安。因为我有一个知心的朋友，我叫她非飞猪，她叫我丁丁猫。我们是大学的同学兼室友，到现在一起度过了我们生命中最美好的年华。在大学我们彼此之间有很多的感动，无论是当时还是现在回想，心里都是暖暖的，我称之为幸福感。

很庆幸有我知心的非飞猪在一起度过大学四年，让我的大学无比幸福与色彩斑斓。现在我们毕业了，身处两个城市工作，我们依旧每天扶持鼓励和进步。不管是悲欢离合，笑声泪水，这一路我们都相伴相知。以后我们各自会有自己的家庭，但是我们也是守望相助。

幸福就是生命中有这样一个好友，她不会在乎我飞得有多高而是在乎我飞得有多累。无论我们是相隔千里，还是近在咫尺，如果我们受伤了，我们都能立刻感受到对方的温暖！

作者：丁非丁，女。

20 敞开心扉，感受幸福

我是一个普通的大学毕业生，普通的家庭，普通的长相，和世界上所有的普通人一样在追求我生命中的幸福。因为我感觉时间越过越快，幸福离我越来越远。

为什么现在每一个人都在寻找幸福，追求幸福，渴望幸福？其实不是幸福不存在，而是我们丢失了感受的心，我们就感受不到生活中的幸福。在亲情、友情、爱情当中，我们怕受伤害，总是把心藏得很深很深。于是我们不愿意接受爱，也不愿意付出爱，因此我们就没有去给予身边的人幸福，也没有感受身边的人给予我们的幸福。

现在我发现每天起来能工作赚钱养活我自己，攒钱给爸爸妈妈买房子是多么的幸福。我发现在遇到挫折的时候，朋友们伸出援手是多么的幸福；出门邻居的一个笑容和问好，公交车上给爷爷奶奶们让座，给问路的人指路，是多么的幸福；接到爸爸妈妈和朋友们的电话、短信是多么的幸福。

原来幸福一直在我身边不曾离开，原因是我隐藏了自己的内心，所以感受不到幸福。打开心扉，感受爱与被爱的幸福，从此，幸福的路上有你、有我、有大家！

作者：丁盼盼，女。

21 “90后”的幸福

我们这一代“90后”已经有不少人迈进社会，因在物质世界里的风吹雨打，很多挫折蒙上了感悟幸福的眼睛。更多的“90后”，跟我一样还在象牙塔里。在这样一个天空稍有些阴霾的午后，我猛地从VFP习题中醒来，看了看窗外，似乎突然感受到了一种幸福，可遇而不可求地与这种令人安心的感觉碰撞。离开高中整整一年了，在这个午后发现自己如此向往当初起早贪黑的自己，很感谢一年前的自己那么努力，在应该奋斗的岁月里咬牙坚持着。这种对自己的肯定如此受用，甚至到了想放声大笑的地步。

现在，尽管我还是对后天的考试没有把握，却对眼前的书本有了亲切感。当完成习题不再是生命中的唯一，放飞青春的活力，让生命更加充实，似乎会让人觉得更加幸福。大家在阳光下的欢声笑语留在彼此的镜头中，等待以后怀念。原来，我要的幸福很简单，什么样的年龄做什么样的事，趁着年轻，做一个行动派。

作者：杜正元，女，大学生。

22 追求幸福

儿时的幸福是在妈妈怀里酣然入睡的沉静，是在爸爸背上伸手随意挥舞的喜悦。小学里的幸福是试卷上红笔勾勒的满分，初三的幸福是一觉睡到天亮的满足感，现在的幸福是过去的积淀，未来的幸福则是现在的努力。

我是否该如落叶般随风飘落，抑或是似蒲公英般随遇而安，其实它们都是在追求自己的幸福。没有人可以阻挡自己追求幸福的步伐，幸福路上的那块顽石就是自己的缩影，战胜自己。

只恨自己没有如七彩钻石般绚烂的笔，没有“渺渺兮予怀”的从容心态，无法记下此时此刻的我。只能品味着云淡风轻，缓缓呼吸。天，或阴或晴，在心中画一个太阳，温暖心房，去追寻浅浅的幸福。

我追寻的幸福是安于平静但不甘平庸的人生。为了追求这样的幸福，我不能安逸于暴风雨前的宁静，而应该拥抱风雨后的败柳，亭亭独立而非亭亭玉立。

现实残酷，在其中，难割舍。永远有攀登高峰的勇气，不会轻言放弃，放任他人嘲讽，弃之而趋于完美。坚信自己有滴水穿石的持之以恒，定位自己于大海中的万分之一，向着幸福大踏步前进，披荆斩棘，坚定人生的坐标。

幸福貌似是一掠而过，其实她从未离开过你。为了感觉到浅浅的幸福，必须以饱满的精神，重磅出击。

作者：范妍，女，大学生。

23 活着就是幸福

生活中总是会出现这样或那样不尽如人意的地方，常常会因为这样或那样的琐事感到生活如此不美好。每个人都会有过对生活失去信心的念头。我也一样，遇到挫折时会有消极的念头。直到遇到她——四川地震中幸存者。因为身体不完美，被众网友称为折翼天使。她的坚强乐观还有对生活积极向上的态度让很多的人为之动容，她感动了无数的人，也感动了我。

看过所有的视频后，我决定无论多远我都要找到她。当我们相遇在茫茫人海中，我们的故事也开始了。虽然我们相隔千里，但是我们的心却紧紧相依。开心时不开心时我们都会和对方倾诉，不能经常见面，我们就会通过网络和电话传递着对方的思念。

虽然她不善言辞，但是每次在我失意时她都会说出让我振作起来的话。在我对生命轻言要放弃时也是她用自己对生命的感悟为我打开心结。

至今，我依然深刻记得她对我说过的一句话：“在这个世界上活着对很多人来说是一种奢望，那些曾经埋在废墟下的人是多么地渴望活下去。我失去了双腿，依然还是对生活充满希望。我还能勇敢地去面对，你还有什么理由不好好地活下去。

你要过好每一天。”

我相信我们的相遇是命中注定的，谢谢你给我带来的幸福和快乐。让我们做一辈子的好朋友、好姐妹吧！

作者：付欣怡，女，大学生。

24 我的幸福一直都在

有人说，富有就是幸福，而我不富有；有人说，获得成功就是幸福，而我没成功过；有人说，有一个美满、温馨的小家就是幸福，而我没有。一次过年时，我从手里接过那薄薄的压岁钱时，我认为我拥有了幸福，而别人却告诉我那不是幸福；在演讲比赛时获得了“安慰奖”，我认为我幸福，别人却告诉我那不算幸福；在除夕夜晚，我们一家人围在桌子旁吃团圆饭时，我认为我得到了幸福，而别人却告诉我那十分平常，不是幸福。

我没有幸福？那为什么我在那些时刻感到无比满足，无比快乐呢？有人告诉我，那不过是我得到别人所拥有而自己没有的东西时心里所感，不算幸福。“为什么不算？我感到很满足呀”，我申辩道。“我说过了，那不过是你心里所感罢了，不算幸福。”那人十分肯定地补充道，“真的。”

偶然的一天，读了一篇叫《什么是幸福》的文章，读完后，我带着满心的喜悦走在大街上——我拥有幸福，我不用等待幸福。幸福是一种感觉，是自身的感觉，是发自内心的感觉。只要你感到满足而快乐，那么你就可以高兴地告诉自己，你拥有了幸福，不必再痴痴地等待——像我一样，傻傻地等到花开了又谢了，结果却发现，自己一直都拥有幸福。

作者：高骥，女。

25 幸福感悟

幸福一词的起源，我想该是源于人们对生活的一种感悟，因为人的一生大概总是酸甜苦辣这几种板块拼凑在一起并贯穿始终，多面的生活才会使得人们珍惜幸福。

幸福是一个谜，你让一千个人来回答，就会有一千种答案。

有人说：幸福与贫富无关，与内心相连。真正的幸福是不能描写的，它只能体会，体会越深就越难以描写，因为真正的幸福不是一些事实的汇集，也不是简单的物质体现，而是一种状态的持续，一种精神上的追求与寄托。

幸福与别人怎么评论无关，重要的是自己心中充满快乐的阳光，也就是说，幸福掌握在自己手中，而不是在别人眼中。

幸福是一种感觉，这种感觉应该是愉快的，使人心情舒畅、甜蜜快乐的。

幸福就是当我看不到你时，可以这么安慰自己：能这样静静想你，就已经很好了。幸福就是我无时无刻不系着你，即使你不在我身边。幸福就是每当我想起你时，春天的感觉便洋溢在空气里。幸福就是不管外面的风浪多大，你都会知道，家里，总有一杯热腾腾的咖啡等着你。

幸福就是当相爱的人都变老的时候，还相看两不厌。幸福就是可以一直都在一起，合起来的日子是一生一世，从人间到天堂。

作者：谷泽兵，男，现居南昌。

26 遇见白衣天使的幸福

小时候的我体弱多病，医院便成了我经常光顾的地方。那是一个寂静的深夜，四周都黑漆漆的，只有远处的一家医院泛着微弱的白光。

那时遇到一个护士姐姐，用她的笑容鼓励着我，虽然打针很疼、吃药很苦，可是那时感到自己就被幸福所包围，因为她是我的白衣天使。多年后，我常常去小时候去的那家医院，回忆着往事，看到白衣天使在为小孩子打针时，我内心颤动了，医院里的白衣天使留给我最多的仍是那个充满着幸福的笑容。

随着长大，幸福对我来说也稍有改变：幸福是来之不易的，但同时它又不是很容易得到的，只能看你是否愿意伸出双手，紧紧地抓住幸福，是否愿意睁大眼睛寻找幸福，是否愿意用耳朵去倾听幸福，为幸福而付出自己的努力，这样的幸福是别有韵味的。

作者：顾雪媚，女，广西人。

27 幸福，是生病时最先赶到的关心

我常常容易发烧，一烧就是好几天。每次都是自己一个人去医院看病打针，一个人回家，一个人煲粥，一个人用湿毛巾降温……常年出门在外，我早已学会了自己照顾自己，即使在高烧39摄氏度的情况下。

那天，我又发高烧了。女朋友远在两个小时车程以外的地方，我照常自己照顾自己。初中的好友在网上跟我寒暄，聊聊近况之类的。我说：“我现在病着，你来做饭给我吃吧？”她居然一口答应了。在我的印象里，她总是一副女强人的样子，我们认识了十几年，还真没吃过她做的饭，不知道她真会做还是说说而已。但是，她那么爽快地答应了，我很感动。给她发了地址。她很快就到了，忙着洗米、煲粥、择菜、炒菜……我躺下小睡了一会儿，我知道有人在照顾我，心里满溢着从来没有过的安全感。

对很多人来说，或者这只是一件小事，但是对我来说，这就是幸福。幸福并不一定要有多么轰轰烈烈的剧情，并不一定建立在虚伪膨胀的物质需求上，幸福很简单，只是一句温暖的

问候，生病时最先赶到的关心。看着那句“你等着，我马上就到”，你会觉得，在这个世界上，有这么几个好友，在惦记着你，关心着你，为你的健康和快乐而担心，这就是最大的财富、最大的幸福。

作者：莫松文，男，现居武汉。

28 内心平和，便是幸福

一直相信面由心生这句话。

整日笑颜逐开的人眼睛都是弯弯的，是带笑的，嘴角是上扬的；整日忧郁的人眼睛是没有精神的，脸上是没有光彩的，嘴角是下垂的；容易发怒生气的人，眼神都是暴躁的，面部神经总是紧绷的。所以我们很容易从一个人的面相，大概猜出这个人的性格，这也就是我们所谓的“第一印象”的重要来源。

有人说过，女子就该对自己的容貌负责。内心平和，面容才不会狰狞，心中充满仁爱，面容才会有亲和力。只有内心平和，心底才能开出最美的花朵，才能静下心来感受幸福。

幸福并不是我们拥有多少，而是我们有足够平和的心态来对待我们所拥有的一切。心态平和，才能静下心来，用心去聆听一朵花开的声音，去听春天鸟儿的啁啾呢喃，去听风儿和云朵的悄悄话。心态平和，才能静下心来，用心去感受每一次日出与夕阳，去感受秋日落叶的静美，去感受浪花与鱼儿的欢快嬉戏。心态平和，才能静下心来，仔细品味自己所拥有的一切。

作者：郭俏，女，西安人。

29 扛得住该扛的责任

什么是幸福？在很多人眼里，公务员这个职业似乎是很风光无限的，更是我们小时候很多人的梦想，做个为人民服务的警察叔叔，想想都觉得光荣无比。可是，毕业以后真正开始工作了才发现，这个职业很不容易。吃饭时间不定，睡觉时间不定，甚至风吹雨打、日晒雨淋地值班，顶着一个“为人民服务”的巨大使命，就算受了委屈也要往心里咽，有困难顶着压力也要勇往直前……这些似乎都不像是幸福的样子，然而在我看来，或者这恰恰是幸福乔装打扮之后的“德性”。虽然很累，但我却拥有了前所未有的满足感和被需要感，作为一名警察，肩上注定有着重大的社会责任，如果我尽心尽力地扛住了该扛的责任，就是最有成就感的幸福。

如今的我，依然在努力奋斗当中，努力成为社会最需要的公仆，努力成为那合格的、受人信赖和尊重的人，真正做到为人民服务，担当起维护社会安定的责任。如果我竭尽所能做到了，社会的认可就是我的幸福。

作者：郭睿，男，现居中山市。

30 美丽的公车女孩

那天艳阳高照，深圳的四月，俨然已经正式进入夏天，胖子都怕热，在满头大汗、望眼欲穿之时，终于等来了公车，可是车刚停稳时，我就绝望了，车里满满当当的都是人。咬咬牙，跟随人群涌上了车，上车后我才发现糟了，我处在了一个十分艰难的位置，前后都没有可扶之地。而偏偏司机师傅开车又太有个性了，节奏忽快忽慢，忽左忽右，中间还客串个急转弯加急刹车，我也跟着这节奏左摇右晃，前跌后仰，真是心惊胆战，司机大哥，我知道你技术好，可是咱不赶时间行吗？遇到红灯，好不容易停下了车让我喘口气，放松下紧绷绷的神经。这时，我前面的一个长相清秀的女孩看我惊恐的表情，迟疑了一下后对我说：要不，你扶着我的肩吧，这样会稳一些。我感激地看着她，连声道谢，她回以我一个微笑。司机师傅依旧风采不改，可是我再不用跟着那可怕的节奏了，扶着她的肩，心里如春风沐浴般。想想以前坐车时经常遇到因碰撞而发生争吵的事，再看看车上一副副面无表情的面孔，刹那间感觉自己既幸运又幸福；如果社会上的每个人都可以如这个女孩一般，那我们生活的世界该是多么美好！

作者：郭小昌，男。

31 生命的晨曦

接到妻子临产的电话，我匆匆预订机票并赶往机场。一路上，心中充满了无比的期待与忐忑：期待的是我们爱的结晶即将来到这个世界；忐忑的是妻子先天体质的瘦弱与婴儿早产可能给她们母子带来的危险。曾经无数次幻想我们的宝贝会长得怎样？是男的，还是女的？像爸爸，还是像妈妈？乖不乖？可爱不可爱？在焦急地等待登机的时候，妻子的姑姑从医院打来电话，我的宝贝女儿终于降生了，母女一切安好！那一刻，心中的忐忑焦虑尽去，一股浓浓的温馨涌上心头。这是一种很奇妙的感觉，似乎仿佛清晰地看到生命中的牵挂又多了一份！期盼变得更加迫切，恨不得即刻就飞到她们母女身边。飞机终于起飞了，思念随着距离的缩短反而愈加浓烈。下了飞机，打车直奔医院一路急驰。凌晨两点，我终于站在了医院产房的婴儿床前。看着正在熟睡中的小人儿，匆匆归途的疲惫似乎全都消失了，整颗心突然间好像一下子就充实了，变得满满的。回头与躺在床上的妻子相视一笑，我似乎看到新的希望正在生命的晨曦中缓缓绽放光芒。

作者：韩生，现居海口。

32 期待那一刻的幸福

自从大学毕业，我通过公务员招录考试便来到这个小县城工作，如今已是五年。这五年，我常常一个人吃饭、睡觉，又一个人面向天空看着太阳东升又西落。老公，为了离我近一点，辞掉老家那份不错的工作，成为一名北漂。从我上班的地方到北京，六个半小时的车程，大部分的周末我都会跑过去看他，如此反复，我累积的车票已经贴满了我宿舍的一面墙壁。2010 年 5 月 30 日，我们的儿子出世。过了产假，我便把他留在老家由我婆婆照看。自此，我们一家三口，各自生活在三个不同的地方。我的幸福开始有了新的起点，希望有一天我们一家三口可以幸福地生活在一起。老公拉着儿子的左手，我拉着儿子的右手，我们在一个阳光明媚的春日，行走在沙滩上，留下三条大小不一的脚印。就像海子所说的，面朝大海，春暖花开。

作者：郝志芳，女。

33 做简单的自己

幸福是什么？就是不管贫穷、富有、开心、痛苦、健康、病痛，身边一直都有不离不弃的人。快乐是什么？就是一家人一直在一起，永远不缺少谁，就是静静地守着喜欢的人，不离不弃。这也只是我美好简单的想法。

每天看着那些朝夕相处的人，怎么也不敢多去想象他们心中真实的想法，因为或许会让人大失所望，会让人难以相信。时间久了，事情多了，遇到的，接触得深了，便不再去追究，只能告诉自己，这，也是社会的一部分，这，就是人！可那些简单的小幸福与快乐，为什么大家不追求，钩心斗角的生活美好吗？还是说仍然是我想得太天真了？我总是告诉自己，不能勉强所有人都按照自己的想法活着，因为每个人幸福度真的不一样，我的快乐是在家人身边，在朋友身边，在喜欢的人身边，然后做简单的事，为自己的目标努力。可别人和我的轨迹不一样，而那也是别人的幸福。

作者：贺纯，女。

34 五倍的幸福

人类是一种后知后觉的动物，如果你没有骤然失去的那刻，就不会知道你曾经拥有的那些即所谓的幸福。

从记事开始，我的世界就是公共的，不曾有自己的房间，不曾有自己的桌子，不曾有自己的床，一切都要和两个弟弟两个妹妹共用，连过年红包也是分成5份的。至于父母的爱，无论是否均分，总归不是你可以独占的。那时的我觉得独生子女是幸福的，这种想法在发生家庭战争时尤为激烈，我经常跟只比我小一岁的妹妹吵架，那会儿时时幻想要是这个讨人厌的没被生下来我该多幸福。

直到我第一个离开家门上大学，继而是大妹妹，马上又轮到大弟弟，最后小弟小妹也都开始高中住校了，兄弟姐妹5个凑在一起突然成为一件奢侈的事。以前梦寐以求的自己睡一个房间一张床的愿望倒是实现了，过年好吃的也没人跟你抢了，一直盼望的片刻安宁也充分享有了，一切似乎都朝着自己童年所描绘的幸福蓝图前进，但事实却是心绪情感在莫名倒退，了无生气，只落下一大片空虚、思念、凄清。这会儿的你才会惊觉自己的愚蠢，竟不知晓人无我有的幸福。

作者：洪丽丹，女，现居兰州。

35 苗家阿婆的幸福

蓉镇的米豆腐香喷喷，里耶的秦简传万年，苗家的歌声声声醉，边城的情歌传万年。

说到苗家阿婆，我想，给你的第一印象必定是包着头帕、穿着苗服、戴着银饰的沧桑老人，或许是因为在大山里待久了，也就习惯了这种粗糙的生活方式。她们早已忘却大山之外的城市是什么样子，或者说有很多阿婆压根儿就没有走出大山，在她们的心里只有这祖祖辈辈的房屋和良田。在苗家阿婆的心里，幸福可以是秋收时满仓的稻谷，可以是赶集时买回的一斤猪肉，还可以是春节时儿孙的短暂陪伴……

我曾经去过一个叫中新的小村子，这里的居民大多是年迈的老人和年少的儿童，孩子们在爷爷奶奶的陪伴下成长，爸爸妈妈的模样，在他们的脑海里早已模糊不清。阿婆告诉我，她最大的幸福就是晚点儿离开尘世，能够等到孙子长大后出去打工。听着令人备觉凄凉，却也难免会感动于她们这种简单的幸福。

作者：胡磊，大学生。

36 淡淡的爱，满满的幸福

从认识到现在，一路走来，没有轰轰烈烈，没有鲜花，没有甜言蜜语，但一直觉得我们的爱情很真实，爱得很踏实。也许是爱情太平淡了，刚开始没有浪漫，没有诱惑的爱情，总是不确定，所以很容易分手，吵架三个月都没联系过，也许这应该分手了，以后不联系了吧。可是每次还是会想他，闺密常常也安慰说，你们这不算爱情。我想也许吧！大家都不是很了解，但我相信有缘人还是会在一起的。有一天他来我们公司面试了，我自己都不确定那是他，瘦了很多，有种心疼，他最终还是没来我们公司上班，但我们复合了。经过这次分离，我们感情更深了，深深地体会到了分离的痛苦，他说我是一块宝，应该好好珍惜。现在我们在一起一年多了，每天一起回家，柴米油盐，他不会说太多的甜言蜜语，不会每个节日记得帮我买花，但他每天会做好吃的饭菜，每天一起上下班，我洗菜，他炒菜，一起逛街，买我喜欢的东西，他还会洗衣服。每月发工资都会分我一半，我每次生病他会很心疼。身上被虫咬了，他会细心地帮我擦药，我们会一起策划未来，考虑多久结婚，也许这就是最真实的爱情吧。我觉得幸福就是牢牢地挽着你的手，一直走到老。

作者：胡青华，现居湖南。

37 淡淡的茉莉花

十八岁，是个多情的季节，迎来许多的情窦初开。也许我永远不懂爱情，但我却发现了爱情。那是个温暖的春天，一天中午，我和妈妈刚看完一部电视剧，剧中一对情侣由于命运的不公平而相互扶持、共同进步，真是动人心弦。突然，妈妈感叹：“年轻人的爱情道路咋这么曲折！”“那么你们中年人的爱情又怎样呢？”我带着近似调皮的语气问道。妈妈先是一愣，但当看到我那双期待的眼睛时，她的脸微红了一阵，随后深思了片刻，说：“中年人的爱情淡淡的，就像茉莉。”我惊讶了，“像茉莉？”这答案似乎太平常了，又似乎太深奥了，真是耐人寻味。

有一天，妈妈得病被送进了医院。爸爸放下手中繁忙的工作，到医院照顾妈妈。一个星期天早晨，我到医院探望妈妈，当我打开病房门时，映入眼前的一幕是：妈妈恬静地睡在床上，爸爸坐在床前的椅子上，一只手紧握着妈妈的手，头伏着床沿睡着了。早晨的阳光悄悄地探了进来，我的眼光触及了一束散发着清香的茉莉花，它显得越来越朦胧了，可给人的感觉却是更加洁白纯净。一切都是那么静谧美好。爱，淡淡的，正如茉莉的香，也是一种淡淡的幸福。

作者：黄小希，女，深圳人。

38 活出漂亮的自己

一生当中，真正属于自己的时光没有多长。大多数时光里，我们不是在重复自己的生活，就是在重复别人的生活。有时候干脆把自己的生存目标确定为追求别人那样的生活。一生中最美好的时光，成就了别人的复制品。其实，真正的幸福，不是活成别人那样，而是能够按照自己的意愿去生活。有时我常觉得，人活着就像在泥地上行走，太过云淡风轻，回过头就会遗憾什么都没留下，连个脚印都没有；但是心里装的东西太重，一不小心就会陷进去，难以自拔。所以要看得开，放得下，吃得好，睡得饱。无论去到哪里，无论怎样的天气，都要带上自己的阳光，怀揣自己的梦想，大步流星地走下去，活出漂亮的自己。

作者：黄永银，女，现居云南。

39 幸福的滋味

关于幸福的定义千千万万，随着不断的沉淀积累，我对于幸福的理解也在逐渐变化，幸福不再仅仅是单纯的物质享受，更囊括了生活给予我的种种心灵的碰撞，情感的交织。

幸福是看到家人健康和乐。小时候，时常期盼着快些长大，逃离父母的管制，拥有自己的一片天空。等到真正离开了家，开始了自己的生活，回头望去，才发现最幸福的地方是自己的家，才晓得最温暖的话语是“闺女，注意身体”，最想做的事是常回家看看。幸福是来自同学、朋友的关心和支持。当我感到迷茫无助时，是他们在我最需要的时候给我信心、给我鼓励。当我想起他们温暖真诚的笑脸，听到他们简单却珍贵的问候，心底都会泛起温暖的涟漪。

归根结底，幸福是一种积极的、感恩的心态。幸福的滋味，如人饮水，冷暖自知。

作者：康晓璐，女，现居天津。

40 幸福独家记忆

三年前，我们相识，那时的我们只是泛泛之交，因为我们在不同班级的缘故。但机缘巧合，最终我们三个很幸运地相聚在同一个班，成为无话不谈的好知己、好姐妹。我和亚的友情源于她转到我们班，在我帮她慢慢熟悉这个新环境的过程中。而我和秋秋的友情酝酿于我们一起在学校国旗班的时光。她俩因为经常和我玩在一起，渐渐地也成为好朋友。一起走过的岁月给我们留下了属于我们的幸福独家记忆。

还记得我们一起从教室回宿舍的途中，总是我一个人走在前面然后不停地回头催促你们两个慢节拍，看着我脸色不对，你们会立刻小跑起来到我身旁，然后跟我说以后你们会加快步伐的；还记得一起在校园散步时，你们俩耐心地听我这个话唠花痴地讲着偶像剧浪漫的剧情；还记得雨后天晴的夏日午后，我们拿着照相机，摆着各种有趣的姿势一起拍照；还记得秋秋要去做交换生离别前，我们一起酣畅淋漓地唱歌；还记得秋秋临走前一晚，我俩在宿舍天台畅谈至深夜，聊了很多很多我们以前没有聊过的事，总觉得怎么也聊不完。

这段只属于我们的独家记忆，希望在秋秋想我们的时候，可以带给你回忆的快乐。我想说的是，距离确实将我们分隔两地，但我们的友情永远在这里，谁也抢不走夺不去。秋秋，期待你的归队。

作者：赖玲玲，女，现居东莞。

41 幸福时光机

毕业后的第一个抉择，为了梦想我们毅然决然地来到了北京，还记得第一次有了属于我们自己的10平方米小屋的快乐，记得你陪我找工作的每个足迹。生活中总是会有这样那样的不如意，生活让处于理想中的我变得焦躁、变得易怒，你像一个排忧机总是在不经意的瞬间让我开怀大笑，每天坚持给我做饭，每个周末带我出去玩，我发烧的时候你衣不解带地照顾我，我来例假的时候你不嫌弃地为我洗衣服，虽然我们现在还没车没房，但是你的爱却让我的心满满的都是幸福。

想想时间，我们一起度过了三年，爱情也在时间的记忆里慢慢地变成了亲情，你的每一次出行都会牵动我那根爱的神经，你的每一次难过都会带动我的忧伤，幸福更多的是来自我们彼此内心的感悟和知足。幸福不是得到你想要的一切，而是享受你所拥有的一切。两个人共享的幸福我一个人收纳不了，所以，亲爱的，我希望我们能一直幸福地微笑。

作者：雷阳洲，女。

42 幸福就在身边

幸福就像一个天使，给人带来想要的东西。她无关大小，可以是一件很小的事，在人最需要的时候给予人最需要的东西，从而让人充满幸福，很快乐、很感动，甚至喜极而泣。生活中有一种小小的幸福，当遗憾忘记带钱买冰激凌吃的时候，回到宿舍发现早就有人买好，等着自己回来一起吃。生活中有一种小小的幸福就是晚上饿了，有人递上一碗鲜美的鱼粥，然后在自己喝完的时候，接过手中的空碗，说："拿来吧，我洗就好。"生活中有一种小小的幸福就是每个周末回到家里，老妈总是准备好浓浓的老火靓汤，把自己的胃喂得非常满足。生活中有一种小小的幸福就是教师节那天，学生们一个个满脸笑容，大声地喊着："老师，节日快乐！"同时，一个个递上他们精心准备的礼物。我们的幸福，其实只是生活中的小细节，没有爱情，幸福依然围绕在我们的身旁。相信自己，幸福就在身边，你的爱情值得你等待，在此之前，不要把更多的幸福丢掉，拾福，人生。

作者：伊晓翔，女。

43 在竞争中收获幸福

我想要写的幸福，是在竞争中的收获。从出生，到读书，到就业，无不充满竞争。这是一个竞争的社会，只有在竞争中胜利了，生存下来了，才能去争取属于自己的幸福。

我出生前，努力奔跑，在亿万精子中跑得最快，我来到了这个世界。在学校，我努力读书，在充满竞争的高考独木桥中走过来了。面临就业，尽管竞争和压力更大，但通过充分的准备，我还是在众多面试者中脱颖而出，获得了这份工作。面对工作，更加充满竞争。面对竞争，我迎接挑战，并收获了老婆、孩子、房子、车子和票子，做一个更孝顺的儿子。我很幸福。也许有人说，生命是一个过程，而我要说，幸福，是收获。

作者：李辅佐，男，现居云南昭通。

44 因为付出，所以快乐

幸福对于每个人都会不一样，我的幸福感很强，因为我容易满足。2008 年进入沈阳音乐学院以来，我的人生因此而改变，高中时候少不经事的我压根没有想到毕业之后会选择音乐这个专业。误打误撞地进入声乐系以后，我没有像其他人一样抱怨专业的不如意，我觉得既然选择了就要坚持。四年下来，我用实际行动证明了我的坚持是正确的，2012 年 6 月 4 日的毕业个唱成功圆满举办就是对我四年努力坚持、超越自我的最有力奖励。看着台下的老师欣慰的笑容和同学们热情的掌声与鼓励，我觉得我的大学是完整的，没有留下任何遗憾。因为付出，所以快乐，这是我四年来学到的最受用的知识。我也因坚持此信念而越来越幸福。

作者：李晓宇，男，河北人。

45 简单就是幸福

小时候，幸福是手里的一块糖，是妈妈的一个笑脸，是小伙伴们一起玩时的快乐，是考试卷上的 100 分，是老师的一句表扬。后来，长大了，幸福却开始从一件很简单的事情变得复杂起来。追求幸福，开始让人变得茫然，人们开始计较，不再像以前那样，只一块糖就好。而后，你变得没有像以前那般快乐，会烦恼，会纠结。其实，生活很简单，复杂的只是我们的内心而已。当我们慢慢变得简单，幸福也就随之而来了。

在暖暖的午后，晒着太阳，喝一杯茶，读一本好书，是幸福；和心爱的人一起牵手逛街，听他讲儿时的故事，是幸福；在外面奔波劳累，回家看见家人正等你回家的眼神，是幸福；有一个梦想，然后努力去为之奋斗，是幸福；面朝大海，春暖花开，是幸福；执子之手，与子偕老，亦是幸福。每个人对于幸福的理解不同，对于我，幸福是一个画面，画面中是温暖的家，我爱和爱我的人，我们都在为了梦想而奋斗着。

作者：李娇，女，现居天津。

46 幸福的答案就是遇见了你

一座城市，一个男人，一个女人。今天在地铁擦肩而过的，是否就是明天最熟悉的人？在人群穿梭中，没想到就这样遇见了你，你给了我无穷的力量，让我在工作中有了新的动力。

遇见你，便是遇见回忆。遇见你，便是遇见爱的忧伤。

在北京地铁回龙观遇见你时，是我人生的低谷，你带给我绿洲般的笑容，沙漠顷刻化为绿洲。我们在一起很幸福，感谢你无数次给我的关怀，幸福的爱情，就是在北京遇见了你，并且我们走到了一起！

作者：李敏，现居北京。

47 思考的幸福

法国哲学家帕斯卡曾经说过，人是一根会思考的芦苇。我想这个时候的自己大概就是那样一根芦苇吧！我喜欢这种思想遨游的感觉，超越时间和空间的界限，打破地域的阻隔。然而，不得不说这样的机会并不是经常有的，倒不是时间的问题，而是心境。人往往会被许多的东西所困扰，在我看来这个并不因年龄地位而有所差别，伟大的人有伟大的烦恼，平凡的小女生也有自己的小忧伤，但不管怎样，这就是生活，有苦也有甜。我只希望自己能做到的就是好好享受这每一次的栖息，未来的路上能永远这样思考下去。

作者：李琴，女，大学生。

48 十九岁的幸福感悟

刚刚过完十九岁生日的我，也即将迈入大学后两年的生活，想想每一年的生日，都会在心底暗暗地反思这一年的收获与成长，也会默默地许下新一年的心愿与憧憬。这十九年来，有过撕心裂肺的大哭，有过声嘶力竭的大笑，但最终都无一例外地成为那一阶段最重要的体验。十九年，无数个瞬息万变的时刻，雕刻了那个曾经快乐的我、伤感的我、自私的我、骄傲的我、自卑的我、迷茫的我、令人瞩目的我、失落无助的我。

在我看来，人生中最幸福的时光永远出现在下一刻，而保持幸福的方法就是喜欢每一个当下的自己，如果我们愿意用不一样的角度看待每一件事情的话，每一刻都会是幸福的。现在的我，就要奔向二十岁了，唯一希望自己做的就是坚持、认真和珍惜。坚持地朝着心中所爱、所梦想的远方努力，认真地对待每一件小事，珍惜一点一滴平淡简单的幸福。因为我相信，上帝对于坚持二字和认真二字是有回报的，也会垂青于懂得珍惜与感恩的人。我想，每天都心存善意地生活，全力以赴地对待生活就没有什么可以阻挡我获得幸福，其实幸福，真是一件很简单的事情。

作者：李姝慧，女，大学生。

49 人在旅途

我们是一对很普通的夫妻，和很多家庭一样我们有一双可爱的儿女。前几十年我们为了孩子，为了家奋斗，从来没有想过自己该要的生活。现在儿女们都成家立业，我们也算“退休”了，有了自己的时间。于是我和老伴商量着每年都会选择一两个城市、一两个国家出去看看。

浪漫的丽江、炎热的三亚、秀美的桂林、休闲的厦门、历史悠久的北京、烟花三月的江南、辽阔的内蒙古、现代化的香港、让我们大开眼界的澳门、干净美丽的新加坡、异国风情的马来西亚……以前我们生活在我们的小小世界里，现在走出来，我们这对老年人才发现世界如此的大，我们也才发现其实我们也拥有一颗年轻的心。我们也在旅游的途中认识了很多朋友，这些对于我们这个年纪的人来说，是很宝贵的财富。我们选择了用自己的晚年时光探索世界、了解自己未知的风俗文化，而不是选择待在家中、平静却又无趣地度过。我想告诉年轻朋友，人生除了车子、房子，应该还有另外一种生活方式。因为我们有了选择，所以我们有幸福！

作者：李淑花，退休职工。

50 医生的幸福

记得我十岁生日前一天，爸爸对我说："臻儿，明天是你生日，正好我休息，我去帮你买个蛋糕，咱们晚饭时庆祝一下。"爸爸为我买生日蛋糕，这可是头一回呢！生日当天，放学后我兴高采烈地跑回家，从客厅到书房、卧室，找了个遍，爸爸不在。第二天早晨，爸爸才揉着布满血丝的眼睛回来了，我怒气冲冲地迎了上去："爸爸，你平时不回来吃晚饭，我不介意，昨天是我生日，而且你答应给我买蛋糕的，怎么说不回来就不回来呀！真是太令我失望了。"爸爸说："对不起了，臻儿。昨天医院来了个生命垂危的病人，我怎么能不管呢？不过现在总算脱离危险了。"他疲倦地笑笑，走进卫生间洗脸刷牙了。看着他疲惫的背影，我也不好再说什么了。

后来在爸爸的办公室里，我发现了挂满墙壁的病人家属送来的锦旗：“救死扶伤”、“妙手回春”……哦，也许每一面锦旗的背后都有一个故事吧，这些爸爸从未给我讲过。看着，看着，我突然有点儿理解爸爸了，一种从未有过的情感在我内心升腾起来，我想大声地告诉每一个人——我的爸爸是个医生，一个让我幸福的医生！

作者：李伟，男，现居广东顺德。

51 幸福的样子

异地恋的我们，聚少离多，虽然有时候也会觉得辛苦、觉得累，但更多的是幸福。或许，彼此的欣喜忧愁无从分享，欢笑落泪不能相拥，隔着屏幕隔着电话联系让彼此接近疯狂，个中滋味只能慢慢体会。

异地恋教会了我要学会一个人安排好自己的时间，学会照顾自己，学会消化自己内心那种看着别的情侣卿卿我我的小情绪，更重要的是要守得住一颗静候的心……距离在考验着我们的耐心和认真，但经受住了这种考验后，收获到成熟的果实是最甜最甜的。

我找到感觉对的人，就决定了，不畏缩不前，因为留在我身边的，就是最好的。这辈子，愿和你携手一起努力前进，走完余下人生。幸福，就是这个样子，如此简单。

作者：李小艳，女，现居长沙。

52 奋斗并幸福着

你知道 2012 年的考研人数吗？165.6 万。这个数字是什么概念呢，我不知道。我只知道在复习考研的那段日子里，6 点半开门的图书馆自习室，由于每天都会清场，如果你 6 点 40 分到的话，将会占不到位子。你的身边，是数不清的书，和书后疲倦的人。没错，我们是 2012 年 165.6 万考研大军中的一员。考研值与不值的追问是无意义的，青春路上的每一次选择，都闪耀着我们最年轻的光彩。这样的梦想，值得我们一年的付出。

幸福是什么？幸福不一定就是安逸，幸福也不一定就等同于愉快，幸福不是一个最终的结果。对于我，幸福是为了梦想而追逐的那些充满激情与热血的日子，是一生或许只经历一次的难忘时光，是为了给自己一个答案而全力向前的姿态。幸福，就是奋斗。

作者：李旭阳，现居上海。

53 每一天都是特别的日子

曾经看过这样一个故事：多年前杰克跟他的一位同学谈话。那时同学太太刚去世不久，他告诉杰克，他在整理他太太的东西的时候，发现了一条丝质的围巾，那是他们去纽约旅游时，在一家名牌店买的。那是一条雅致、漂亮的名牌围巾，高昂的价格卷标还挂在上面，他太太一直舍不得用，她想等一个特殊的日子才用。讲到这里，他停住了，好一会儿后他说："再也不要把好东西留到特别的日子才用，你活着的每一天都是特别的日子。"

我们常想跟老朋友聚一聚，但总是说"找机会"；我们常想拥抱一下已经长大的小孩，但总是等适当的时机；我们常想写信给另外一半，表达浓郁的情意，或者想让他知道你很佩服他，但总是告诉自己不急。其实每天早上我们睁开眼睛时，都要告诉自己这是幸福的一天。每一天，每一分钟都是那么可贵，无须刻意去等待特别的日子；对于我来说，每天都是那么的特别，现在能和家人开开心心在一起，每天回家能有一声平凡的问候，周末时间能陪伴在家人身边，就是最美好的幸福。

作者：李阳，现居湖北潜江。

54 别不知足

那一年，我和几个同事一行人前往云南旅游，行至泸沽湖的一座走婚桥上时，碰到了一个打猪草的小男孩，大约十岁左右，稚嫩的脸蛋被晒得黑里透红，弱小的身体背着一个大大的背篓，沉重的猪草压得他弯腰行着。在攀谈中我们得知，他今年 11 岁，因为家里贫穷，供不起所有的孩子上学，他便把机会让给了成绩好的妹妹，而自己辍学在家，帮着务农。看着他因为生活所迫早早就承受重物的身体，看着他对我们投来的羡慕的目光，心里五味杂陈。

当我们每天醒来时，极不情愿地起床梳头洗脸，踏着匆忙的脚步向公司的方向前进，再开始一天的工作，午休时间与同事八卦，下班后进家门便能吃上可口的饭菜，然后去附近公园散散步或留在家中上上网、看看书，之后安然入睡。如此平淡的人生，是真亦是福，知足常乐，便是最大的幸福！

作者：李依玲，女，广西人。

55 岁月静好

2008 年北京奥运会，对于中国来说，是很重要的。对我来说，也是生命意义的一个节点。这年夏天，我背着大大的行李包坐上了飞往中国的飞机。落地苏州大学海外教育学院，我很荣幸成为其中一员。学习汉语是非常有意思的事情，虽然很难，但其间探索的过程是很有乐趣的，与此同时，我还认识了很多友好的中国朋友，他们都热心帮助我克服刚刚来到异地的各种不适应。快乐健康地成长对我来说就是一种幸福。

两年之后的 2010 年，我回韩国，参加韩国的军队训练，其间很多事情都令我记忆深刻，战友之间的相互帮助鼓励常常令我感动。军队训练是很辛苦艰难的，尤其是在夏天，受训就更是辛苦的事情，但是每到室外训练的时候，偶尔有阵阵凉风袭来，顿觉舒爽百倍，小小的满足对我来说就是幸福。

2012 年，我又来到了中国。这次回来，感觉跟 4 年前完全不同，不像是来到一个陌生的地方，而像是回到第二个故乡，我的汉语水平也有了很大的提高，朋友还是那些朋友，友情还是那样的友情，一切都没有随时间的流逝而改变。6 月份，爸爸和妹妹来到苏州看我，我们一起去苏州园林玩，我给他们讲述苏州的文化习俗，妹妹很喜欢苏州，爸爸也放心我在这样一个环境学习。我想“岁月静好”可以形容我现在的状态，那么这对我来说就是最大的幸福。

作者：廉承佑，男，韩国人，留学生。

56 幸福就是活在当下

最近喜欢上了四个字：活在当下。世事难料，计划往往赶不上变化。所以不想太多去规划我的婚姻、我的工作、我的未来。我认为，最幸福的事就是活在当下、享受当下。1986 年出生的我，年龄已属于不上不下。身边大多数同龄人也都纷纷踏入了婚姻的殿堂，家人也在催促我。可是我并不着急。

手上揣着下一站到马来西亚旅行的机票，身边有疼爱我的男友以及男友的家人，有虽然不在同一个城市却惺惺相惜的家人和朋友，有一份可以养活自己的工作，我已经是幸福的人了。

我现在最渴望的事情就是什么时候想要走，立马订机票背上背包，到我梦想要去的国度，在那些个城市，走走停停，留下我的足迹，不要让未知的人生留下遗憾！

作者：梁静，女，现居青岛。

57 旅行的咖啡

一年三百六十五天，一天二十四小时。哪些时刻是你的独享。一周的忙碌结束之余，是否可以把心沉静，给自己更多独处的空间。午夜的城市灯火，温暖阳光的午后，抑或符合当下心情的时候，有个角落属于你。想着某件事情，记录生活里属于自己最惬意的点点滴滴。因为这些你会变得更加精彩丰腴。

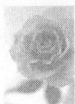

在这里分享任何与咖啡有关的事。

曾经想，现在依然如此，发现身旁的每一个咖啡馆，收集行走过的每一个地方。曾停留过。或许，我们会在某个时刻的某个角落擦身而过，抑或停留在你曾停留过的地方。捧在手中的咖啡，想着远方的家人，这一刻，是那么的幸福！

作者：梁露媛，现居上海。

58 常常回头看看幸福有没有跟丢

幸福是什么？没有确切的答案，甚至连参考答案都没有，每个人的幸福都是一道未知方程，要我们自己去解。有疼爱自己的家人，有几个无话不谈的知己，有一群值得信赖的好同事，有一个自己喜欢的人，这样的生活我觉得本身就已经是一种幸福了。虽然，我钱不多、权不大，但是我不抱怨。拿着那一份跟能力相当的工资，尽心地为公司贡献那份绵薄的力量，在工作中提升自己，脚踏实地地走好每一步；虽然，我的工作很忙，自由的时间不多，但是我没有发牢骚。我比较喜欢苦中作乐，在有限的自由时间中好好生活，比如打电话回家跟家里人聊聊家常，跟朋友偶尔聚聚，找个安静的空间看看书，为自己喜欢的人做些可以让他感动的事情等。或者，我活得平凡，但是我活得实在。他们说幸福找不到回家的路，所以我们要常常回头看看幸福有没有跟丢了。有一颗淡然简单的心，幸福会比较欣然地跟着你回家的。

作者：林德平，女，现居珠海。

59 简单的幸福

那不是个情窦初开的年纪，对于感情，两个人都有些慢热，有一句话是这么说的，这个世界是公平的，有一个人注定只属于你，而且也注定你只属于另一个人，我们正是等待着彼此的出现。初次的相遇，是那么波澜不兴，只是相视一笑，除了羞涩还是羞涩，谁都不知道在后来的日子里，彼此会成为相伴一世的人。

相恋三年，最终步入了婚姻的殿堂，有甜蜜，有争吵，有浪漫，有艰辛，终于也有了爱情的结晶，宝宝的诞生成了幸福的助推，家变得更加完整，生活有了更多色彩。他依旧为了家而奔波，而我却成为他坚实的后盾，互相包容，互相体谅，哪怕身体再疲惫，每当看到彼此的依靠，宝宝的健康成长，总是觉是幸福像花儿一样绽放。

幸福，就是简简单单。幸福，就是两只大手拉着两只小手，快乐地笑。

作者：林旭丹，女，现居杭州。

60 涌动的青春

一件幸福的事，是与朋友一起分享快乐、一起共担忧伤、一起嬉戏、一起玩耍、一起在成长相册中留下彼此的拥抱，当然我们也会是“坏孩子”，因为毕竟“老夫聊发少年狂”，更何况我们正值青春，无聊中，也许我们会来一个真心话大冒险，那是我们成长路上真情告白的流露。我们一起哭、一起笑、一起高歌、一起乱舞。或许人生完美的事太少，我们不能什么都想要，感谢那些在我成长路上只要我需要就会奋不顾身的人。时间终究会抹去我们的青春和活力，但抹不去我们最珍贵的成长回忆，朋友注定是一辈子的事，我们彼此承诺今后一定要见证彼此的婚姻和幸福，乃至更加遥远的幸福。对于父母我想说，在有限的时间里给他们无限的关心就是最好的，生活给了我们两条弧线，昨天是一个隽永的切点，现在我们也许是永不相交的平行线，两条线的中间承载的是满满的幸福。

每个人的幸福都有不同的定义，在我心里，父母身体安康、朋友之间的那份隽永珍藏，每一份感动、每一份开怀都是一件幸福的事。

作者：凌琴，大学生。

61 平淡的幸福

生活如水般平淡，一直幻想将自己脚下的踏板踩得飞快，自由地穿梭在空旷的街道，如同静静流淌的溪水，任心中的方向指引脚下的路。一时兴起的时候，也会在月朗星稀的夜里读一些只有自己知道的文章，然后让自己沉醉。

突然想微笑，笑得像缤纷的蔷薇，暖暖的香味，芬芳幻化成甘甜。有人说春天的蔷薇尽管缤纷，但那单纯的色彩毕竟短暂，它们极力想描绘出一幅四季绚丽的图景，但注定了用什么颜色都是伤感。生命牵引着向梦想靠近，虽然时常看不清自己的方向，可是她也拥有自己的幸福。或许蔷薇会是满足的，有可以等待的春天就是喜悦，只要时间能在心中留下印迹，快乐与忧伤不是莫名的，那就是一种幸福，即使是微不足道的平淡的幸福。

作者：刘华，女，成都人。

62 幸福很简单

“我能想到最浪漫的事，就是和你一起慢慢变老”，每当听到这首歌的时候，心总会自然地悸动一下。总会问自己想要的幸福是什么，也许就像歌词那么简单吧，和心中的她一起慢慢变老。在这个变化万千的社会，各种人追求的幸福的方向都有着自己的见解。有人觉得在北京能有一套属于自己的“蜗居”、一辆属于自己的奥拓，就是件很幸福的事情；有人觉得一定要把自己的公司做上市，成为万众瞩目的明星人物才是幸福的；有人则认为顺其自然，过自己想要的生活就是一种幸福。

对于小孩来说，幸福就是每天有长辈的爱护，有自己喜欢的玩具，周末的时候父母带着自己去游乐场玩；对于奋斗中的年轻人来说，幸福就是有一份自己喜欢的工作，每天可以和心爱的人逛逛街、看看电影；对于事业有成的企业家来说，幸福就是公司的业绩蒸蒸日上，每天可以和妻子小孩在一起吃顿温馨的晚餐；对于退休在家的老人来说，幸福就是有一个健康的身体，能和儿孙在一起享受天伦之乐。不同年代的人有着自己对幸福的理解和概念。

作者：刘书亮，现居临沂。

63 幸福小女人

曾经听过一首歌，当歌者用嘶哑而真切的声音唱出“平平淡淡才是真”的时候，我幻想那就是爱情的面貌。所以，当曾经还是男朋友，现在已成为老公的男人，把我带到海上，在日出金色的光辉中，单膝跪地向我求婚的时候，我突然觉得，原来爱情也可以如此华丽和真实，耳边是27个朋友在视频里劝我赶紧嫁给他的声音，身边是一捧火红的玫瑰，娇艳欲滴。眼前的男人，疼爱的眼神里，充满了期待。

虽然没有很多人会在乎的车子、房子，但是，我知道他积极上进，我知道他有着一颗渴望让我依赖、希望把所有美好的东西都给我的真诚的心。爱，不是用物质堆积出来的，而是用情感谱写出来的，物质很重要，但更重要的是剥去物质的外衣，我们用什么维系我们的感情，是信任、是责任、是依赖，以及生活中最微小的习惯。

作者：刘为，女，现居北京。

64 幸福的模样

幸福就是那些细枝末节，在每天找寻幸福的瞬间是最快乐的事。对我来说，幸福就是一大早被闹钟吵醒，猛然间发现今天是周末，终于可以不用着急起床赶公交；幸福就是离家在外奔波劳碌，好不容易等到年关，去车站排了好长的队终于把车票握在手中的踏实感觉；幸福就是开心了可以没心没肺地大笑，难过了有人陪在身边轻轻拥自己入怀，即使所有人都怀疑你的时候，你知道总会有个人在那里无条件地相信你、支持你；幸福就是和久违的朋友在陌生的城市里偶然邂逅，一起找个地方坐下来聊聊多年前的共同经历，倾诉现实生活的得与失，一切都自然得好像从没分开过；幸福就是两个互相怨恨过、伤害过的人再见面时终于能够不再起波澜，只是心平气和地打个招呼，轻描淡写地说上一句好久不见，让过往都风轻云淡。这些都是我记忆中经历过的最美好的幸福模样，就像那句话所说的，幸福其实很简单——有人爱，有事做，有所期待。

作者：刘学，大学生，黑龙江人。

65 幸福就在眼前

小时候认为幸福是一件东西，拥有了就幸福；后来，幸福是一个目标，达到了就幸福；再后来，幸福是一个问号，懂得了就幸福。为什么幸福的定义总是在变呢？也许改变的不是幸福，而是我们看世界的角度。

对于每个人来说，幸福的定义都不同，一百个人就有一百种幸福的感觉。那么，对我来说，幸福是什么？我可以很肯定地说，幸福就是健康！自我出生以来，病痛就常常追随着我，刚出生的小生命就被医生诊断患有先天性心脏病。心脏穿了一个洞的孩子，感觉总是少了什么似的。我想，我少的就是健康。稍有记忆的时候，看着学校的体检单，从那时候开始，我就知道，我与其他的人不同。六年级，是小升初的转折点。但是，这时候，我却要动手术了。手术开始了，辛苦了在外等候的爸爸妈妈。当我再次睁开眼睛的时候，看见妈妈把柠檬片放在我鼻子前。好香！虽然身上插着各式各样的管子，稍微动一下伤口就会很痛，但是我感觉那是我最幸福的时候。其实幸福就在你我的眼前，垂头丧气只会让你模糊了你眼前的幸福。勇敢地往前走，紧紧抓住属于自己的那份幸福吧！

作者：柳怀瑜，现居海南。

66 每时每刻，享受幸福

眼看着时间来不及，挥手叫了出租车就准备往客户所在的地方奔去，一上车，我就被出租车内慷慨的冷气惊住了。在时冷时热的 5 月，很少有司机愿意这样大方地打开冷气，毕竟这么一个小小的举动，会让他们的运营成本上升三分之一。司机看到我的表情，以西北大汉惯有的姿态哈哈大笑："天太热，还能让乘客难受?"我一愣，瞬间回过神来，答道："也对，人活世上，活得舒坦最重要!"出租车在路上平稳地前行，莫名其妙地，我也放松了些许，不去担心一会儿客户会有怎样的刁难，不去担心一会儿开会时要如何讲解方案，珍惜眼下，哪怕是一缕舒心的冷气。幸福应该是一种心态，年纪小些的时候，总想着生活该是这样、该是那样，稍有不合自己心意，便认为天光都已昏暗，必须忙着哭天抢地，现在这个时刻，仿佛是得了太久的重感冒终于好了，一瞬间畅快通透，我是真的信什么样的心情过出什么样的日子。现实永不仁慈，但且珍惜眼下，每时每刻，都有幸福，我们每个人，都在被这世界温柔地爱着。

作者：芦文泽，现居西安。

67 初见的幸福

2010年3月份开始认识她，一个开朗活泼、温柔又坚强的女子。初见她时，她穿着米白色的连衣裙，远远地跟我挥手，笑靥如花，我一步一步地向她走近。两个人像是认识了许久一样，很熟悉的味道，就这样，她来到我的生命中，成为不可或缺的一部分，也成为幸福的主调。

再过一个月就是认识两年的纪念日了。每次节日的时候，她总是许同样的一个愿望，如“明年情人节还在一起过”、“明年生日我们依然相爱”、“明年……”她似乎总有一种不确定感，惧怕失去。或者这也是因为我，是我没能给她足够的安全感吧。我努力尽我所能，给她最好的，尽量多地陪在她身边，带她去旅行，带她见我的朋友和家人，陪她吃最爱吃的菜肴，听她诉说她跟朋友之间的故事，看着她笑，又舍不得她哭……我不知道我能给她的够不够，但是我知道，倾尽我所有给她幸福也是我的幸福。她常常跟我提起初见的那一天，提起安意如的“人生若只如初见”，我不懂安意如，但是我懂她。宝贝，我答应你，尽量让你每天都有那种初见的欣喜和幸福，给你想要的“初见的幸福”。

作者：罗兵，男，大学生。

68 父亲给的幸福

一直想写写自己的父亲，又怕自己拙劣的笔勾画不出父亲的模样，匮乏、粗略的文字描绘不出他的细腻，以及掩藏在心底的那种深深的爱。父亲，不再年轻了，没有了昔日的英俊，变得有些苍老了。但父亲眼中的慈爱、祥和、温柔依旧。看到我来，依然是那样灿烂地笑，给我做爱吃的饭菜，陪我看我喜欢的电视节目。父亲对女儿的那种疼爱依然没有改变。

在父亲眼里，我一直是长不大的孩子。他们都说我像极了父亲。开朗、乐观的性格，爱笑爱闹。为人善良、友好、豁达，乐交朋友。我也觉得自己更像父亲。有时候我们不像父女，更像朋友，有什么事情都会告诉父亲。接到某个人的小纸条了，和谁谁吵架了，都会跑去和父亲商量，而不告诉母亲。他总是给我出主意，给我很好的建议。记忆中许多次都是父亲接我放学。他在校门口、街口、路灯下等我。他说，天晚了，一个女孩子回家，不放心。每每这样的时候，我心里就涌动起一股暖流，有这样的父亲，是我前辈子修来的福气。真好！

作者：罗芳，大学生。

69 体会幸福

匆匆一年又一年，转眼大学毕业都已经接近 5 个年头；从“还小嘛”到“也还不算很大”，也就是弹指一挥间！

5 年间，得到的，失去的，欢乐的，酸楚的，每天都交错着，但总时不时地被一些人、一些事所温暖，让你忍不住地发出“还是好人多呀”的感慨！在异乡的街头，茫茫然不知目的地在何方，指路人不但热情地告诉你怎么走，还提醒你哪里的水果品种多、新鲜，且价钱便宜，让你一直惦念着回来的时候，要是能再遇到他，一定请他吃水果！出差归来，遇上大雨，有人帮你拎着皮箱送你上地铁，顿时让你觉得今天天气真好，身体疲惫，却备感幸福！

林语堂说过：幸与不幸之间，只隔了一层薄纸，而你本身就是那层薄纸，你认为那是幸福便是幸福，你认为那是不幸，便是不幸。对我来说，个人的感觉更重要！出去旅游，错过计划好的终点，朋友偶尔满腹抱怨，让出来游玩的心情降到了最低点，但其实大可不必，错过了“社稷坛”，也可以到不远处的“太庙”游览一番；境由心生，时刻保持幸福快乐的感觉，才能真正地体会到幸福！

作者：罗曼，女。

70 好好爱自己

幸福是什么？从过去到现在，我一直在找寻着心中的答案。或者，幸福是一种真正让自己快乐起来的心境、一件件让自己备感欣慰、富有意义的事情；又或者超越过去的自己时，所存留在心的充实感。在这繁华而喧闹的都市里，我们总会因为忙碌的工作、生活的烦琐，而时常迷失了自己，忘记了什么才是幸福。其实，当每次为自己的未来而努力拼搏的时候，当努力实现每一个愿望、达成每一个梦想以后，幸福也在我们的身边。幸福从来就不曾远离我们。

也许有的人会说，拥有了属于自己爱情时，才是幸福的。其实，一个人的时候也可以很快乐，也能拥有属于自己的幸福感；在单身的旅途里，虽然偶尔会孤独，但是，这却是一辈子里与自己独处最美好而幸福的时光。在这段漫长的岁月里，我更了解自己了，更懂得倾听自己的内心，也更明白该如何让自己快乐，用怎样的方式好好地爱自己。

作者：麦敏琪，女，现居成都。

71 我的小甜蜜

我在深圳上班，而他在上海，异地恋注定是辛苦的，我们每天靠着煲电话粥诉说彼此的思念。2011 年七夕的前一天，他打电话告诉我说可能会回深圳陪我，我听了后高兴得不得了；可是到了晚上，他突然又打电话告诉我公司临时有事请不了假，我大脑一片空白，泪水不争气地流了出来。第二天公司里同事们兴高采烈地讨论着与恋人之间的约会类话题，难过又一次涌上心头。下班后，无精打采地往回宿舍的方向挪动脚步，正要进巷子的时候，眼前一个影子闪过，接着立即被一片红色挡住视线，我愣住了，等反应过来，他已经笑容满面地把花递到我手边，眼泪再一次不争气地流出，不过这一次是喜极而泣。后来他告诉我，他其实四个小时前就到了，然后一直等我下班，再尾随我，给我一个大惊喜。现在，我们已经步入婚姻的殿堂，他已调回深圳工作，很快，再等三个多月，我们的小宝宝就出生了，有个爱我的老公，还有一个可爱的小宝宝，我们一家三口幸福快乐地谱着甜蜜的曲调，人生如此，夫复何求！

作者：孟元元，女，现居深圳。

72 享受在路上的幸福

我很喜欢的一本书是凯鲁克亚的《在路上》，我想很多人也是看过的，作者书中絮絮叨叨着的就是我心向往的生活，在路上的生活。

去年下半年开始，我开始了一生的骑行，我知道这种在路上的幸福会伴随我漫长的一生。春节从佛山骑行回到家乡，这是我的处女作，过程很满足很幸福。路上有很多我们平常都不会留意到的美景，还有更多的是陌生骑友之间的默契和交流，我们都是同一类人，心里同样有着强烈的对自由的渴望……当然，还有路上各地的地道美食、靓丽的美女等等。过完年跑去三亚环岛游，至今我似乎都能闻到那种淡淡的盐水味道，还有海风拂过脸庞的夜晚，就算没有跟心爱的人一起看海，就算是一个人，幸福的感觉依然油然而生。

如果说可以的话，我很想义无反顾地抛下眼前的安定生活，去远方流浪，是的，去流浪，去远方，去我最想去的地方。

作者：莫赤虎，男，现居佛山。

73 幸福，不是爱情的专属

2012 年，世界末日还没到，但是我却失恋了。一直以为自己很坚强，但是面对爱情，我似乎更多的是无力。在这一段爱情里，我付出了所有的真心，最后换来一句淡淡的“我们分开吧”。失恋的滋味断然一点都不幸福，我常常在想：一个人要熬过多少天崩地裂的折磨，才能抵达地老天荒的幸福？

朋友一直陪着我，担心我的情绪变化，关心我的饮食，细细地开导我，听我哭，听我笑，听我回忆以前的美好，听我说失恋有多痛……很庆幸，我身边的朋友都还在，没有彼此疏远，我最多就是损失了一段年少无知的感情。友情，依然还伴随着我，或者还会陪着我一辈子。我开始想，这幸福似乎也不是爱情的专属，闺密之间的默契和支持，本身就是一种世间难得的幸福，只是有些人珍惜，有些人忽视了而已。而我，决定从这一刻起，用尽生命的力气去珍惜这种一辈子友情的幸福。

是的，幸福，不是爱情的专属。

作者：莫胜娜，女，现居天津。

74 幸福就在身边

有人说："幸福在哪里？"其实，幸福无处不在。幸福藏在妈妈每天做的饭里；藏在放学时拿着的满分试卷里；藏在体育课玩的篮球里；藏在自己亲手包成的饺子里。

那天，老师布置了一样作业：寻找身边的幸福。回到家，我与平常一样与爸爸在院子里玩皮球，你一脚我一脚，小皮球像一个调皮的小孩子在地上蹦来蹦去，院子里充满了我们的欢声笑语，啊！幸福就在那个皮球里！爸爸在锻炼我的手脚敏捷性和协调性的同时，让我身强体壮，那不正是爸爸给予我的幸福吗？

晚上，妈妈从厨房里捧出一碟碟香喷喷的饭菜，我吃着妈妈在厨房辛勤劳动的成果，心里暖暖的。爸爸妈妈你一筷我一筷地把大块的肉夹往我的碗里，而他们自己却只吃着那只有一丁点儿肉的鱼骨头！幸福不就藏在这饭菜里吗？爸爸妈妈为了让上了一天课的我能早点儿吃上饭，宁愿少赚一点钱，为了让我营养充足，总是把好的让给我，把不好的留给自己。这，就是幸福。

作者：莫园，女，杭州人。

75 找寻自我的路上

如果时光倒退，我一定选择早点儿开始旅行。城市的生活总是那么忙，好像永远没有停下来的那一天，我一直以为我自己是被繁忙的工作、该死的责任心，还有无休止的加班牵绊着，害我没有时间去实现很多没有实现的愿望，例如一个人的旅行。然而，今年 4 月份从厦门鼓浪屿回来后，我知道，如果我心累了，无法呼吸了，就再也没有什么可以牵绊得了自己；如果有一天我不见了，那我一定是在找寻自我的路上。

厦门之行，可以说是第一次独自旅行。身边的朋友都很担心，怕我一个人遇到不好的事、怕我孤单、怕没人给我拍照甚至怕我迷路……当然，我自己的内心也想过“算了吧”，终于成行，我很庆幸。带着闺密亲手缝制的包包、最心爱的布鞋、最喜欢的长裙出发。

在另一个城市行走，其实，和在你熟悉的城市里行走，很多东西，也没什么不同。所以，我告诉自己，真的不需要害怕，旅行一旦开始，就再也不要停止。也许，这就是我想要的幸福。

作者：莫钊洁，女，现居义乌。

76 幸福不需要太满

以前在学校总是认为幸福很单纯，可是当我走出校园却发现幸福并不是这么单纯，在校园的时候总是对未来充满了期待，总是喜欢不禁地在脑海里描绘着自己心目中的那些宏图大志。

当我面对整个社会，才发现其实幸福并不需要用很多种颜色来描绘，填得太满反而会适得其反，而轻轻地描绘一下，说不定会更显出其中的深意。有时候幸福也是这样，不要太有钱也不要太没钱，有一份安安稳稳的工作，有一个爱好，休息的时候可以和自己的家人朋友好好地聚一下，不在乎地点不在乎食物，只要大家在一起就是聊聊天也会觉得很开心。找个合适的人在一起过日子，可以争吵可以打闹，在累的时候可以有一个肩膀来依靠，互相包容，互相理解。

作者：念念，女，现居湖北黄石。

77 幸福，不外乎睡到自然醒

今天是周四，早上十点半的时候，在被窝里面回复 QQ 信息，有人不断地拷问我："幸福的感觉是什么？"我随便回了一句，"我还在床上，这也是幸福吧"，引来一片羡慕妒忌恨。转头想了下，或者幸福真没那么复杂，就是简简单单的，在不忙的时候可以安心地睡到自然醒，很多人求都求不来呢。

我一直在想，如果有一天，我能够彻底地离开这繁华的城市，不为过多的名利和欲望，回到安静的小镇上，每天睡到自然醒，睡到温暖的阳光照进屋里。伸伸懒腰，亲自下厨做自己喜欢的菜肴，然后开始工作，小忙一个下午。不想工作的时候，就呼朋唤友一起进山入水，肆意流连于世界美好风光之间……

好了，回到眼前，11 点钟的深圳出奇的安静。无论在多快节奏的城市里，只要细心感受，依然能清楚地嗅到幸福的味道。

作者：潘莹，男，现居深圳。

78 幸福不过如此

关于幸福，所有人的理解都不一样。和女朋友相识是在2006年的时候，那时候即将大学毕业，种种的压力突然一下子都压到了身上，不知道如何应付未来的工作，不知该如何完成从学生到社会工作者的角色转变。正当我疲惫不堪的时候，女友出现了，是她的鼓励与安慰让我度过了那段让我近乎崩溃的时光，到今年的十月份我们已经在一起六年了。六年里我们会为了一件小事开心得一晚上睡不着，也会因为一件鸡毛蒜皮的事争吵不休，我想这就是生活。记得她曾经跟我说过，她的幸福就是可以这样一辈子在我身边唧唧喳喳吵个不停，就是要烦我，要不我一个人多寂寞，多没意思。

经过了六年的奋斗我们有了属于自己的小窝，虽然不大，但很温馨，我们也即将步入婚姻的殿堂，我会轻轻地挽起她的手，告诉她六年前我曾经许下照顾她一辈子的诺言依旧未改变，我仍然会继续努力地工作，从而让生活质量再提高一些。对于未来，我做好了充足的准备去面对各种各样的困难与烦恼，我会坚定不移地朝着目标走去，因为我的身旁始终有她相伴，如果我是一辆汽车，那么她就是这辆汽车的发动机，有她在就有动力去实现我们的目标。简简单单，快快乐乐，家人健康，爱人相伴，幸福，不过如此！

作者：齐柯达。

79 幸福就是我们一直在一起

我们从小一起长大，乐，菲，甜，瑞，娇，策，丹，婵，琼还有康。我们之间是没有开始的开始，也注定不会有结束。这么多年过去，那沉淀的感情已不仅仅是友情，那已是一种超越时间与空间、超越语言与文字的亲情。

长大后，我一个人求学在昆明，你们都留在了西安，最大的幸福是无论我好或者坏，正常或者不正常，沉默或者发疯，烦人或者不烦人，犯错或者不犯错，电话那头的你们都不会不理我，都会耐心地倾听我的抱怨、我的牢骚，或是真诚地分享我的喜悦、我的快乐，真心地为我高兴、为我骄傲。太多故事与记忆、欢笑与泪水，都埋藏在我心里，激励我一路欢笑前行。

我晓得以后会发生好多事，无论明天发生什么，无论世界怎么变化，无论我们各自是怎样的心情，我知道我们都会一直笃定我们心里不变的东西——我们的感情，即便我们没有在彼此身边，也要像在一起时那般开心，我们永远不要离开彼此，我们永为姐妹，友谊永存！

我们的下一个理想：同一座城市，同一间屋子。我会努力考研回西安，为了我们的距离更近一些、再近一些……

作者：齐梦婷，女，大学生。

80 学生自有学生福

临近高考的时候，几位老师都跟我们说，等你们以后上了大学了回想起来现在的日子，一定会觉得幸福的。我记得当时班里回应的是一片“啊！怎么可能”之类的感叹，饱受高考折磨的同学们估计都不能领会自己的恩师讲的是什么道理。那时的生活朝五晚十，压力巨大，考试接踵而至，卷子堆积如山，老师谆谆教诲，同学视分如命，对高考制度的重灾区——山东来说，高考就是每个学生十八岁之前人生的终极目标。那时大概人人自危，逼迫自己发挥自己的最大潜能，不惜一切代价实现作为一个学生的最高理想——一所大家满意的大学。

同学们心中的幸福就是去一所美丽的大学，学一个喜欢的专业，做自己想做的事情，睡觉睡到自然醒，看球看到天大亮，跟几个朋友出去吃饭、唱歌、旅游、闲谈，那才叫真正的幸福呢。而如今，四年的大学生活即将结束，高中时候的憧憬一一变为现实，并且不断地上演，虽是高兴，却真不懂幸福了。告别学生时代走上社会，走出宿舍住在租来的房子里，没日没夜地拼命工作，为了一套房子背井离乡累死累活，哪里还叫生活，还去哪里找幸福。而这时再回想老师的话，再想起为了高考而忙碌的生活，心中有一个可望可即的美好理想，并且用全部的时间和精力不惜一切为之实现而努力，想想都觉得让人欣慰，好不幸福。

作者：乔会，男，现居苏州。

81 感谢您，我的老师

还记得那个星期五，一次普通的周练，我却莫名其妙地紧张万分，连原来做过的题目也做不出来，一连打了几次草稿，写满了整面，可依然解不出来。我急得满脸通红，手上全是冷汗。我越是着急，脑中越是一片空白，尽管老师一再为我们延长考试时间，我还是没能做出来。收卷时我很绝望，尽管我很想考好，可事实却总那么无情。老师似乎看出我精神不振，把我留了下来，找出我的试卷，仔细地看了一遍，安慰起我来，“这只是一次平常的测验，没必要这么紧张。你看，你这道选择题别人都考虑不全，你做对了，说明你的能力没问题，即使这题错了，也还是有九十分的，不要这么在乎分数了。”然后老师问我哪里解不出来，并一步一步细致地为我讲解，一句批评的话都没说。“好了，擦干眼泪去上课吧！”我点点头，旋即离开了教室。

或许您已经忘记了这件事，但我不会忘记您在我伤心时的安慰，在我考试失利时细致地为我分析原因。您的话像三月的春风，吹暖我失落的心，让我鼓起了勇气和信心。您是湍急河流中的垫脚石，让我们勇敢地迈出前进的步子。我只想对您说：“感谢您的教诲！”我的幸福道路上有您给予的支持，谢谢您！

作者：任洁，女，哈尔滨人。

82 在路上，找回自我

艺术家萨子终于上路了，我相信他是幸福的，至少他拥抱麦田的瞬间，是幸福的。筹划了一年的作品《野草令》，萨子要背着一棵树，一个人，徒步从北京走回他的家乡新疆。当现实成为一个没有灵魂、没有人性、没有精神、没有道德的世界时，不得不说这是物质社会的悲哀。人类对自然的远离、破坏和污染，导致全球变暖、生态多样性消失、酸雨、江河和海洋污染、森林消失、土壤退化、能源和矿藏枯竭以及其他生态变化等等，深刻地反映了现代性与人、与自然、与人身心的矛盾。清澈的山泉、山花烂漫的草原和蓝蓝的天空，在人类快速的建设和消费中慢慢消失。人们遗弃了大地的神性和精神栖息地。如果不能改变这一切突变，至少可以自主选择一种让自己靠近幸福的方式，来抒发长久以来的乡愁。萨子“以生命内在的体验方式，回到生命本能的自觉，返回生命自身的生长性，消除生命外在的膨胀，转化为生命内在的建设”，难道不是一个幸福的理想吗？祝福他。

作者：佚名。

83 “吃货”的幸福

作为标准的“吃货”，我的幸福时光莫过于可以找个人一起吃遍西安了。我喜欢约上三五好友，一起走进回民街，从巷头吃到巷尾；也喜欢静静地待在家里，吃上一顿母亲做的晚饭。我并不是看见什么吃什么，我只是喜欢在吃中寻找乐趣、感受生活的美好罢了。生活在三秦大地上，品尝地道的陕西美食是我的乐趣所在。正所谓住在西安，吃货最大。从油而不腻的腊汁肉夹馍到爽滑可口的擀面皮……西安美食用她的魅力向我们展现着独特风味。你可以因为一个人而爱上一座城，你也可以因为一个小吃而爱上一座城。因为口碑相传使得小吃更具魅力，也因为小吃背后的故事使其更具诱惑力。鲍鱼、鱼翅固然精彩，但是它却比不过妈妈亲手做的一碗热气腾腾的馄饨，比不过街头流动小商贩叫卖的一碗热腾腾的油茶，因为馄饨和油茶里所蕴含的故事远比鲍鱼、鱼翅有趣和生动得多。

作者：姗姗，大学生，现居西安。

84 姐妹情深

我们曾经的梦想是能够在同一时间结婚，再不济就做彼此的伴娘。想着应该是所有姐妹淘在一起的终极目标之一吧？当然这些关乎姐妹的幸福梦想还包括一起出门旅行、给彼此照看小孩、看着彼此的孩子成为死党，以及一起优雅还充满稚气地变老。

做姐妹的，有今生，谁知道有没有来世。自己不好都没关系，自己辛苦或者被误解也没关系。做错事也没关系，一起想办法啦，在外人面前还是会毫不犹豫地力挺！重要的是，你，你……对，就是你！大家都要幸福，真正的幸福，发自内心灵魂深处的安稳，不求显赫富贵、不求权倾天下甚至可以不求激情浪漫。

我的好姐妹们，你知道的，我们对彼此的这份真心，就算到了世界末日，我们都不会对彼此有丝毫的怀疑。

作者：Cicie，女。

85 湘乡孩子们的梦想

2011 年夏，我参加学校“低碳环保　爱心传递”送书下乡活动，湘乡的石柱山中学是我们的目的地。刚下车，我们便惊讶于这所中学连一个大型的操场也没有，我们预计的搭台之处也找不到，老师搬来一张书桌做主席台，我们懂得这种艰辛，更理解这样的心情，男生们动手搭台，拉宣传海报。我带领宣传小组的同学四处拍摄照片，孩子们还在上课，我们蹑手蹑脚地踱步在教室外面，孩子们正大声朗读课文。赠书时刻，学校响起了紧急集合的铃声，孩子们不知从何处窜出，不一会儿工夫就集合完毕，我站在主席台上，看着早已准备好的台词，心里非常紧张，这种紧张甚过第一次登台，我害怕自己表现不好，在他们心里会暗暗对外界失望，更害怕自己的言谈举止会损坏他们对外界的憧憬、对知识的探求。

临走时，突然下起了大雨，有个小女生跑过来，托着下颔，对我们说：哥哥姐姐，我希望有一天能够像你们一样。说完就跑开了。我们匆匆上了车，雨水打在车窗外，孩子们隔着教室的玻璃，遥望着我们渐行渐远的队伍。在车上，我跟同座的学弟聊天，想起小妹妹的话，像我们一样？想想自己平日里的生活，浑浑噩噩，一点都不知道珍惜，不禁眼角湿润。

作者：石柳，现居南昌。

86 因为快乐，所以幸福

很多人常常将幸福理解为亲情、友情、爱情诸种，我却认为幸福更是一种心态。它可以随心常驻，也可以一闪而过，奋斗了一年的项目终于圆满成功，你觉得超幸福；人到中年，依旧拥有充沛的精力和身体，你觉得超幸福；别人吃饭你打游戏，你觉得超幸福；疲劳一天安心躺在床上，你觉得超幸福；见到久别的父母，你觉得超幸福；看到崇拜的明星，你觉得超幸福；拥抱亲密的爱人，你觉得超幸福；重遇儿时的老友，你觉得超幸福……这样说来，幸福是不是太多，但为什么还有那么多人感到不幸福？这种心态，其实只要随着生活，它就自然而然地来了。我们发现，用“快乐”很多时候可以代替上面词句中的“幸福”，当然，这是个充分不必要条件，因为幸福所代表的快乐一定是要从心的，是在经历过一些事后，对比得来的心境。幸福不是个词语，而是发自内心的满足和愉悦，你的世界越简单就越容易获得幸福。

作者：沈春芳，女，长沙人。

87 爱着，并幸福着

我是一个年过三十的女人，幸福对于我来说很简单，那就是孩子每天的成长和变化。儿子今年七岁，长得虎头虎脑，不过有些偏瘦，用他的话说："那都是肌肉。"每天早晨起来看他穿衣、洗漱，我则在厨房为他准备他喜欢的早点，虽然没睡成懒觉，但是心里是幸福的。早饭吃完，他背上书包戴好红领巾，给我敬个少先队礼并且说一声"妈妈再见"，我会唠叨着说："上学快晚了赶紧走！"可嘴不对心，心里早开满了幸福的小花。在他拿到生命中自己第一个一百分跟我炫耀时，我会跟他一起欢呼大叫，他是幸福的我更是幸福的。当我感冒时，他给我小心翼翼地端来一杯水，拿来一片感冒药时，我头是痛的，眼泪也流了出来，但这却是幸福的眼泪。看到他在生活中不停地跌倒爬起、学习上的刻苦努力，我心疼，但是幸福却在不言中。

三十岁从女孩到女人再到女士，娇美的容貌已是过去式，苗条的身材也已是曾经，但是三十岁我多了理性、多了睿智、多了成熟，最重要的是我拥有了一个心爱、心疼、懂事的孩子。我爱着，同时也幸福着……

作者：生金花，河北人。

88 感悟幸福

幸福是一个永恒的话题。有的人为了追求幸福，为之奋斗，不惜献出毕生的精力；有的人却吝惜些许的付出，只祈盼上苍能像撞婚般把幸福的绣球刚好抛在他的身上；有的人为了自己的幸福，不惜损害他人的幸福，最终却与幸福永远告别；有的人却在不断地奉献自己的同时，也在啜吸着幸福的滋润和甘甜；有的人，日夜忙碌，身居幸福中，却不曾品尝过幸福的一丝甘味；有的人则善于在日常生活的点滴里，把游丝般的幸福信手拈来，日积月累，最终绘织出五彩斑斓的画卷。

人生，存在就是幸福；幸福就如同天空中的云，你永远也无法抓到它，但可以感觉到、欣赏到，幸福就伴随心中天平的起伏而时来时去，你愈想抓它，却愈抓不到，而当你不抓它时，它自己反而来了。

当你能用充满友爱、平和的眼光看待外界的时候，当你能用一份真诚善待他人的时候，当你心里没有太多没完没了、不切合实际的欲望的时候，当你在他人需要帮助时能尽力而为的时候，当你把人类天性中的自私、贪婪、狡诈、欺骗等陋习彻底抛弃的时候，当你很在意家人对你的关爱的时候，那你就不会抱怨生活的困难、孤独和不公，你就能够真正地感受到在你身边那些触手可得的幸福，感受幸福带给你的快乐、舒心和心的依靠。

作者：生美玲，河北人，现居南宁。

89 人生在于坚守

即将走上工作岗位的我，正经历着从一个懵懵懂懂的学生到一个学会承担、学会独立的成人的转变期。我们都是在平平淡淡中不知不觉地长大。

没有所谓成长蜕变的痛苦，对我来说，学会独立、获得思考的自由反而是一种幸福的感受。当我们不在课堂里聆听教诲的时候；当我们该为自己所做的选择负责任的时候；当我们可以决定一件事情走向的时候；当我们可以拒绝别人，学会说“不”的时候；当我们可以设置自己的人生方向，并不将物质看为唯一成功标准的时候……我发现，这是一种获得权利的幸福。我们的人生方向是由自己掌舵的，划向彼岸的过程或许坎坷艰难，或许不为人理解，但终究那是我们想要去的地方。敢于追寻自己的内心，就是一种幸福。人生数十载，探寻自我是一个并不十分顺利的过程，能够找到自我并坚守下去，我想对我来说就是最大的幸福。

作者：生姗姗，女，河北人，现居云南。

90 感谢妈妈的一路相随

2008 年的冬季，寒风呼啸着湖南师大的每一寸土地，似乎在跟万名艺考生炫耀自己的威力。我裹在厚厚的被窝里，强记着必考的文艺常识，下午起身去看电影、写影评，偶尔会出来大吼两声，吱吱呀呀地唱着湘西民歌。“我来陪你考试吧。”“没关系，我一个人可以的。”“还是来吧，就当玩玩儿。”她知道，只有这样说，我才会同意。于是，她便陪着我跑遍长沙的每一个商场，只为挑选一套大方、得体的服装，又陪着我去报名。在她的陪伴下，省艺术联考，我专业拔尖，便许下承诺，非精专院校不考。她赞成这个想法，一路跟随我走完艺考。我失败了，把自己关在房间里不愿出门，她躲在门外偷偷哭泣。“出来吧，不管怎样，妈妈都会一路陪着你。”在我看来，幸福，就是有你在身边。谢谢你，谢谢你的鼓励、陪伴和赞同，让我无论身在何方，都斗志昂扬！

作者：石柳，现居湖南湘西。

91 母爱无疆

一谈到幸福，我总会不禁想起我的好母亲——一个面目慈祥、眼角总有一丝睡意的人。我，生活在一个并不是很富裕的家庭里，为了让我上一所好学校，母亲千辛万苦，费尽心血把我送进了名校。为了不给我童年留下阴影，母亲看见我时总是显得那么愉快。天真的我不但没有理解母亲的一番苦心，还总是抱怨这、抱怨那。

直到初进高中的一个军训，我才真正明白，什么才是世上最美好的幸福。那天，是军训的最后一天，早晨，我懒洋洋地从床上爬起，觉得腰酸背痛。一个星期的魔鬼训练让我吃足了苦头，想到今天就要回家了，我不禁兴奋起来，跳下床收拾衣物。难熬的半天终于过去了，中午，我踏上了返回的列车，来到了车站。大老远地，我便看见一个孤零零的身影，她欣喜地张开双臂，拥我入怀，不时抚摸着我的头说："几天不见，瘦了许多。"一双眼睛里分明带着许多慈祥和关切。我吃惊地说："妈妈，不是说好了，我自己回家，怎么您又来车站等我了。"母亲说："今天风大，还不是怕你着凉了。"说着从包里拿出一件衣服给我披上。我眼角一下子湿润了。母亲可真好！我平时竟然没有感到她对我的关怀，我愧疚万分！

作者：舒平全，大学生，现居湖北荆州。

92 融之幸也，乐之福也

2009 年 11 月 9 日 19 点 19 分，北京下着大雪，一声啼哭声，宝宝降生了，这一刻我感受到莫大的幸福，随着照看宝宝

的日子一天天地增加，我发现宝宝给大家带来无数欢笑，但同时，也带来了一些莫名的小矛盾。

电视剧情节里演绎夫妻俩因为孩子发生争吵，我也看过身边朋友、家庭因为孩子发生小摩擦，现在自己也会偶尔感受到这个小场景。尽管是80后，但我全身心投入，想尽力做好一个妈妈的角色，每天对宝宝的生活起居照顾得无微不至，一步都不舍得离开他，家人都想替我一把，让我也休息休息，可是我就是不放心，甚至有时对其他人照顾宝宝不满意或者挑剔。就这样，家人耐心地协助我照顾宝宝，和我一起查看书中每个阶段宝宝应该注意的问题，在我疲倦困乏的时候，他们默默地把宝宝抱走，让我能安静地休息一会。慢慢地，我更体味到了另一种幸福——家人传递给我的一份默默的爱，更胜宝宝的出世。

我的家人没有用激烈的言语说服教育我，而是用默默的爱支持我、帮助我、照顾我。现在宝宝已经两岁半了，他就是在我们这样一个和谐的幸福的大家庭里健康成长着，他懂得把好吃的先分给别人，懂得在自己得到快乐时说声谢谢！这一切都源于我们有一个幸福的家，大家在融合中化解矛盾，在感受宝宝带给大家快乐中体味幸福，此乃，融之幸也，乐之福也！

作者：宋琦，女，北京人。

93 幸福是什么

幸福是等待，等待自己喜欢的人在落寞受伤时转身就能触到你。幸福是坚持，在不少人热衷于追求物质享受的时代，坚持最初的信念、坚持自己的选择。幸福是白纱；幸福是红色的大双喜；幸福是晚归的人给你的额头一吻；幸福是生病时保温桶里的温热饭菜；幸福是每天的询问、每天的电话；幸福是傍晚夕阳下并肩的影子；幸福是时刻挂念对方的心。幸福从来就来之不易，经得起平淡流年的才是真正的幸福。2 月 15 日，我们领证。相识 13 年，我们跨越了许多困难，有过许多坚持不下去的时候，兜兜转转最后坚定地握住对方的手。也许未来在通往幸福的路上我们还会面临许多问题，但是相信只要我们俩能共同携手面对，那么一切问题都不是问题。幸福是信任，幸福是责任。而我更愿意相信嫁给你、做你的妻子就是我的幸福。

作者：苏晴，女。

94 农村妇女的幸福

作为一名新时代的农村妇女，我觉得自己是幸福的，觉得自己赶上了好日子！相比以往，现在的农村生活简直是天翻地

覆的变化。水泥路直达家门口，农业生产基本机械化，楼房的装修和家用电器的使用跟城市无异！随着孩子们的自立，基本已无经济上的担忧。

要说近几年最欣慰的事情，就是老大不小的女儿终于找了个好人家。女婿斯文懂事，经常打电话回来嘘寒问暖，做长辈的不图下辈子啥，就图个心里高兴。今年女儿有了宝宝，真是把我这个外婆乐开了花儿。

在我们村里，像我这般大年纪的早就当了奶奶，在家带孙子了，我最大的希望就是儿子能早日成家，恩恩爱爱地过生活，完成我们当父母最大的心愿。

随着年纪的增长，难免有些老病痛。孩子们只希望我们老两口能健健康康的，我们俩就盼着孩子们好，每当过年的时候儿孙承欢膝下，热热闹闹，多美好的小日子！当然，最重要的还是健康平安！

作者：孙大平，女，湖北当阳人。

95 六个小女生的幸福注事

友谊就像花儿一样有的傲立枝头，经久不凋；有的含苞怒放，昙花一现。而我们能做的是用回忆珍藏它。曾经我们彼此并排看着的天空，现在我一个人看着；曾经六个人的生活，现在一个人生活着。亲爱的你们，感谢这三年，陪我渡过一个又一个坎，陪我走过那一段长长的路，陪我一步步的成熟、一步步的成长。

依稀记得那时的我们，是多么地令人羡慕，以至于让很多同学是羡慕嫉妒恨。在冬天，走在雪地里，在彼此眼里看见吃雪糕的自己，很幸福；在夏天，走在炎热的大街上，看着彼此黑黝黝泛着红光的脸，很幸福；在秋天，我们先看着彼此，然后再傻傻地看着天空，很幸福；在春天，我们一起追逐，一起听歌，一起谈天，一起说地，很幸福。

亲爱的你们，感激遇到你们五个人。这样的幸福之所以深刻，就是因为我们彼此所经历的彼此都有参与，并留在记忆里，挥之不去。

作者：孙凤，女，现居湖北荆州。

96 掌心的阳光

他看上去很严厉，却自以为自己风趣幽默。爱好众多，尤其是书和麻将，并自以为风雅："其实很多诗人都是喜欢打麻将的，比如说胡适和沈从文。"

我叛逆期的那两年喜欢跟他作对，他跟妈妈抱怨我每天以摔门表达意志，他又没有独断专制控制行动自主权或者是偷看日记或者是逼我上辅导班，我在那儿瞎叛逆什么劲……实际上他给了沉默着的信任和支持，我就安然地长大了。

中考前压力大，他强行拖我出门散步，指着路边不起眼的白色小花："你看，长得这么不起眼，可整个公园都是它的香气！"我懒得回答，他顿了顿，抑扬顿挫地说："人生也这样，越是朴素越是芬芳。"我听了这标准的文艺腔调，差点儿笑翻过去，但那一瞬的芬芳却似乎一直萦绕在鼻息之间。

高中独自求学，他在异地工作，但坚持每周回家看我。记得每个周五下午我都站在路边公交站牌下等待，无论晴朗多云刮风下雨雪花纷纷，只等一辆停停走走慢悠悠的绿色中巴开过来。无论他带来的是新鲜的水果零食，还是心惊胆战的成绩单，知道他一定会来，心便是安的。

他是我的父亲，万千人中最普通的一个人，我也写不出《背影》那样的美文感动世人。而我知道，最朴素的芬芳就是他自己，而我永远是他掌心的阳光……

作者：孙敏，大学生，现居西安。

97 我理解的幸福

作为“80后”的一员，不得不说说我们这一代人的压力很大。我和老公从相识到结婚经历了六年时间，和很多人一样，房子是最大的问题，结婚两年后通过我们自己的努力，在

我们本市终于有了一套属于自己的房子，虽然不是高档小区，但是我们都觉得挺温暖的。

现在我们的儿子三岁多，已经上幼儿园了。去年我不得不放弃在深圳的工作，回到家乡找了一份工作，和老公过着两地分居的生活，为的就是不想让儿子成为一名留守儿童。我每天早上起来送儿子上学，再坐车去上班，晚上下班回来陪他看看动画片，听他讲在学校的事情，周末带他出去玩。昨天六一儿童节，儿子突然对我说：“妈妈，爸爸能不能不去深圳上班了呀?”我听了之后不知道说什么好，只能对他说：“爸爸要上班要挣钱啊，不然怎么供你上学呀！所以你以后在学校要好好表现，听老师的话，好不好?”儿子似懂非懂地点了点头，他小小的年纪哪里懂得啊。

对于我来说一家三口能天天在一起就是最大的幸福，不需要很多钱，只要一家人快快乐乐、健康平安地生活在一起，就已经足够了。

作者：孙月苏，湖北当阳人。

98 用心体会幸福

其实幸福不是奢侈品，不是只供少数人享用的专利。幸福也不是深藏不露的矿石，需要经过勘探、采掘、精选、冶炼才能最终成为可用的器物。恰恰相反，幸福就像阳光、空气一样，存在于每个人的身边，随时供人享用。善用幸福的人，每时每刻都能感受到幸福的存在；而那些不知幸福为何物的人，却因一声声抱怨而使幸福离他而去。

幸福仅仅是一件小事，有很多人觉得自己并不幸福，其实仅仅是因为他们把幸福想得太复杂。只要有你，只要我们还能微笑，这就是幸福。一个宠溺的眼神就是幸福，一杯暖暖的咖啡就是幸福。我和你不要那些所谓的甜言蜜语，只要有那个牵着我的手不愿放开的人，就是幸福了。

一个人只有时刻保持幸福快乐的感觉，才会使自己更加热爱生命、热爱生活。只有快乐、愉快的心情，才是创造力和人生动力的源泉；只有自己不断地创造快乐，与自己快乐相处的人，才能远离痛苦与烦恼，才能拥有快乐的人生。简单一点，快乐一点，用心体会身边的幸福，你会发现，自己一直生活在幸福之中。因为幸福就是在爱笼罩下心的感觉。而我们身边一直存在爱，于是我们存在于幸福中。

作者：唐娇丽，大学生，现居武汉。

99 何谓幸福

面对现实，直面社会，我们这一代年轻人习惯于在不断的抉择与犹疑间左右徘徊，甚至无所适从；我们更倾向于纠结于过往与现实之间，感叹日子像“老太太过年”。微笑时常挂在脸上，即使僵硬，也要撑足场面；殊不知，却独独忘却了何谓幸福。

大学时代的我们，偶尔与室友谈谈自己对未来的规划，却大多落得备受打击。学校不断为学生灌输当前就业形势如何严峻，一场大会下来不知扑灭了多少前一刻还燃烧着的信念之火。家长不知何时空前一致地提出一些看似稳妥的出路，可怜天下父母心，却迟迟未能与我们达成共识。大学毕业，固执地想去工作的我，在努力漠视旁人的质疑与劝解下，还在坚持。这种固执，不是小时候被爸爸打了屁股顶嘴时的“翅膀硬了”，而应该算是一个成年人该有的决断与担当。恍若一瞬即逝的过往岁月里，充斥着长辈为自己决策的情景；而直面现实，却必须拿出一点儿自我抉择的魄力。

不管是选择未来方向，还是选择甘于平淡，这既是天性使然，亦是成长之后的一场自我抉择。抉择终为幸福，而抉择本身，似乎也可以称之为“幸福”。

作者：唐娜娜，女，现居天津。

100 幸福不在话多话少

我的男朋友是一个性格稍显内向且寡言少语的人，平常很少听他跟别人聊天交际，每次同学聚会、公司聚会时，他都是一个人闷着头吃饭或静静地退到一边看着别人高兴。看着同学朋友的男友都能说会道，无话不欢时，心中不免无尽苦恼。为此，我跟他吵过很多次，可每次他都闷着头不跟我理论也不跟我吵，让战火刚开始便结束。

一次，我同闺密约会回来，一进家门便冲他发火，祸源还是他少言寡语的性格，“你从来都没有对我说过我爱你，是不是你心里从来都没有我，如果是这样，那咱俩分手吧”，发完火，我冲回自己房间，“砰”的一声关上房门，觉得还是不够解气，刚才闺密不断晒幸福的话还在耳边环绕，本来心情就有点儿欠佳，闺密的话更是火上浇油。

过了许久，从门缝里传进来一张纸，这家伙，到底在搞什么鬼，我心里一边嘀咕一边好奇地拿起来看，看完后，我忍不住地大笑了起来：纸上画的是一个男人，泪眼婆娑地低头站在一边，眼泪不断地溢出，在地上汇成了一条小河，旁边还备注了一行字：老婆，你要是再不理我的话，中国的第二条长江就要产生了。刚才的气愤已消得十之八九，看着这个让我又气又恼又无奈的男人，我心软了。其实，仔细想想，他虽话不多，却给了我一份很踏实的安全感，让我从不担心自己会失去依靠。几年后，身边的朋友同事恋情都经历过几段了，可我们依然在一起，他依旧是少言寡语，而我，已经完全接受了他这个性格。

作者：唐雪，女，现居常州。

101 兄弟情

小时候父母在外做生意，与他们很少见面，沟通就更加少了，时间一久，自己就变得沉默内向了，每天都生活在自己的世界里，几乎没有朋友，直到我认识了他。他姓杨，是我的老板。很庆幸自己能在初入社会的时候遇见他。由于刚到深圳，自己又很内向，所以每天就是吃饭、睡觉、工作、上网。这种状况持续了半个月后，他开始主动接近我，跟我聊天。后来，他干什么都会想到我，不管是跟朋友、家人吃饭，还是出去玩都会叫我一起。看到手头一张照片，这张照片是去年十一的时候我们去珠海玩途经中山泉林公园时拍的。本来是他和他女朋友去的，叫我一起，我实在是不想当“灯泡”就拒绝了，可他们连着劝了我一星期，最后实在没办法，就一起去了，开始还挺不好意思的，“灯泡”嘛，后来也就放开了，因为从他们身上我根本感觉不到自己是“灯泡”，就像我不是跟一对情侣一起，而是我们三个很要好的朋友一起旅游一样。这样的事还有很多，每一件都感动着我，也让我很享受。和他相处了一段时间，自己大方开朗了很多，朋友也多了很多。这就是我的兄弟，这就是我从兄弟那里感受到的幸福。幸福其实很简单，遇到的一个人，一件事，只要仔细体会就能感觉到。

作者：陶斌，男，现居深圳。

102 一碗肉丝面

在我的记忆里有一碗普通而又特别的面，它是一碗普通的面，里面只有些许肉丝，它又是一碗特别的面，是某人亲手为我做的生日面。以前在我们家乡有这样一个传统，生日的时候应该吃一碗肉丝面，小时候都是妈妈为我做的，那一年的生日他亲手为我做了一碗肉丝面，还一口一口地喂我吃，但是一半都进了他的肚子，我们就这样互相抢着吃完了这碗面。那个画面现在想想都觉得很幸福！相信这种幸福感会一直保存在我的记忆里。

我不是一个很贤惠的女人，在家务上我向来都不是很勤劳，但还好有他。还没上班的时候，每到四点多我就会下楼买点蔬菜，然后洗好等着他回来烧，有时候我会在旁边看着他烧菜。有一个人每天这样为自己做饭是件很幸福的事。吃完我们会争论谁洗碗，有时候我会撒撒娇然后他就会很无辜地说“那我洗吧”。我上班后，一般都是他比我先到家，有时候他会在楼下等我，然后和我一起去买点儿蔬菜。冰箱里的荤菜没有了，吃完晚饭我们就一起去超市采购，通常都是他站在肉食品那边左挑右挑，我推着车站在一边看着他、微笑着。柴米油盐酱醋茶的生活很平淡，但是很幸福！

作者：陶娟，女，现居苏州。

103 我的幸福生活

清晨，一缕阳光透过窗帘的细缝洒在身上，柔和中带着温暖。夏日的阳光是毒辣的，但清晨的朝阳却令人振奋。躺在床上，轻抚那抹阳光，脑海里的放映机开始干活了。

2 月的某晚，电话里跟妈妈谈起妹妹的婚事，一开始以为爸爸会不同意，因为男方条件并不算优越。而爸爸的性格有些面子至上，但结果却出乎意料，爸爸同意了，理由是，男方家里虽然不算优越，但身家清白、简单，妹妹嫁过去不会难做人，妹妹这样的性格就适合这样的人家，女孩子家生活幸福才是最重要，钱财是其次。原来，父母对儿女的疼爱都是最实在的。

3 月的某晚，拍拖七年的男友给了我一个难忘而又甜蜜的求婚，感动的幸福泪水洒在了情侣路上，那是我们爱的见证。七年，似乎爱情在慢慢地变成了亲情，而结婚也已成为必然的事，或许在外界看来，求婚就显得有些矫情了，但男友还是坚守承诺，让我全程感受，就像他所说的，尽管结婚已提上议程，但该有的一样不能少，场面不够壮观，但心意必须是壮观的。男友并不是一个浪漫的人，但他一直在用一颗真诚的心和行动表达他的爱。

放映机的画面还有很多很多，幸福也好，悲伤也罢，但总的幸福指数是高的。离校前，我是开心果，因为顺境总伴我左右，其实我并不懂幸福的含义。毕业工作，我从踌躇满志，变得意志消沉，有的只是挫败感，幸福感荡然无存。今天，我懂得了，成功没有标准，失败没有常态，在顺境面前保持平和的心态，在挫折面前保持昂首的姿态，做个心灵的主导者，远比做个物质的主导者要安全、要幸福。

作者：瓦雅，女。

104 幸福相爱

有首歌是这么唱的，“我能想到最浪漫的事，就是和你一起慢慢变老。”我想幸福就是在茫茫人海中遇到那个与你彼此相爱的人，然后执子之手、与子偕老。

2010 年 1 月 24 日，我们第一次在上海世博会志愿者的培训中彼此认识，那时候我对他说，你看起来很眼熟，可就是想不起在哪儿见过。现在想来，这，也许就是前世的缘吧。我们总说，感谢上海世博会，感谢的不仅仅是它带给了我们一场浓缩了全世界的盛会享受，更是因为上海世博会成就了很多姻缘，其中就包括我们。在那 184 天的短暂时间里，我们一起工作、一起游玩，我们在每个馆前留影，摆出各种姿势，你抱着我、拉着我、搂着我、背着我……

幸福是什么？是你全心全意的奉献后所有的收获；是拉着你爱的人的手走遍世界的各个角落；是有一天等我们老了，坐在摇椅上翻着泛黄的照片回忆往昔的点滴……幸福很简单，当你觉得自己是全世界最幸福的人的时候，你，就是！

作者：王道园，女。

105 被幸福所充盈

幸福是一个永恒的话题，一提到幸福，每个人都有各自内心最真实、最理智的回答。那是因为，在芸芸众生、包罗万象的大千世界里，根本就没有一个绝对的幸福标准可言。幸福抑或不幸福，不过是不同的人持着不同的人生观，对人生的渴望和追求不同，更多的是人们内心深处对生活现状最切身的体验和感受。

幸福其实很简单，它隐藏在一个人对生活的感悟、对人生追求的欲望之中。人生本来就是一种缺憾的幸福，缺憾本来就是一种无所谓无、无所谓有的存在。当你感知到缺憾多一点儿，你的痛苦就多一点儿，同时幸福就少一点儿；当你感知到缺憾少一点儿，你的痛苦就少一点儿，同时幸福就多一点儿；当你感知到自己人生无缺憾的时候，人生就为幸福充盈了。它化为无形却处处包围着我，潜移默化影响着我的一切。渐渐地，因为拥有幸福，我愿意传递幸福，幸福需要分享，我想，这就是幸福。

作者：王芬，大学生，浙江人。

106 当老师是幸福的

或许有人说教师这个职业机械、单调、重复、眼界不宽、交际圈小等。仔细想来哪个行业做久了都会觉得重复、单调和机械，而在社会上能呼风唤雨的毕竟是极少数人物，我们是绝大多数的普通大众。亚洲销售女神徐鹤宁说得好：什么是好工作？好工作就是，一不影响生活作息，二不影响家庭团聚，三能养家糊口。若单从这三条考虑，教师还真是一种好职业。如今一个发展振兴的民族是尊重知识、重视教育的，在这种大环境下教师的地位有了提升，随之是教师的待遇和收入也得到了提高。再有天热了我们休暑假，天冷了我们放寒假，这些优势是其他行业无法与之相比的。因此我想能在这样的时代、社会、国度里当一名教师真是一种幸福！

作者：王福君，现居吉林桦甸市。

107 常回家看看

有一双眼睛永远望着村庄的出口，有一颗心永远期盼着春节的到来，凳子的脚在院子的某个角落悄悄地搁下了深深的印记。工作的原因，已有两个年头没有回家了。这段时间，趁公司不是很忙，也请假回了趟老家，看看两年没见的爷爷奶奶、老爸老妈，也算是对内心的一种安慰。这次回家，给我感触很深，让我深深地在思索关于幸福的定义。什么是幸福？每个人都有属于自己的定义，其实幸福也没有绝对的答案，它只是一种对生活的理解方式而已。在我心中：一家人健健康康、和和美美、团团圆圆便是幸福。所以我们要常回家看看，不能让家人的那双眼永远望着村口，不要让家人的那颗心只期盼春节，不要让凳子在一个地方留下深深的印记。如此，一家人健健康康、和和美美、团团圆圆，幸福也！

作者：王辉，男。

108 被爱是一种幸福

幸福有时就是一种回忆，对现在发生的事不满意，我们往往就会回忆过去，在当时看来是件很平凡的小事儿，过后再回想起来都会觉得其实还是蛮不错的，都会后悔当时没有抓住、没有珍惜；每当再次回忆起来，都会让我们感到幸福、激动不已。所以说幸福就是一种回忆、体验和感悟。

回忆、体验是一种幸福，爱一个人是一种幸福，被别人爱更是一种幸福。离开家到千余里之外读大学后我才体验到了幸福的真正内涵。在我看来幸福是温馨的亲情，是亲人之间那浓浓的爱意的传递，可惜当时年少的我没有体会到，还往往会对父母任性、耍耍小脾气。现在想来，那如山的父爱、似水的母爱怎能不感恩、怎能不珍惜！

作者：王丽，现居吉林桦甸市。

109 幸福无处不在

幸福，一直都是一种很微妙的东西，它是一种感受，是一种意识，亦是一种生活状态。五彩斑斓的世界造就了形态各异的我们，自然对于幸福的定义我们也不尽相同。对我而言，幸福就是对于目标的一种执著追求。对于漂泊在外的人，幸福就是能够回到深爱的家人身边，时刻陪伴；对于流浪饥饿的人，幸福就是能够享用一份免费的饕餮盛宴；对于身残志坚的人而言，幸福则可能仅仅就是重新站立一次而已。生活中，苦苦的等待是幸福，碎碎叨叨的挂念是幸福，第一次和爱人牵手是幸福，领导的肯定也是一种幸福……

幸福没有具体的定义，它的存在方式由每一个孜孜不倦追求的人决定。我们无权也无力干预别人心目中对于幸福的定义。金钱也好、香车也好、美女也好，即便觉着那是庸俗、物质的，但对于有些人而言，那就是一种奋斗的动力，这便足够了。幸福，形式千奇百态，却无处不在。

作者：王霖，女，现居天津。

110 岁月静好便是幸福

我想我是一个渴望幸福的小女子。一直喜欢用女子这个词来形容我自己。从我对幸福有了理解开始，我就很喜欢一句话：阳光明媚，笑靥如花。阳光温热，岁月静好。一直很喜欢花，开得灿烂，开得耀眼。那是生命中的热烈。一直很喜欢木，立得坚定，立得不屈，那是生命中的沉稳。一直很喜欢阳光，明媚，温暖。一直很喜欢雨露，宁静，倾诉。

我愿意做一个明媚的女子，不倾国，不倾城，不骄傲，不懦弱，不做作，不浮华，清清淡淡过这一世。遇见花，便闻其芬芳。遇见木，便感其沉重。若遇见了雨露，便置自己于这漫天的低语中，听其倾诉，放下尘世的繁华和虚无，感受内心的宁静。倘若有一天遇见了阳光，那便要擦干所有的眼泪，收起所有的伤悲。在明媚的阳光下，有一女子，笑靥如花。如此，岁月静好。这就是我想要的幸福。

作者：王巧舟，女，大学生，现居成都。

111 母爱

任天空再宽广，生活再绚烂，人生终要感谢一人的赋予，那就是我的母亲。她如宽厚的大地，从哺育到包容，都在我的内心注入温暖的影像，让我走遍很多地方始终心存一个幸福的家。

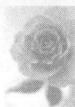

人的幸福感并非生来就有，也不是每时每刻都懂得感知与珍惜。还记得考上大学那年，我第一次要远离父母，即将坐上前往武汉的火车。就在出行前一晚，母亲帮我收拾行李。她在屋子里来来回回，一边手忙脚乱地往我的行李中塞东西，一边不停念叨我到了学校之后应该如何照顾自己。当时年纪还轻的我尚未尝到离家之苦与思乡之痛，于是对母亲的念叨开始不耐烦，急促打断她的话，拿过行李自己收拾完便匆匆合上。母亲突然愣在一旁，许久不作声，她闪过的眼神令我一生难忘，那是种爱与忧的沉重凝结，足以诠释不舍。

第二天，父母亲送我到车站，向来喜欢念叨的母亲一直都没太多的言语。到达学校，我立刻与父亲通电话，他说自从帮我收拾行李之后，母亲都闷闷不乐，并且不爱说话。有生以来，我第一次体会到心痛的感觉，真的是在离开之后才体会到家人的情感是如此深切，而我更应该珍惜好母亲的念叨与关怀。

有人说，如果没有痛苦就感受不到幸福，我认同这句话。自离家以来，我奔波在梦想的路上，虽也每年回家看望父母，但始终聚少离多。母亲每年增多的白发组成一道道光影，不断令我回想起大学时她的眼神与沉默，这既是我追逐理想的动力，也是令我感悟幸福的苦楚。因此，幸福便是珍惜与回应家人的爱，将自己一生取得的梦之成果与他们分享。

作者：韦华迎，男。

112 幸福二三事

工作了一天，漫步走在回家的路上，感觉迎面吹来的风格外的凉爽，回家的大马路上有些商铺，一家五金店门口四五个男人光着膀子围着一大盆螺蛳，女主人端出盆红油小龙虾，说是放了点盐，没有那么淡。走过去，听见那几个男人在说，嫂子的手艺真不错，其中的一个男人欣慰地笑了。夕阳落在香樟树上的光晕浓浓的，像抹不开的蜜糖。

街角有两个水果店，老板热情地招揽着生意，一个孕妇和她老公挑了个最大的西瓜，西瓜的弧线和孕妇肚子的弧线满满承载的都是希望。再走过去，经常吃粉的那家店，男老板依旧是不紧不慢地收拾着桌子，听着歌。忙碌了一天，生意应该不错，他脸上写满笑意。再穿过大马路就是我住的地方了，马路没有了那么喧嚣。大家应该都回家吃饭了。抬起头，夕阳依旧美好，天空很蓝，走进小区，闻到了猪油炒菜的香味。突然就想起了一句话：走过一条窄窄的马路，尽头住着很宽的幸福。

作者：温平平，现居湖南长沙。

113 桂花依旧香

女孩八岁的时候没有了妈妈，父亲性情大变，整个家像是一下子垮了。那个时候妹妹刚满一岁，整日里只会哭，年幼的女孩常常很无助，常常对着天空发呆，看着天空飘过的一片片白云，眼泪就啪啪地往下掉。家境的艰难带来的是灰色的青春，上学，回家，做家务，照顾妹妹，没有朋友，与父亲更是一周说不上几句话。艰难的日子总是很漫长，从八岁那年母亲的离开到十八岁这十年是女孩觉得最漫长的日子。直至多年后，女孩想起来那些年少的日子，仍是感觉到一片灰色，孩子应有的快乐早早地都被生活的艰辛湮没了。

唯一还有记忆的是那个时候后院的一棵四季桂，这棵桂树四季都会开花，女孩很喜欢桂花的清香。夏天的傍晚，女孩会带着妹妹坐在院子里的桂树下看着月亮慢慢地升起来。从十岁开始那年，女孩几乎每天都会在铅笔盒和书包里放上一些细小的桂花。每当能从书本上闻到那似有似无的淡淡的花香时，女孩就感到很温暖，灰色的日子似乎也有了一丝生机。

十八岁那年，女孩考上了大学，去了最北面的那个城市，那是个冰天雪地的地方，女孩忽然很怀念那棵桂花树。一天接到父亲的电话，说已经带着妹妹搬家，自那以后，女孩就再也没有见过那棵桂花树。转眼大学毕业，工作，恋爱，一切都似乎来不及多想。二十四岁生日那天，女孩收到了一个快递，打开一看，里面居然是一包满满的桂花花瓣，浓浓的花香把女孩的思绪也带回到了多年前，那些捧着带着桂花香的书本读书的日子又浮现在眼前。花瓣里面有一张女孩的照片，照片上的女孩是那样的忧郁，却又是那样的青春。照片后面有一行字“祝那个淡淡的像桂花一样的女孩生日快乐——爱你的爸爸”。这一刻女孩笑了，一种淡淡的幸福在心底弥漫。

作者：小南，现居温州。

114 放下一切去流浪

我喜欢边走边唱，从一个城市到另一个城市，用歌声换来别人的驻足，也许有时候会是一块两块，但我没想以此赚钱，只是想走得更远。这些年，我走了很多地方，交过很多朋友。但是，无论我走到哪里，一直陪伴在我身边的，只有我自己。前年，我来到了上海，游逛各种小酒吧，我知道这赚不了很多钱，但是这里可以让我安安静静地唱几首歌，安安静静地享受一下孤独的幸福，这不会是我的最后一站，因为我的脚注定是用来行走，而不是用来停留。我身边有时候会聚集着一群跟我差不多经历的朋友，一起唱歌，一起旅游，一起闲谈。有时候，我们会喝醉，会痛哭流涕，这时就想让这么多年潇洒在外的苦楚，伴随着歌声肆意地留下来。这样的幸福和苦楚我们很是享受。很多人对我说，你好有勇气，一个女孩子，放得下这么多。其实，不管是有意还是无奈，我确实放下了很多很多，但是有一样东西，我一直放不下，那就是，外面的世界。有很多人羡慕我，而更多人不理解，我为什么要选择过这样一种不稳定的生活，没亲人陪伴，没有男朋友，脸上还洋溢着傻傻的幸福。我只能说，真正的幸福，一定是跟自己最近，而不是最远的。我一刻也不会停下我的脚步，因为幸福就在路上，今年就是2012年，当那一天来临的时候，我不知道我们周边的世界会变得怎样，但是，毫无疑问的是，那天，我一定唱着歌，走在路上。

作者：小薇，女，西安人。

115 为幸福让道

那天早上，一辆公交车正在行驶着，车上都是去上班的人，忽然从一旁的马路上冲出一辆车，公交车一个急刹车后停住了。只见那是一辆婚礼的摄像车，它的后面是一列长长的迎亲车队，行驶得很缓慢，乘客开始抱怨上班要迟到了，公交车司机静静地坐在位子上，不时地按着喇叭。

有人对司机说：“你光按喇叭不行，他们不可能给你让道的，倒不如从车队的空隙中冲过去。”司机回过头来笑着说：“我按喇叭不是催他们给我让道，我是在为他们祝福呢！”顿了顿，他又说：“别人结婚是件幸福的事，我们有机会为别人的幸福让一次道，不也是一件幸福的事吗？”满车的乘客霎时安静下来。

给别人的幸福让道，是一件幸福的事，有这种心情的人，必定也是一个幸福的人。

作者：肖媚，女，现居上海。

116 幸福时刻

幸福是什么？幸福是友谊路上的一次牵手；幸福是疲惫时的一杯热茶；又是伤心时的一句问候……那一刻，我们都会感到幸福。幸福平凡而又令人感动。

春末夏初的时候，我走在校园里，望着高大的梧桐树上那碧色欲滴的大叶子，又仰望空中随风翩翩起舞的柳絮，我停住了脚步，感觉自己仿佛置身于画卷之中。尤其是在校园里玩耍的孩子们，不禁让我想起了孩提时的我。

像他们一样，小时候，我也是这样和伙伴们一起做游戏的。春季，我和朋友一起去放风筝，我们跑着，跳着，可风筝就是放不起来，望着别人的风筝迎着风与刚刚归来的燕子一起舞蹈，我的心中不禁涌起强烈的羡慕。我心想不能认输，一个小小的风筝怎么能把我们难住呢？我一定要让它飞上蓝天。我一次又一次放起风筝，它也一次又一次从十几米的高空中坠下，此时的我已经大汗淋漓。终于，在最后的一次尝试中，我的风筝一直向上升，再升……终于超过了刚才飞得最高的那个风筝。望着飞得高高的风筝，心中燃起了成功的喜悦。

还记得一个冬天，我和朋友走在铺满雪花的小路上，空中还飘着像鹅毛一样的雪花，望着通向茫茫远方的小路，欣赏着眼前粉妆玉砌的美景，感觉自己的人生是多么的美好、是多么的幸福。

作者：肖玉婷，现居广东韶关。

117 幸福源于内心

幸福是什么，每个人都在寻找，每个人都在追求。然而太多的人因为欲求不满即使拥有得再多也感受不到幸福。在我看来，物质上的富足并不能弥补精神上的匮乏，真实的幸福是源自内心而无关外在的。

1991 年我因工残疾，四肢高位截肢，生活不能自理，在家人的陪同下，我战胜自我，勇于面对，学习电脑、书法。在这期间，父母对我的爱是那么的无微不至，当我自己学会喝水、吃饭，操作电脑打出自己名字时我哭了，父母对我的支持、朋友对我的关心，让我的生活处处充满着幸福。

幸福对我来说就是那么的简单，每天家人一起吃饭，聊聊天，围坐在一起看看电视，平平淡淡、真真实实就是最大的幸福。身体上的意外事故已然发生，抱怨没有用，只有当内心真正接受的时候，我的心真正平和了，也才领会了常人可能需要花一辈子时间才能领悟到的幸福的真谛——一家人简单快乐地生活在一起就是最美满的人生。

所以，幸福并不是可望而不可求，也并不是由绝对的物质条件决定的。幸福就在你的眼睛里，就在你的睿智里，就在你的行为里，就在你生活的每一个角落里。只要你用心感受你身边的一切，懂得知足，懂得真心付出，你就会收获一片幸福的果实。

作者：谢林钧，男，现居新疆库尔勒。

118 随处可见的幸福

生活中幸福是什么？幸福就是简简单单的爱，是彼此并肩的行走，是相扶到老的温馨。

这是在济南金德利快餐厅拍的，一对年过半百的老人，他们每天早晨都来这里吃饭，一碗豆腐脑儿，一张油酥饼，一小份咸菜。老爷爷好像记性一直不大好，老婆婆总是在吃完饭后说他几句，然后他会从包里拿出一小瓶药，吃完了两个人搀扶着离去。

人生的幸福，我想莫过于此，发自内心的责怪其实是爱的另一种方式，“我能想到最浪漫的事，就是和你一起慢慢变老，直到我们老得哪儿也去不了，你还依然把我当成手心里的宝”，这是爱情，亦是亲情。

作者：原晓晶，现居济南。

119 追求小幸福

两年前，怀揣一份追求小幸福的心愿，我们从一个沿海繁华的大都市回到了现在居住的地方——一座相对贫穷却山清水秀的小城。从此告别了出门时的拥挤不堪，告别了回家就只是待在一堆钢筋水泥小格子里的生活。在小城，我们离追求的小幸福更近，有着上百年历史的老式骑楼，斑驳的骑楼墙角下有聊天、下棋、遛狗的人儿，还有那江边绿荫大树下闲钓的老者。更重要的是，在这里，我们有时间，让我们的心腾出地儿静静感受着悠闲，看看街角的杜鹃花开得有没有往年艳丽，看看隔壁街的流浪猫还在不在那里，看看城郊的樱花雨是怎样如诗般美丽，或是在公园里一边走，一边不经意地捡着那随风乱撞的木棉花种子……最重要的是，有自己相爱并深爱的人，有我们即将到来的“小宝”，一起品味着小城的舒适、惬意，任时间从指缝溜开，任何繁华喧嚣都无法替代。

作者：曾岸阳，现居梅州市。

120 诗意地寄居

幸福，有时是一个人，有时是一句话，有时是一种奖赏，有时是一场相遇。在幸福的无数化身里，我最难忘的幸福，是一幕幕家乡的回忆。那时只有五岁的我，习惯早上四点起床。偶尔站在天井上，抬头仰望朝霞，听奶奶说当天是雨是晴；偶尔随奶奶到菜园施肥择菜，看着连绵的山边有雾有云；偶尔抱着一碗猪肉粉肠粥绕着院子一圈圈走，直到奶奶喊我的大名小名。习惯在他们去干农活时和小伙伴玩烤番薯、玩追肥猪、玩扮新娘。习惯正午时分上床午睡，偶尔装睡，偶尔死睡。习惯午睡起床，偶尔吃绿豆沙，偶尔喝茶，偶尔坐在爷爷旁边一起发呆。习惯在下午时分溜出家门，偶尔和表姐走走田沿，偶尔收买大叔偷买零食，偶尔央求姑姑玩弄她的长发。习惯傍晚时分偎着奶奶看《红楼梦》，羡慕演员的头饰、服装。习惯被逼和爷爷观看七点钟的《新闻联播》和八点钟的《三国演义》，然后怎么也不明白为什么《新闻联播》没有结局篇，而刘备总是那么爱哭。习惯九点钟上床睡觉。偶尔梦见爸爸在舞台上深情演唱《涛声依旧》。

可如今，这种乡村生活已经被当年的洪水淹没。那年离开后，我便再也无法找回那样的曾经。城市的生活时尚也紧张、复杂也多变，但慢慢学会了适应。始终不变的是钟爱简单自由又有点儿诗意的生活主义。作为一个作家诗意地寄居在城市，也许是我能想到的最幸福的事了。而我能做的，就是一直把我的写作继续到底，然后简单又随意地生活。幸福，仅此而已。

作者：曾彩婷，现居厦门。

121 给予是最大的幸福

爷爷奶奶慢慢变老了，他们不曾得到我的爱，却给予了我幸福。我很少和他们聊天，只懂得工作、学习。

后来我慢慢改变了，这种改变来自于他们一直的给予，老人家辛苦了一辈子，什么都不舍得买。以前家里穷，他们寄出了很多钱供我读书，我只懂得伸手要，觉得这是理所当然的。长大后，我越发觉他们真的老了，腰弯了，背驼了，眼睛看不清楚了，我害怕失去他们。我后悔在享受中错过的那段时光，我要抓住这余下的时间，多和他们交流、多倾听。他们乐观、幽默、健谈，把我当朋友、当做已故的战友，交谈中那布满皱纹的脸庞，因为喜悦的笑容，仿佛一朵绽开的金丝菊。和他们聊天，我才意识到什么是人生中最宝贵的时光。

长辈的爱像阳光，给予的是幸福、温暖、希望。

作者：曾友行，大学生，现居广州。

122 满满的幸福

婚后的生活，我们慢慢磨合，为配合对方而改变，经历了近三个月的时间。

我感动你带给我的每一个小细节，心粗的你可以把我一句随意的话放在心上，然后突然一个惊喜，让我热泪盈眶；那样地包容我的急躁、倔强。你说过，娶到我，是你做得最正确的事；找到你也是我最大的幸运。那是我们共同拥有的记忆，那天起，我们生活在彼此的世界里，毫无保留真心相待，时时刻刻心中有爱。

男人，犹如一杯茶，需要慢慢地去品；男人，又如一杯酒，需要品后慢慢地去尝。他，是一杯浓茶，喝在嘴里很苦很涩；他，又是一壶陈酿，喝在嘴里辛辣而甘甜。想到他，不管在哪里，我都会笑，是欣慰、是惦念、是依赖、是满满的幸福。

作者：张晨，女，哈尔滨人。

123 有你，在哪儿都幸福

大学毕业两年了，从北上到南下从来没有稳定过。在北京读完大学就想一直留在北京，可是北漂一族的生活，没有半点儿安全感可言。一年中，我搬过三次家，租过床位，住过隔断间。早上挤公交，排队换地铁。朝九晚五，经常加班到深夜才赶着最后的末班车回家，这样的我不幸福。毕业第二年，因为爱情，我放弃了北京，选择了深圳。在深圳因为有你，加班晚了，你说早点儿回家，我在家等你；工作累了你说适当休息，注意身体。对我来说，幸福不是房子有多大，而是房间里时刻充满欢声笑语；幸福不是开多豪华的车，而是每天都能够平安回到家里；幸福不是爱人多漂亮，而是爱人时刻放你在心里；幸福不是在你成功时为你鼓掌，而是在你失意时鼓励你坚强；幸福不是甜言蜜语，而是你伤心落泪时有人对你说：没事，有我在。

作者：张聪，女。

124 通向心灵的世界

我的家乡在河北，千里南下苏州并选择了哲学专业，仿佛一切都是被谁有意安排的。大学四年匆匆流过，转眼自己也成了即将毕业的学生。回首四年的青葱岁月，无数幸福瞬间涌上心头，当然最让我感到幸福的，还是选择了哲学这个专业。可以说是哲学让我真正开始用自己的大脑来思考整个世界。在哲学的世界里，我追随着前人智慧的脚步，在追求真知的道路上不断前行，是它让我了解，世界究竟如何成为这般模样。很多人会说，学哲学的人，不是疯子就是傻子，我赞同他们的话。因为，每一个热爱哲学的人，都持有一份对追求人类真正幸福的渴望，这对于在社会中视线模糊的人来说，一定是另类的、不被理解的。哲学是个十足的清水衙门，大多教授都是穿着朴素，骑着单车在校园穿梭，但是他们也是最温和、最严谨的一群学者。他们的平凡，正是他们追求知识、追求幸福的最好状态。人区别于外物的核心，就是追求自己内心的充实和满足，不求闻达于诸侯，但求内心有一片广阔的海洋。

作者：张国梁，男，河北人。

125 幸福就是不停地行走

我是一个喜欢自由的人，喜欢背着行囊，走在那些我不曾生活过的地方，我觉得我可以在那个地方找到另一个自己，我对自己说，要在每一个城市都留下足迹。大学时期，很多的作业和课程安排打断了我的旅行计划，但是每逢寒暑假，我都会走 5 个以上的城市。穿梭在那些陌生的街角，走在跟家乡差不多的空间中，总觉得在那个时候最想我的父母。

我从来不会找个理由要去一个城市，或者景点。那些随性的才是自然，你只有用自然的心才能感觉出大自然的魅力。

我有一个自由的家庭环境，爸妈从不反对我不务正业地旅行，所以每次旅行都不会有太多牵挂，只是会特别想爸妈，感激他们为给我看世界的机会而不责怪我不在身边。所以我一直认为自己是个幸福的孩子。人生就是一场旅行，该在乎的，不是目的地，而是途中的过程。待我工作之后，我要带着爸妈一起去旅行，带他们一起看遍美丽的风景。

作者：张晗芳，女。

126 知足与进取

身边的人不经意间总会谈及对幸福的理解，在我看来对幸福的追求和珍惜，就是对“知足”和“进取”的把握。

知足是幸福的源泉，知足常乐，是一种平和的心态。“知足常乐”更是一种境界，“知足”思维也能让我们正确看待“进取”的结果。

进取是幸福的源动力。生命的辉煌在于不断进取、不断超越。在我们对生活感到满足时，仍然不能忘记这满足是“进取”过程中求取的幸福。

“沉于满足则惰，过于求取则贪。”不要在不知足中进取，也不要在知足中闲懒怠惰。我们在知足的时候，要想到进取；在进取的时候，更要知足。这样，才不至于惰和贪。这也许就是幸福的真谛吧。

作者：张宏伟，男，现居天津。

127 幸福湘西人

那里住着一群淳朴的湘西人，在大山的深处，他们尽情陶醉在山水之间，抛却世俗的烦扰，过着悠闲的生活，日出而作，日落而息。

贫穷与落后似乎成为人们对他们的第一印象。

那一年，沈从文，用充满诗意的文字，传达湘西人的情愫；

那一年，黄永玉，把湘西的山山水水完美地呈现在世人面前；

那一年，宋祖英，像只美丽的夜莺唱出大山的灵魂，在维也纳金色大厅演绎少数民族的动人旋律；

那一年，杨霞，用娇小的身躯举起笨重的杠铃，摘得奥运会举重比赛的桂冠；

那一年，阿朵，凭借优雅的舞姿、摄人心魄的歌声，展现大山的流行音乐……

湘西人，就这样祖祖辈辈地生活在湖南的西部，跨三省一市。我就出生在这里，拥有一个幸福的家庭，简简单单地生活在美丽的山水之间。很多时候，幸福就是这样，不必畅想、无须艳羡，回首看看自己拥有的一切，便觉得自己既幸福又幸运。

作者：张吉，现居济南。

128 徒步旅行的幸福

这次旅行我选择徒步，要用我的双脚把我带到想要到达的远方。这是一场没有目的、没有计划的行走，不喜欢复杂的观光安排，随心会更美。第一站到达黔东南的肇兴侗寨，因为交通不便，阻碍了这里发展，也因为阻碍了发展，使这里保留了淳朴天然。寨子里很多年纪稍大或年龄较小的都不会说汉语，侗族的大哥大姐都会友好地冲你微笑，请你喝自家酿的酒，给你讲述侗族古老的故事。第二天，我本打算去山顶看日出，不料下雨。找了一个茶馆坐下，一个人看书喝茶，心情也变得明朗起来。茶馆老板是个上海人，在这里已是第九个年头，他告诉我这里九年来都没有发生变化，让我更觉得不虚此行。第三天依然下雨，可是不能再停下脚步，我冒雨翻山前行，几次走错路，几次滑倒，大雨淋湿全身，当到达堂安顶看着云雾里像画一样的梯田，整颗心都沉静了下来，真是最美不过天然。后来几天还去了黎平会议遗址、隆里古城，吃着龙溪妈妈做的饭菜，听她讲六百年前的故事，幻想着那时的画面，仿佛就在眼前。后来有事提前离开，我转了五趟车十几个小时才到家，不回头都没发现，我把自己带去了那么远。回来不会让我就此停下，休息只会让我走得更远。我知道，每一次行走都会让我更幸福、更勇敢、更坦然。

作者：张馨妍，女，现居贵阳。

129 幸福着家的幸福

有人曾问我，幸福是什么？我毫不犹豫地回答，家人的快乐就是我的幸福，有了家人的陪伴我会从心底里感受到幸福。

与家人在一起的幸福是无以言表的，我只能说那种幸福浮现在脸上甜腻在心头。从小到大，一切都离不开家人的牵挂。现在的我已经长大，家人成了我的牵挂，牵挂着他们的身体健康，牵挂着他们的衣食住行。疲惫的时候想到家人总会让我幸福温暖，因为有家、有爱、有牵挂，快乐着他们的快乐，幸福着他们的幸福，就是我最大的幸福。

作者：张艳平，现居河北邢台。

130 一张单程票

我是重庆人，她是武汉人，相识在北京。经过缠缠绵绵的短信电话，我们相互都有了好感。利用周末的时间，我登上了重庆到武汉的火车，就为了能和她在一起，哪怕一天后再匆匆返回。每个月都有一个周末，我会坐火车到武汉看她。可是面对异地恋，我们都感觉力不从心，我觉得两地相隔的人必须有一方能舍弃自己，到对方的城市去发展，爱情才会开花结果。工作可以再找，钱可以再挣，但爱人未必会再遇到。迅速办好离职手续，我像原来一样来到火车站，但买的不是往返，而是一张单程票——一张开始我全新人生的单程票，一张为爱情舍弃工作、坚定决心跟她在一起的单程票。这不单单是一个旅程的开始，更是一份责任、一份对未来生活的渴望。我会和她一起编织我们的小幸福，迎接新的开始。

作者：张翼，男，重庆人。

131 幸福＝快乐

我认为幸福与快乐是对等的，一个人收获幸福的时候，他一定是快乐的；他快乐的时候一定洋溢着幸福。

获得快乐的途径有三种：第一种，自得其乐。我觉得人一定要有一些娱乐精神，自娱自乐也是快乐的一种方式，有何不可呢？有一首歌这样唱："快乐是我的，不是你给的，寂寞要自己负责……"看到没，发挥自我能动性，才是快乐的王道。第二种，助人为乐。没的说，这可是我们中华民族的传统美德。我想每个人都有很多帮助他人的经历，比如在公交车上让座、给别人指路等这样的小事，都会聚集成一种满足、一种快乐。所谓予人玫瑰，手有余香，就是这个道理啦！第三种，知足常乐。懂得知足，知足才能常乐，要我们以正确的心态面对宠辱得失。知足常乐，无疑是一剂心灵的良药，帮助我们在纷繁复杂的生活中形成一个良好的心态。知足者，并非放弃追求，而是对自己现状的肯定。因为知足而快乐，因为快乐能以更好的心态去追逐未来。

作者：赵静，现居西安。

132 幸福与梦想同行

感知幸福是因与梦想同行，而放飞梦想是为了拥抱更好的幸福。作为在传媒和商界中不断成长和探索的女性，梦想与幸福便是一支相互交织的曲。从孩童时起，我的人生定位就已划出一条轨迹，做一个对社会有价值的人。为此，我一路付出，一路感受风雨，一路收获。

当一个人对梦想与目标坚定不移时，身上就会充满吸引幸福的能量。年华终会老去，智慧才能长存，当你全情投入能量聚焦，你会发现所有有利的资源都会向你自动靠拢，命运也将被掌握。这三年来，我不断看到目标一个个实现。一切因努力变得更美好，在帮助社会与别人的梦想之间收获温暖。幸福没有终点，正如我的梦想还将不断延续与放飞。

作者：赵黎，女。

133 幸福无须追求

灰姑娘说：幸福是每天夜里和心爱的王子一起跳舞；睡美人说：幸福是在黑暗中沉睡时得到甜蜜的一吻；海的女儿说：幸福就是要让自己心爱的人幸福，即使自己失去生命。可是童话终究是童话，不能代替现实。

幸福是繁星满天的夜晚，坐在田野边看星星眨眼看萤火虫飞舞，看远处的霓虹闪烁；幸福是当你为一件事付出辛勤的劳动和汗水时，看到别人认可的眼神。

小时候，每天都会怀揣着零花钱，买自己想买的东西，做自己想做的事，感觉无比快乐、幸福，当慢慢长大，那种感觉渐渐被空虚替代。我想幸福还应该是一种精神上的富有吧！一个有理想、有追求、有自己事业的人才应该是真正幸福的人。于是我努力工作，努力充实自己的生活，可还是感觉不到幸福，后来我终于明白幸福无须刻意追求。清晨，当我梳洗一新呼吸着清新的空气、迎着初开的阳光，脚步轻松地行走在上班的路上时，我想那就是幸福。

作者：赵佩，大学生，现居武汉。

134 平平淡淡才是真

幸福、平淡、从容从来都在一起。我这种平平淡淡的小日子，一过就是40年！工作、结婚、生子一切都是那么按部就班。现在一家三口和和睦睦，女儿乖巧、孝顺，照片里是她送给我们的亲子睡衣。虽然有点滑稽可是却幸福满溢。老公身体健康、事业顺利就是我们的福气。平平淡淡是一种精神，我们用平平淡淡的心享受生活，快乐地度过人生。平平淡淡也是一种幸福，家庭的温馨、友谊的真挚，织成了一道网，我们永远在上面沉稳地行走着，不管风吹雨打、酷暑寒冬，都能够平稳地走下去。我的幸福就是平平淡淡地和家人过好每一天。

作者：赵萍，女。

135 有爱就有奇迹

25 岁，我经历了人生彻骨的痛，当躺在病床上，看着几乎没有知觉的双腿和泪眼滂沱瞬间苍老的母亲，终于明白心碎这两个字的含义。生命的力量很神奇，在 ICU 病房住了 22 天，转到了普通病房。面对失而复得的生命，我感叹：“活着真好!”常常想，我还有很多心愿没有完成，不甘心一辈子坐在轮椅上，忍着疼痛，像孩童一样开始重新学习走路。母亲自始至终对我不曾放弃，最开始从轮椅上练习站立，母亲比我还紧张，寸步不离地在我身边，每天为我做可口的饭菜，确保我的营养。当有一点点的进步，母亲都会露出欣喜的笑容。那时候，我知道了什么叫做幸福，能好好地活着就是幸福，有爱我的人在身边，就是幸福。

经过了一年多枯燥的康复锻炼，我从最开始的双拐，渐渐地变成单拐，到最后不用拐杖。虽然还是和正常人走路有着很大的差异，但是我真的已经很满足了。是亲人、朋友的爱给了我重新站立起来的勇气，是他们的不抛弃、不放弃，我才有今天的涅槃重生，从心理上真正地康复起来。幸福其实近在咫尺，虽然身体上仍有诸多的不便，但是和最初的坐在轮椅上相比，真的好太多了。而且我从来没有放弃过自己的梦想，仍然坚持拿起手中的笔，写下的不仅仅是一篇篇文章，也是我的人生。

作者：郑彤，女。

136 我的幸福，我们的幸福

出门在外，父母不在身边，但是有一群志同道合的朋友，就算漂泊在外也不觉得孤单。在北京，最好的朋友是我的大学室友。同窗四年，毕业后又一起租房子，时间久了就像家人一样。一起做饭，看书，谈心事，玩游戏，旅游……我们彼此丰富并支撑着相互的生活。抛开姐妹情，北京的生活其实是缺乏幸福感的。有很多时候想逃离，但不走的原因，彼此心照不宣，就是舍不得这些姐妹。为此，大家多多少少错过很多好的机会，但是都不曾后悔。有时我也会幻想，我们可能是天上的一群仙女，犯了错误，被罚下人间，经过各种挫折和磨难之后，又相逢在了一起。前生未尽的姐妹缘今生来续。未来的路是怎样，我们无法预料，只想衷心祝愿各位姐妹都能拥有一个幸福的人生。等到有一天老了，无论大家在哪里扎根，都希望我们可以像《妈妈咪呀》的故事一样，好朋友从各地赶来参加儿女的婚礼，那将不只是我的幸福，而是我们的幸福。

作者：郑筱月，现居北京。

137 我懂得了珍惜幸福

母爱是船，载着我们乘风破浪；父爱是帆，推动我们前进……在生活中，亲人和朋友给了我们太多的帮助和关爱，沐浴在爱的怀抱里，真是无比幸福。然而，小的时候，还不懂得什么是爱，总把父母的关心当做啰唆。每当妈妈问我有没有吃好，有没有穿好时，我就十分不耐烦；每当外婆在我考完试时问我有没有考好，让我把错误一一说出时，我总会爱理不理；每当我心情不好而有些焦躁时，父母的劝告训诫总让我觉得他们小题大做……

“5·12”后我改变了！看了汶川大地震的报道后，那么天真可爱的孩子，却因为天灾的不幸降临而夭折；那么美好的家庭，却被无情的现实夺去；那些对未来充满憧憬的孩子，却因为种种因素导致梦想破灭……看到那些孩子失魂落魄的身影、撕心裂肺的哭泣以及无助的眼神，我感慨万分，既有惋惜、怜爱，又不禁为自己庆幸。那些为了孩子、学生而牺牲的家长、老师，在生死关头舍己救人，把生的希望留给他人，他们无私的爱在我心里留下了一个深深的烙印，汶川大地震在制造悲剧的同时，又见证了多少真情！想想自己，不是比他们要幸福得多吗？我有什么资格抱怨？有什么资格对父母的爱熟视无睹？问我生活，是关心我的成长；问我学习，是想找出我的不足；跟我谈话，是为了不让我整天浮躁……

当我们耳边还有人唠叨，当我们身边还有人牵挂，是多么难得的幸福！

作者：郑英，现居广东梅州。

138 我和大肥猫的幸福生活

屁屁——一只英国短毛猫，带回家时才 4 个月大，蓝灰色，四蹄踏雪，非常的安静和随和。当初跟姐妹和男友去饲主家时，发觉这是一个多么神奇的世界，饲主家里全部养满了自己培育的英国短毛猫，蝴蝶斑的，虎斑的，纯色的，还有其他品种的宠物猫，每一只都好可爱，但唯独屁屁吸引了我，深蓝色的短毛，四只白花花的爪子，尾巴是蓝灰相间的大毛尾，非常绅士地坐在地上望着我们，旁边跟着一只它的妹妹，兄妹俩很融洽地在玩着玩具球。我们走过去跟它们互动，它们也不怕生，跟我们很快就熟起来。很快，我们就带屁屁回新家了，一路上屁屁都非常安静，也不吵闹，因为是坐的大巴车，怕它会叫，好在屁屁的个性很安静。我们坐在最后一排，把屁屁装在装猫咪用的袋子里，偶尔打开一下拉链的小口，屁屁就会把头探出来，也不叫，就只想出来看看，然后我就会把它的头按回去，它看着我，轻轻地喵了一声，就回袋子里，我们都被它逗乐了。

回想一算，屁屁来到我们身边已经 1 年多了，这一年里，它一直带给我欢乐，总是安安静静地陪着我们过日子，我想，这就是幸福吧，我一直感恩着上天，把屁屁带来我身边，让我一直都很快乐幸福的过日子。

作者：钟颖，女，现居广州。

139 幸福流水账

一直都认为自己是个幸福的人，我在农村出生、成长，没有漂亮的公主裙，没有好吃的冰激凌，更没有游乐园，可是我有一个快乐无忧的童年，有一个和谐幸福的家庭，有一位唠叨疼爱我的母亲，有一位慈爱关心我的父亲，还有一个可以时不时吵吵闹闹的妹妹。儿时的我，可以和小伙伴光着脚丫去河里抓鱼，可以上山摘野果，可以无忧无虑地在田野奔跑，所有的这一切构成了我幸福的童年。从小学到高中到大学，一直都有那么几个可以无话不说一起疯癫的朋友，我一直都是幸运的。要问我近年来最幸福的事情是什么，我觉得是成功挤过了公考那座独木桥，有了份让父母安心、自己专业又对口的工作，可以在自己喜欢的城市开始一段新的生活。现在的幸福是下班后可以尝到妈妈做的饭，是爸妈健康、妹妹找到一份满意的工作，是有那么几个可以倾听你发一大堆牢骚而乐在其中的朋友。现在我所期待的幸福就是希望在不久的以后能够遇到那么一个人，能够相伴平淡人生。

作者：周琼，女。

140 幸福就是一份爱心报纸

每天早上，一份报纸都会按时投递在我家的报箱中。一边吃着早餐一边看着报纸，笑容在脸上绽放，幸福在心里荡起了涟漪——我曾经是一名送报员！

那天早上5点，我们一行志愿者集中在了报社当送报员。天还没亮，发给每人一大摞报纸，像一块大石头那么沉，开始分头行动。我送完一层的报纸就沿着楼梯走到下一层。时间一分一秒地过去，天边已露出了一丝鱼肚白。咦，怎么这户人家没装报箱呢？看来，我得把这份报纸塞进门缝里。在确保一切无误后，我才转身继续送报。一层一层地走着，我像个不停旋转的小陀螺，时间在鞭策着我。额头上冒出了一滴滴豆大的汗珠，身上的衣服也快湿透了。我想，当住户打开报箱，都起来的时候，一定不会想到这是一个小女孩送的吧。我想着这些属于我的劳动成果，心里有一种甜甜的感觉，有点疲惫，但却很温暖，这一定就是幸福吧。

现在，每天我都会准时打开门，对送报的叔叔说声“谢谢，辛苦了”。我看见那个叔叔笑得很灿烂，幸福写满脸上，我的心就被幸福填得满满的！

作者：周小红，女，安徽人。

141 当下的幸福

毕业到现在工作两年了，虽然没什么背景，没遇到什么贵人，也没读什么好学校，工资待遇也才刚刚养活自己，没有令人艳羡的魔鬼身材，没有倾国倾城的美丽容貌，没有经历太多的惊涛骇浪，纵使这样，当问及自己幸福与否的时候，答案还是肯定的。现在的我是真真切切地生活在当下，享受着当下自己可以奋斗，可以争取，可以改变现状，平淡中的幸福才是最实在最真实的幸福。我很庆幸生在这样一个家庭，既非富二代也非官二代，但我有衣服穿，有书读，不会挨饿。这样的人生我很喜欢，再来一次我还会选。其实，幸福就是一杯白开水，平平淡淡，却孕育着无限生机。不同的人放进不同的作料，品尝不同的味道，体验不同的幸福。在你手中，也在我手中。幸福是苛求不来的，要随着心宁静以致远，不要眼望着他人的幸福，忽略了自己的幸福。用自己最真最纯的心来抚摸幸福，感知幸福。生活在当下，因为过去、未来、远处，都是不可触摸的，只有这里、现在才是自己真正拥有和把握的。学会享受现在的每一天才是对自己最大的恩赐！

作者：朱敏，现居义乌。

142 男友小潘

我是一个大龄的白领阶层，也许是因为工作的原因，所以很少和男生接触，直到遇见小潘才突然感觉到幸福的味道。小潘是做小生意的一个穷小子，原先是在亲戚家打工做早餐，舅舅因为年纪大了，所以把店完全交给小潘打理，小潘也不辜负舅舅的期望，把店里的生意做得越来越好。也许是因为我这个人比较恋旧，习惯上班买他们家的早餐吃，就成了他们家的常客。就这样我们开始熟悉，开始了解，开始相爱。小潘对我非常疼爱，我也深深地感受到小潘对我的爱，但是因为小潘无论从长相还是文凭各方面和我都有一定的差距，这让他感到有点自卑，每次都会问我同一个问题，“我做的豆浆和油条好吃，还是牛奶和面包好吃”。其实我明白他的意思，他是想我其实完全可以嫁一个住洋房开小车、喝牛奶吃面包的人。其实我想说，这就像生活中的奢侈品和必需品一样，别人的男朋友是很帅，但那是奢侈品。我的男朋友虽然不英俊，但是我生活中的必需品。可能很多人在选择奢侈品还是必需品中会犹豫不决，甚至现在很多女孩都会毫不犹豫地选择奢侈品，但是我不一样，我很爱你，小潘，你是我生活中的必需品，我离不开你，你就是我的幸福。

作者：朱琪琪，女。

143 幸福着他的幸福

我的幸福就是能够看着他打球，直到他退役的那一天！仅此而已，人生足矣！他就是中国男篮的孙悦。他可能不是最完美的，但他却是最拼命的。他许给我一生的温暖，风轻云淡，却细水长流。

我是一个喜欢用文字来表达感情的孩子，记录是一件幸福的事情。可是当轮到我书写生命深处的爱时，我的脑袋一片空白，毫无思路，甚至无力举笔。在他的面前，我所有的文字都显得如此的苍白无力。他所代表的那一种力量，竟给人无形的震撼。他所体现的那一份情感，我甚至无法表达。我只知道，当我看到他站在赛场上的那一刻，都有一种窒息的感觉，我被他彻底地征服了。他的每一次出手，动作是如此恰到好处。这样的球技是练不出来的，需要天生的嗅觉与悟性，而他的这些天赋恰恰无人可以媲美。我庆幸的是我还有手里的笔，我用文字见证着他的篮球人生，我的文字里饱含着对他深深的真情与热爱。看到赛场上那无数个为他呐喊的身影，真的，在这个激情飞扬的青春年华里，他做着最美好的事情，他值得拥有最幸福的回应。而我幸福着他的幸福。

作者：朱婷婷，现居浙江台州。

144 幸福与空气

幸福是当今生活在城市的人们最缺乏的东西，每一个人都希望能够捉住它、拥有它、占有它，而它好似空气，虚无缥缈、无声无息、无色无味，每一次和人们的距离如此接近却又无法触摸，不可望也不可即。

幸福好似空气，时刻在你身边，而你却不易察觉。有这样一只顽皮好奇的小猫，一直想用自己的舌头去舔自己的尾巴，但可悲的是，无论它尝试得多么认真、多么努力，改变了多少种姿势，而每一次总是差那么一丁点儿，总是够不到。小猫无可奈何，只好走去阳台晒晒太阳。小猫恬静地躺在地下，阳光洒下，小猫慵懒地晒着，不经意间尾巴挠着它的脸，让它觉得很舒服。原来幸福总会在不经意间来造访你，而不需要你去刻意寻找。

作者：庄佳伟，男，现居太原。

145 我的父亲

父亲回忆当年时，总会说：“当时我一个月工资才 480 元，而你上幼儿园的学费就得 400 元。小时候想要什么都尽量满足你，辛辛苦苦的就为了让你过得更好。”是啊，父亲忙忙碌碌地过了大半个世纪，全为了能给我们营造一个好的环境。即便现在父亲总会一边唠叨已经二十好几的我什么都不干，一边还会起早摸黑地为我准备早餐。晚餐，不管多晚都必定要等我回来再开饭。我身体有一点儿不舒服，他都会紧张得要命，抓我去医院给我买药。晚上睡觉时还会偷偷地来看我有没有盖好被子怕我着凉。我喜欢吃的东西他总会不断地买来做给我吃，就怕我吃不够。看见别人有什么新奇玩意儿时都会主动问我想不想要，就怕我被比下去了……父亲啊，您什么时候问过自己需要什么？在儿的身上您倾注了所有，您是我的依靠，也是我的骄傲。

以前我的幸福是有一个疼爱我的父亲，不愁吃穿不愁住，在父亲的关爱下长大。如今我的幸福是每天陪伴在父亲身边看着他健康快乐地生活。

作者：庄俊平，男，现居深圳。

146 妈妈，我爱你

初中三年，妈妈一直坚持为我送饭，寒冷的冬天，地上结满了厚厚的冰，不知道她摔了多少跤。每当下课铃响后，我总能吃上香喷喷的饭菜，心里有说不出的甜蜜与幸福。前不久妈妈为了接我放学在下楼时一不小心踩空了，摔成了严重的脑溢液，全家都急疯了，在武汉看病时一位医生说要开颅，当场把妈妈吓坏了，她对爸爸说："我这辈子什么都不怕，真要是下不来手术台，我唯一放心不下的就是雅雅。"当爸爸跟我说时，我眼泪止不住地流。想着以前点点滴滴的幸福时光，我觉得一家人能平安健康地在一起，就是人生最大的幸福。现在每当我一个人回家的时候，我总是一路跑着，因为我知道妈妈在家等我，即使她不能像以前一样来接我，我最希望妈妈能养好病，而我也要努力学习，考个好大学，找个好工作，让妈妈不再担心，让妈妈为我骄傲，我还想大声告诉你："妈妈我爱你！"

作者：庄雅，女，中学生。

147 幸福从未走远

幸福好似空气，平凡又实际。有这么一个人一心想寻找世界上最宝贵的东西，他每遇到一个人就问：世界上最宝贵的东西是什么呢？黄金、美女、钻石、权力、知识、法术……众说纷纭，因为弄不清楚什么才是最宝贵的。这个人决定走遍天涯海角去寻找，他想，这样就一定可以找到了，但是一年又一年过去了，他什么也没找到，慢慢地他穷了、病了、老了，却还是一无所获。他不快乐，也只好失望而回。远远地，他就望见了家里小窗透出的暖暖的、柔和的灯光，向窗里探去，他发现一家人围着热腾腾的菜肴坐在一起，留下了一个空着的给他的位置。这个走遍天涯的人哭了，他终于发现原来世界上最宝贵的便是家人团聚的幸福！幸福就像空气，简单平凡，你无须刻意寻找，因为它从未走远。

作者：梁骞，男，现居泉州。

148 生活中的幸福

如果说，生活是一杯白开水，那幸福便是蜂蜜，一点点，就足够让你品味到甜蜜；如果说，生活是漫长的黑夜，那幸福便是星光，一小颗，就足够让你看到光明；如果说，生活是寒冷的冬天，那幸福便是阳光，一小束，就足够让你感到温暖。幸福本就不是什么大事，细细腻腻，如沙似水，充满在生活的每一个缝隙里。

每一天清晨，睁眼看到的世界是如此美好，很幸福，因为我看到了今天的太阳。在上课的路上，每天都能见到我熟悉的朋友，微笑着打招呼，很幸福，因为我感受到了朋友的关爱。课上，老师为我们讲述着一个又一个生动的例子，很幸福，因为大脑又充实了知识。夜晚，在昏黄的小台灯下，在我的笔记本里，记下心情物语，很幸福，因为我知道今天没有虚度。

生活，就是以一颗活跃跳动的心，去感受生命里的每一件细微的事。其实幸福就是一个爱捉迷藏的小孩，只有当你用心去寻找，才能够找到他的每一个藏身之处。像我一样，张开怀抱，去拥抱每一天的阳光。

作者：刘佳文，女，现居九江。

149 宝宝日记

宝宝你可知道，你是爸爸妈妈的幸运使者，因为有了你我们的生活才更美好，怀孕的十个月虽然辛苦，但因为有了你，妈妈才能体会到以前无法体会到的幸福，我们的一家才更加地幸福美满。宝贝，爸爸妈妈对你充满期待，我能感觉得到你在妈妈的肚子里一天天长大，感受得到你给我们带来的惊喜，等待的心情是幸福的。

2011 年 3 月 22 日，宝宝出生了，小小的你皮肤白白的，大大的眼睛，大大的“小鼻子”，大大的“小嘴巴”，大大的耳朵，皮肤皱皱的、粉粉的，虽然有点“丑丑”的，但是却很可爱，刚刚出生的你就赢得了所有人的目光和爱。

快看，仅仅百天的你又在看电视了，简直是个小人精，爱笑的你两个浅浅的酒窝可爱至极。

转眼宝宝已到了蹒跚学步的年纪，看你摇摇晃晃走路的样子像个不倒翁似的，有点胆小的你非拉着大人的手才敢走路。笨笨的你总是喜欢管奶奶叫妈妈，管妈妈叫奶奶，哼，真不知道你的小脑袋里想什么呢？小嘴总是叽里咕噜地说个不停，也不知道说的是哪国的语言。亲爱的快快长大吧，爸爸妈妈只希望你健健康康的、快快乐乐的。宝贝，爸爸妈妈爱你，不顾一切地爱你，倾尽所有地爱你。宝贝，只要你过得好，其他的什么都不重要！

作者：庄晓佳，女，现居合肥。

150 想念一个人

幸福是每天可以开心地笑，幸福是一种感觉，并不需要华丽的修饰，却要让我们用心去呵护。有人说，幸福的感觉如履薄冰，太担心得到后会失去；有人说，幸福的生活是可遇而不可求的，人生凡事随缘。只是，幸福究竟为何，每个人对于幸福的体会都不会相同。从来没有想到过，原来想念一个人也会有一种甜蜜的味道，而这种味道其实是另一种幸福。想着那个在远方的人，心中会惦记着他或她，随着天气的变化会想给心中的他或她一个问候的电话。有时候，也会在忙碌的空闲中想象着城市的另一个角落对方忙碌的样子；有时候也会想到身在异地的那个人，会不会也在对自己时时牵挂。

作者：梁大春，男，现居北京。

151 坚持与放弃

我是一名代课教师，两年来，无数次想过要放弃，不仅仅是因为代课老师的地位低，更多的是因为与自己想象中的生活相去甚远，但每当我想放弃的时候，总有些人、有些事让我坚持了下来。

记得第一年教的是一年级的英语，觉得其实书并不是那么难教，而小孩子确实很好玩，他们是那么的天真，每天都有很多开心的事逗你，他们不叫你老师，而是亲切地叫你“孟姐姐”。他们调皮捣蛋的时候，每次都会让你哭笑不得。不过让人兴奋的是，一年下来，班级拿了几项年级最佳，而领导也对我作出了肯定。

第二年，领导让我当三年级的班主任，第一次感到了当老师的压力，班里的好事坏事都要自己承担。好在孩子们还算听话，没有让我难做，而我也像疼弟弟妹妹一样去疼他们，稍大点儿的孩子似乎也会多一点反抗，他们会说你真啰唆，但也会嘴甜地夸你，老师真漂亮，可以去参加快乐女声。虽然静下来的时候，还是会觉得作为一个代课老师很不甘心，但想起和孩子们的点点滴滴，心里又是乐滋滋的。

我不知道这份工作还能坚持多久，但只要还干一天，我都会尽职做好自己的本分，因为我有一群可爱的学生，跟他们相处，在我看来是一件很幸福的事。

作者：蔡孟，女，现居汕头。

152 爷爷的手

做木工的爷爷手太粗糙了，这是一辈子做木工甩斧子推刨刀的双手，当他用那双瘦骨嶙峋、饱经沧桑的手，给因为不听话被爸妈一顿苦揍的我抹去脸上的斑斑泪痕，并说着安慰我的话的时候，我觉得就是幸福，顿时心里就涌起一股暖流，觉得有最亲的人在安慰我、关怀我，我也就坚强了，甚至是完全忘记了疼痛。现在回想起当时爷爷给我抹泪水，我的感觉就像是他在用一张老旧的磨砂纸在打磨一个凹凸不平的木块一样，那木块虽然充满凹凸不平的斑节，他却依然坚持耐心地去打磨，那样默默的付出，去成就它日后的平滑与美丽。现在爷爷已离开我们十几年了，他没机会看到他曾经打磨过的我已经长大成人，但我想他依然会在天堂关心我的，爷爷，我想念你！

作者：陈成勇，男，现居南宁。

153 感谢妈妈

今年高考刚结束，回想当时我是多紧张，现在想起都感到四肢无力。高中毕业我没有留下任何一本课本，多么不美好的一段记忆，然而却也有让我感觉幸福的，那就是妈妈的陪读。那个时候特别苦，幸好有妈妈的陪伴。高中三年，妈妈把工作辞了，在家陪读了三年，她每天就是变着法子给我做好吃的。每天起得比我早，睡得比我晚。我成绩上不去，她比我还着急。我压力大，晚上失眠，她就陪我聊天，跟我说，放宽心、加油之类的话。晚上我在家的时候，妈妈基本都不看电视，就怕影响我……现在回想起来，我觉得我多幸福，尽管没有如妈妈所愿考上如意的大学，但是妈妈却没有过多责怪的话。妈妈的陪读让我感受到了一份鲜活博大的爱，有了这份爱，我的生活多了一些跳动的色彩，心中多了一些沉甸甸的感动，我想这就是幸福吧！

作者：程秋云，女，现居西安。

154 幸福是一种心境

一年前，只身北上，与我一路同行的是一只大行李箱和一张地图，世界于我来说是亲切温暖的，我依恋人群的温度，穿梭在陌生的人潮中，就能获得最大的归属感。常常不经意地观看各种陌生的面孔，看各种表情，我猜想这样一张张脸的背后，一定都有一个个精彩绝伦的传说。我也爱看小孩子的脸，纯真的，没有杂质，是我记得这个世界最初的模样。这样无所畏惧地行走，是幸福的。

电话响起，是妈妈怜爱的声音，穿越千山万水地来了，向我说着家长里短的琐事，千叮咛万嘱咐的还是那些照顾好自己的话，常常听着听着就笑了：电话那头，分明是一个需要被注意的孩子，她其实只是在诉说，有人听着就够了。有时，听见父亲在旁边嘀咕："你讲了那么久，也要让我讲讲啊。"于是，大家一起笑起来。家乡有两位老顽童时刻惦记着我，这不是最幸福的吗。

下雨的时候，听雨声；晴朗的日子，看流云；阴沉的天气，吹晚风；朋友相约，畅快说笑；独处时刻，与书为伴。平常人的生活有平常人的活法，寻常的简单亦是幸福，一切幸福源于心境。

作者：程晓霞，现居北京。

155 妈妈的爱

小学的六年里，一直在跟病魔斗争，没办法同时兼顾治疗和学习，我只能无奈地选择辍学。爸爸为了家庭，长年在外工作，家里只有妈妈照顾我们兄妹几个，本来就已经那么不容易，而我更让她不省心，疾病一直困扰着我和妈妈。但是妈妈是那么的坚强，不仅要照顾好我们，还要四处为我求医。在我病情有所好转后，妈妈又开始为了我继续学业而奔走于各个学校。从上了大学到参加工作，虽然很想陪在妈妈的身边，却总是聚少离多，但是我觉得只要自己生活得好，妈妈就会觉得幸福。所以我努力地工作，只要有假期我都会回家跟她一起过，陪妈妈说说话，帮妈妈干干活。跟妈妈在一起的时候，哪怕只是简单地吃顿饭，都会觉得很开心。现在的我，只要看到妈妈每天健健康康的，就是我最大的幸福。

作者：林丹玲，女，现居广东惠州。

156 梦想总会实现

一直以来，心里都有个创业的梦，可是直到今天，那似乎也还是个梦，我的幸福跟别人不太一样，不是爱情也不是友情，而是实现我心中的创业梦。从上学开始就在不断地尝试，卖过蘑菇，开过网店，前段时间想搞个外贸网店，可是最终没什么进展，只好又继续打工。我知道我的积累还不够，所以才没能成功，但是我有一颗锲而不舍的心，这辈子认准了一件事，我就绝不会放弃。我也曾经想过，和其他的同学一样，好好工作，稳定发展，别像现在这样漂泊不定。可是每当我重复着枯燥的工作时，那颗火热的心又开始燃烧起来，我注定了是走在创业道路上的人，我的幸福也应该在这条路上。所以人这一辈子，总有一个位置是你的，找准了就幸福，找不准就很难幸福。

作者：邓晓博，男，现居深圳。

157 爸妈，我爱你们

心里难过，你陪我聊到很晚，我无眠，你在梦里还拉着我的手。我已经 23 岁了，你还当我是个小孩子。那么坚强的你，在第一次送我去孟津上学回来的路上掉下眼泪；那么粗心的你，从不操心家务，却总记得在我起床前凉一杯温开水。每次学校放假，我总是迫不及待地赶回家，却总是忽略凌晨两三点钟到达时你们一夜无眠的等候。最宠我的，永远是无条件对我好的爸妈。妈妈总是严厉地说不许再买衣服了，却在我又穿新衣服的时候说：这件挺好看的。小时候看作文书上说孩子爱吃的东西父母都不爱吃，后来才发现我老爸就是这样，我爱吃的东西喂到他嘴边他都不吃。爸爸是从来不会说什么表达感情的话，小时候他老是说，爸的钱在兜里蹦呢，然后就会给我点儿零花。去外面玩的时候，我走不动了，他就把我驮在肩上，直到上了初中……

点滴生活中浸透着爸妈无尽的爱，都说关爱中长大的孩子会更懂得爱别人，如果我能成为一个包容有爱的人，那是因为你们用爱浇灌了我，爸妈，我爱你们。

作者：郭丽辉，女，现居洛阳。

158 我眼中的幸福工作

我的工作让我对幸福感触最深的一句话是：踏实做事，实在做人，成就幸福美满婚姻！

至今，我已从事婚介行业数十年，由于热爱，一旦投入工作就全然忘我，精神抖擞。所有人都佩服我的精力和干劲，如果问我为何如此精力充沛，因为我们的会员就是我的责任，切切实实帮助会员找到合适自己的另一半，是我工作无穷的动力，如果不能帮助到会员真的会让我夜不能寐！每当看到一对一对的会员确定恋爱关系，领取结婚证，就是我最高兴的时候，快乐如此简单，看着别人幸福就是自己的快乐！但是两个人的相处却不是件容易的事，会时常出现矛盾纠葛。有时，为了调整两个人的关系，消除矛盾，我需要跟会员沟通到深夜，一次又一次耐心地谈话，一次又一次语重心长地开解，当两个人终于重归于好，我的心里瞬间晴朗。这是我终身的事业，也是我最大的幸福！

作者：何利，现居南京。

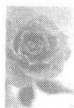

159 幸福瞬间

幸福，每个人有不同的解读。五月的一天，繁忙于紧张的工作中，突然传来温馨的生日歌，正在疑惑……眼前的景象却让我呆住，点燃蜡烛的生日蛋糕，一张张熟悉的笑脸，一句句生日快乐的祝福，今天是我的生日，团队以这样的形式给我惊喜、为我祝愿。心底最柔软的感觉令我思绪万千。吹熄蜡烛许下自己的心愿，我要把这个愿望告诉所有团队的战友们：感谢相识在企业的平台，感谢一路走来的支持陪伴，感谢家庭般的理解和温暖……这个生日也许没有山珍海味、推杯换盏，没有呼朋唤友、灯红酒绿，但却是我人生中最难忘的一天。只因有你们的真诚相伴，让我有了努力的力量。幸福就是瞬间的感动，幸福就是如此的简单！

作者：胡飞燕，女，现居金华。

160 幸福从未走远

幸福在哪里？在身边，在心里。小时候爸妈的疼爱，读书时老师的关怀，长大后朋友的帮助，都是身边的幸福。如今我已经临近大三，也将完成自己的学业，也将远离校园的呵护，面临就业的压力，即将正式步入社会的我，也将真正地成熟起来。我向往的幸福是一种小小的温馨，家人团圆，工作顺利，爱情美满。

每个人都有着发掘幸福的眼睛，只要你想，你就会发现幸福一直就在你身边，不用太过在意一时的得失，不用太过钩心斗角，不用和自己的家人针锋相对，不用为某些人和事而不开心……简单、真实、偶尔有些惊喜，这就是幸福。

作者：黄晶，女，武汉人。

161 幸福可以延续

那一年，她们19岁。素未谋面的三个考入了同一所大学、同一个专业。军训期间，小仪那率直的个性和天真、幽默，让欢欢和蕾蕾打心底里喜欢；欢欢那大姐大的性情和对大家细致的照料，让蕾蕾和小仪崇拜不已；蕾蕾那慢半拍的小笨拙和虚心的态度让小仪和欢欢大为赞叹。短短20天，却让彼此觉得相逢恨晚。

第二年，她们20岁。热爱舞蹈的蕾蕾和欢欢加入了学院表演团队。为在校际舞台大赛上获得好成绩，甚至练到十一二点才肯回宿舍休息。每每这个时候，小仪都会为她们准备好营养餐，还为她们按摩手臂，准备好换洗衣服洗漱用品后督促二人梳洗。

这一年，她们28岁。欢欢和老公决定开创蛋糕事业。在只有7位员工的公司里，老板亦是员工，每天起早摸黑好不辛苦。一天，欢欢给小仪和蕾蕾发了信息："创业远远不如想象中的简单……"第二天，小仪和蕾蕾不约而同地给欢欢发了个同样的回复："我辞职了，你收留我吧。"一个月后，三人在"美时每客"店铺门口"偶遇"，相视而笑。她们每天分享着彼此新的创作灵感，为一个简短的好评而兴奋不已，为商讨某个对策共同绞尽脑汁，为一个小小的突破相拥而泣……这种温馨的欢乐，让人错觉，仿佛又回到了大学里……即使十年、二十年后，我们知道，幸福仍会延续。

作者：蕾蕾，女，现居宁波。

162 感受简单的幸福

生活犹如一条蜿蜒的小路，周围鲜花飘香、彩蝶飞舞，但我们很多人却宁愿舍近求远，偏偏不愿意享受近在眼前的幸福。我们都渴望生活中完美而永远幸福的“金罐子”，却对那些不足以实现的细枝末节置若罔闻，对那些不能使成功一步到位的点点滴滴置之不理。其实，幸福就在我们的身边，但它常常点点滴滴地出现。等我们把它一粒一粒地聚集起来，很快就会集满一筐。幸福存在于细微处，要用心去感觉。

幸福是如此简单，只要善于用发现的眼睛去寻找，用坦然平静的心去体会，用知足常乐的意念去存储，对生活少一点儿抱怨、多一份坦然，幸福的感觉时刻就在身边。想想，幸福其实很浅很浅。也许，我们真的可以做些什么。在触手可及的细节里、在不曾在意的生活中，带给别人想要的温暖。

幸福并不与财富、地位、声望、婚姻同步，这只是你心灵的感觉。所以，当我们一无所有的时候，我们也能够说：我很幸福，因为我们还有健康的身体。当我们不再享有健康的时候，那些最勇敢的人可以依然微笑着说：我很幸福，因为我还有一颗健康的心。甚至当我们连心也不再存在的时候，那些人类最优秀的分子仍旧可以对宇宙大声说：我很幸福，因为我曾经生活过。

常常提醒自己注意幸福，就像在寒冷的日子里经常看看太阳，心就不知不觉暖洋洋、亮光光。

作者：李梦娇，女，现居湖北荆门。

163 缠绕在生活中的幸福

记得三年前高考后的那个暑假，爸爸的生意失败，家庭生活就靠家里几亩田和弟弟在小饭馆里打工的微薄薪水维持。就在那时我收到了大学录取通知书。那一刻沉重的气氛笼罩了我们一家人。望着爸爸脸上的皱纹和妈妈脸上的焦虑，我果断地说：“爸爸，我出去打工吧。”爸爸惊异地望了我一会。坚定地对我说：“你一定要上学，趁年轻要多学点知识，有文化才有出路。”“可是……”还没等我说完，爸爸接着说：“学费的事你不用操心，我会想办法的。”那一刻我流泪了，是心酸，是悲痛，我说不出来。如果说生活是滚滚向前转动的车轮，而幸福和快乐就是让车轮轻快向前行驶的润滑剂。有了它生活才会无限充实与美好。

作者：李攀婷，女，大学生。

164 幸福对我来说很简单

幸福对我来说就是每天都可以听着周杰伦的歌，一首接一首，庆幸从初中开始就有他的陪伴，而这么多年来也从没有放弃过他，也许这就是信仰，有人说，有信仰的人生活才是有色彩的，没信仰活着就像咸鱼一样。

幸福对我来说就是闲暇之余可以静静坐下来看韩寒的作品，从《三重门》到《光荣日》再到《1988 我想和这个世界谈谈》，他的博文我也是每篇必读。朋友说韩寒的文章里都是愤世嫉俗的情感，但我觉得不然，因为他的文章总能让我在读完之后，嘴角微微上扬。

幸福对我来说就是加班之后找一个靠窗可以抽烟的地方，端上一杯热腾腾的咖啡，点上一根香烟，看着路上来往的行人，思考自己的生活。

人就是这样，你总要找寻一些能够点亮生活的色彩，那样你才能在漫漫的长路上走得更舒适、更自在。

作者：李贤丹，男，现居汕头。

165 感恩生命

这几天还在医院等待安排手术的日期，从入院检查身体到出结果，这个过程对于我来说无疑是个煎熬。因为从老家的医院得到医生的结论说可能是肠癌，有可能会扩散或者是晚期，让我到省城做确诊，这段日子里我就没有睡过一夜的好觉。忽然间觉得生命如此脆弱，离我那么遥远。在女儿的陪同下到了省医院检查，结果确认是肠癌，但没有扩散也不是晚期，只要做个手术就可以了。这样的结果对于我来说无疑是最大的好消息，让我曾经觉得一度黯然的世界里又充满了阳光和希望，我想用以后的日子多陪陪老伴，多和儿女在一起聊聊天，多给家里干点活。感谢老天能让我在这个世界多走一段路，让我感觉到我的生活是那么的幸福！

作者：李秀武，农民。

166 相亲相爱一家人

曾经是一朵云，因为有你们的吹拂所以飘逸；曾经是一株草，因为有你们的滋润所以茁壮；曾经是一滴水，因为有你们的宽容所以坚持。在无数个夜晚里，是你们给我讲星星的故事，是你们让我领略月亮的皎洁。在人生漫漫长路中，是你们教会我如何做人，伴我走过春夏秋冬，帮我擦亮了生命的火花。

现在我已长大成人，而岁月悄悄爬上了你们的额头，你们已经不再年轻。我的父母，谢谢你们！当我呱呱落地睁开第一眼，看到这个美丽的世界时，是你们给了我机会。母亲，这么多年了，我早已明白你的刀子嘴、豆腐心，二十二年来无论你的女儿在哪里你都在牵挂，都会定期打电话来嘘寒问暖，女儿永远是你的心头肉。父亲，每次你去车站送我时转身回去的背景老让我想起了朱自清的《背影》，人家都说父爱如山，是那种不用言语表达的浓浓爱意。

幸福不是家财万贯，幸福不是功成名就，幸福更不是流芳百世，就这样一个平凡的夜晚，一家人在一起就是一种幸福。

作者：梁江含，女。

167 淡淡的幸福

我一直都是一个没有多少亮点的人，学校里我是一个不起眼的学生，工作上我也是一个普普通通的员工。但在父母的眼里，我永远都是那么优秀，我喜欢唱歌，他们支持我，我喜欢打球，他们给我买了球鞋，我想上大学，他们筹钱完成我的心愿。对于他们，对于我来说，都是那么的不容易，他们的无私，时刻感动着我，我也知道，我只有好好学习，找到一份好工作，才能不让他们失望。很庆幸，我的大学时光没有浪费，我不敢说我是最努力的，但我总是比别人多努一份力。毕业了，找到了一份与其他同学相比来说，算是待遇不错的工作，因为从小没有那个条件，所以我没有乱花钱的习惯，每个月除了固定开销之外，我总是攒下来，给他们汇去一部分，而每次他们收到钱的时候，总是叮嘱我该花的钱要花，不用为他们担心，而当我听到这些的时候，总有种难以言喻的感觉，我知道我是那么幸运，我拥有这样的父母，而我也将继续为他们努力。

没有过多动情的语言，这就是我淡淡的幸福。

作者：梁庆基，男，现居广东清远。

168 孕妈的幸福

度过了孕早期，告别了让我痛苦的妊娠反应。开始平稳地进入了孕中期。自己开始感觉到肚子里小家伙的存在，他开始偶尔会踢我一下，有时候会连续动很多下，医生说那是在打嗝。每次去医院的时候，医生把冰凉的液体涂在我肚子上的时候，听着肚子里宝贝强有力的心跳，自己都无比幸福，感觉自己是这个世界上最幸福的人。一种强大的母性要保护宝贝的使命感油然而生。晚上老公下班的时候，我们会窝在沙发里一起讲今天发生的事情，我会把老公的手放在肚皮上让他感觉到宝贝的力量。老公总是说：“这个小家伙很有劲嘛！”我觉得对于一个女人来说，真正做了妈妈才是完整的，才是幸福的。自从怀孕了就特别地能吃，我想和我肚子里的孩子相比一切都是那么不重要，什么身材，什么形象，和宝宝的健康相比一切都是那么的无所谓。女人一辈子有几次可以这样不用给自己找任何的借口，放肆地、不顾忌身材地这样为了一个孩子吃东西呢。宝贝，妈妈希望与你见面的时刻快点到来！

作者：刘磊，准妈妈。

169 幸福小女人

什么是幸福？幸福不是用语言可以表达的，它是需要用心感受的。幸福有时是一种拥有，有时是一种等待，有时是一种感动。收获是一种幸福，付出也是一种幸福。

我的幸福就是在我的生命里拥有着三位让我感到快乐、幸福，而且将会影响我一生的人！他们当然是：我最亲爱的宝宝们。我们家自认为拥有着两个大活宝，美女和帅哥！他们的天真、可爱、懂事，还有来自他们时不时地给我的感动，还有带给我快乐，无时无刻不让我觉得幸福其实一直在缠绕着我！还有一位那就是我的他了，他是一位懂我、爱我、疼我的男人，他不英俊，也不会甜言蜜语，但他忠厚朴实，对我的付出无微不至！跟他在一起，让我觉得安心、快乐，没有任何顾虑，他懂我所想，知我所需。因为他懂我，所以让我觉得他就是十全十美！拥有着这么一位懂我的人与我共度这一生，这可能是人生中最大的幸福了！其实幸福就是这么简单，有亲情的陪伴、永远的友谊、无声的宽容，还有一家人的平平安安、快快乐乐。

作者：刘娜，女，现居郑州。

170 父亲

听妈妈说我出生的时候，下着大雪。爸爸穿着大衣抱着我告诉村子里的每个人：看，这是我的女儿。在农村里，重男轻女的思想特别严重。尽管如此，爸爸对我的爱并没有因此而减少半分，反而是双倍的，是这个世界上独一无二的。那个时候，家乡年年都发洪水，家里特别穷苦，在我的记忆里，虽然那个时候穿不起漂亮的衣服、吃不起昂贵的零食，爸爸总会想尽一切办法，给我漂亮的衣服、好吃的零食。我的第一件连衣裙，是爸爸买给我的。小时候的我，不懂什么是贫穷，不知道，那一件连衣裙，是爸爸熬多少个夜晚才能换回来。每次爸爸去集市，总会带一些好吃的给我。让爸爸和我一起吃，爸爸总是说，我牙齿不好，我也不喜欢吃。爸爸总是在一边看着我吃。现在想想，在那个饥荒的年代，那是多么奢侈的享受。

记得八年前写过一篇关于父亲的文章。语文老师把我的文章登在学校的网站，爸爸还专门跑去网吧，让别人搜给他看。之后，再也没有写过关于他的任何文章。依然像八年前那样，心底的感情是世界上的任何文字也不能表达出的，是我的笔太拙，写不出父亲那伟大的爱。这八年，我想是我走得太远了。现在我该回家了。

作者：罗梦妮，女，现居湖北黄冈。

171 难忘是家人

谈起幸福，我更多想到的是家人，只要爸爸、妈妈、妹妹他们都健健康康、快快乐乐的，我就感到很幸福。毕业之后就来了宁波，只有每年春节的时候才回家几天，一个人在外地，父母担心儿女，儿女何尝又不担心父母呢？他们身体好吗？天冷了，他们为自己买了厚衣裳吗？每天还是那么劳累吗？如果他们需要我的时候，我却不在身边，那该如何是好，所以基本上每个星期我都会跟家里通电话，跟他们讲我现在的生活，询问他们的身体状况，嘱咐他们不要太劳累，没事多打打牌，散散步。知道他们一切安好，我工作起来都更加有劲。好想有一天，让父母觉得他们真的不需要再像现在这样劳累了，因为我是他们的依靠了。我想那就是我所追求的幸福。但是我知道自己的路还有很长，我要更加努力，努力成为父母的依靠，等到他们老了的时候，我陪着他们一起去看夕阳。

作者：庞伟，男。

172 幸福定义

孩提时代，总会有孩子的烦恼，我也不例外。自从步入高中，繁重的学业令我不堪重负，因而高中的成绩也总是不如意的。每当跟妈妈谈到学习，总会觉得她聒噪无比，埋怨她不理解自己。但当我看到父母青丝间隐现的华发时，这才发觉无情的岁月在他们原本青春的容颜留下了印记。于是，我开始认真聆听他们的每次唠叨，谨记他们教谕的为人处世的道理，而后恍然大悟，他们的每一句教诲都是在为我的未来奠基。理由很简单，他们希望自己的女儿拥有他们艰难探索出的经验后，可以生活得更顺利、更美好。这就是幸福，隐藏在唠叨下关爱的幸福。

或许因为我是个较为感性的女生，我认为的幸福除却与父母间的，还有很多。譬如生日时，没有火点蜡烛，大家就关掉宿舍的日光灯，打开通宵的小台灯闪烁着营造氛围；夜深人静时，脑海中如同播放影视剧般回忆着一路走来的点点滴滴，然后嘴角上扬，叹息地合上泛黄的回忆簿；身体不舒服时，老师一声关切的“怎么了”足以化解心中的薄冰；再有轻敲键盘，堆砌着自己灵魂的文字，为着梦想开始努力……

这就是我的幸福，并不模糊，它的定义是心，一颗在意的心。

作者：邱慧瑜，现居广州。

173 两个人的幸福

自从恋爱到现在，不管是开心还是难过都有你陪在我身边。一起走过来的日子真的好不容易，过程总是漫长的，但回忆起来总是会很甜蜜。回想起五年来的种种会有些心酸。但是，只要有你陪着我，再苦也能承受……你看起来总是傻乎乎的，总是那么关心我，还能逗我开心，让我感觉暖暖的。这种感觉是不可替代的！五年以来，不管是在哪里，干什么，只要有你陪在身边都会觉得很精彩……整整五年的时间，我们经历了那么多的坎坷和挫折，但是都一步步地走过来了，回头看看走过的路真的好欣慰，虽然有过争吵，有过不愉快，但那只是尘封往事了！历史的篇章已经翻开新的一页了。喜欢看你笑的时候那么天真，喜欢看你吃的撑到肚子圆乎乎的满足表情，喜欢你撒娇时像个孩子一样，喜欢你任性时候的可爱模样……

作者：任超，男，现居洛阳。

174 打一场戒烟的战争

可能很多吸烟的人都经历过戒烟，有的失败了，有的成功了。我想多数还是以重新抽起烟告终。很难预料我戒烟的前途怎么样，不过就目前来说，一切都还在掌握之中。

就在今年，自己 26 岁了，可感觉身体就像是 36 岁的。我明白这是上大学后无规律的糜烂生活的后果。自从上了大学，酒一顿接着一顿，烟一根接着一根，熬夜玩乐是经常的事。我从一个热爱运动的健康少年变成了一个懒惰非常的小老爷们。这种亚健康的生活状态必须结束了，是到该还债的时候了。从这个月六号开始，已经戒烟 22 天了，除了饭后还有些想念外，其他时间基本忘了烟的存在。不停地吃零食、喝饮料成为我戒烟最好的方法。自从戒烟后，其他的生活方式也发生了改变。每天早晨 6 点多起床去健身房慢跑 3 公里。晚上会举举哑铃，做做俯卧撑，然后尽量早点儿睡觉。这个生活方式我希望一直保持。戒烟成功就是我目前最大的心愿，也是我最幸福的事情，希望我的家人和朋友都能看到一个健康、有活力的青年。

作者：申健，男。

175 设计师的幸福

从事设计这职业十几年了，一直觉得这个工作是个需要高度责任心的工作，夸张点儿说就是提着脑袋做事情。每个数字、每个设计图纸都关乎民生问题。加班是我们这个行业里的家常便饭，甲方的需要就是上帝的需要，有时候甲方确认了图纸后又要提出修改，改了又改，所以加班又继续加班，直到满足了甲方的要求为止。所以对于我来说，晚上经常是在公司的食堂里吃饭，周末也是在公司里加班。有的时候看着部门里加班的同事，小伙们都正是爱玩的年纪，却都因为工作在公司里加班，自己心里也挺过意不去。我想对于我们这个职业的人来说，最幸福的事情就是甲方确认了就不要再做更改，这样就不需要那么多的加班。我们可以有更多的时间陪陪自己的家人、自己的孩子，可以有时间去锻炼锻炼身体，出去走走。

作者：苏义。

176 爸妈的心事

去年，因为血小板出了问题，必须要住院。平时儿女都忙工作，我们平时也很少会打扰到他们。住院后虽然不能回家，要在医院里静养，但那段时光对于我来说很幸福。平时儿女总是很少回家吃饭，要加班。我住院期间儿女们每天下班后都会来医院陪我，陪我聊天，然后叫了快餐家人一起在医院吃饭。虽然那饭菜的味道不及在家做的味道，但一家人能坐在一起吃顿饭的温馨让人感觉如此的踏实。人可能越老就越怕孤独，有儿女在的时候自己总是很开心，晚上他们会轮流着换班陪护，同病房里的病友都很羡慕。我想一家人可以经常地在一起吃顿饭、经常在一起聚聚，对我们做爸爸妈妈的就是最开心最幸福的事情了。

作者：汪福，已退休。

177 缘分让我们相遇

2007 年前，Eunice 过着一帆风顺的小康深二代生活，从小学到中学、大学到工作，都在深圳，似乎一切都在轨道上，不会有改变。有一天，她决定出去走走。

2007 年，一切改变了，Eunice 和 Kevin 在深圳火车西站相遇，在深圳西开往景德镇的火车上，Kevin 买了个柚子，借了 Eunice 的瑞士军刀切柚子皮，给 Eunice 递上剥好的柚子。末了，用柚子皮把刀擦干净，还给了 Eunice，这一点小举动，打动了 Eunice，她觉得这是个体贴、有生活智慧的人。随后，本打算回老家小住的 Kevin，到景德镇后没有下车，而是追随 Eunice 去婺源看了油菜花，到黄山看了云海。Eunice 回深圳后，给 Kevin 发了一条短信，说，来深圳吧，我帮你租了房子。

半年后，他们组建了小家庭。

作者：段金毅，Kevin，景德镇人，现居深圳。

178 工作并幸福着

离开大学校园已经有将近两年了，对我来说，最幸福的事，是与这些同校出来漂泊的同伴们一起奋斗的日子。相互之间没有尔虞我诈，没有钩心斗角，有的只是互相帮助与鼓励。记得第一次扫楼的时候，每个人都因为紧张，而不敢迈出第一步，后来，大家互相打气，三三两两地一起外出拜访，经过相互扶持，在入职第一个月中，大家都先后开了第一单。看着大家脸上兴奋的笑容，我想，这就是幸福吧。

有一段时间，因为市场萧条，大家一个多月没有出单，心里都打起了退堂鼓。就在这时，有几个兄弟站出来说："我们一起来比比电话量"，在相互鼓励下，大家陆续打破了僵持的局面，又看到了继续坚持下去的希望。我相信，我们会继续为了自己的理想与未来并肩奋斗下去，这就是我的幸福。

作者：王翔，男，现居济南。

179 勤奋换来幸福

刚进这家世界五百强企业的时候，我的工资只有1800元。因为我的学历不是很高，入职的时候是职工不是职员。但我从来没有抱怨过，在这家公司一干就是六年。六年里别人过周末的时候我加班，别人在国内的时候我选择了去国外，我的付出和能力得到了领导的认可，也在海外认识了同公司的先生。现在海外的项目运行都很顺利，自己也觉得很欣慰，如果问我幸福是什么？我想莫过于工作带来的成就感，这种成就感让我更自信。偶尔想起自己活着的意义，就会想起领导说的一句话："有你在我们的项目就会顺利地运营！"我想这就是幸福吧。这样的幸福就是努力后得到的回报！

作者：王珍。

180 幸福小事儿

大二了，看着这张照片，让我回忆起大一时的幸福瞬间。当时的我们一起怀着梦想考入这所大学，对未来充满了期待。我们一起在长江边意气风发地唱着歌，做着小游戏，趁机谈论着班上的美女……手上烤着美味的烧烤，夕阳西下，江面金黄的波光动感舞蹈着。或许这动感的韵律对人的视觉神经都有一丝情感寄托，人嘛，对爱情这东西期待向往着，这一刻的笑声里充满了幸福的味道。

记得那次写生去的是宏村，多美好浪漫的事都在旅途上经历着。设计六班，多么熟悉的名字！我们一起爬山、画画、去抢饭吃……还记得当时那个飞机头是多么洒脱，在旅馆狂睡三天才开始赶作业，回来前一天晚上，那家旅馆老板请我们一人一瓶啤酒，喝得很痛快。

幸福蕴藏在生活中的每一件小事里，只要你细心去发现她、有好的心态去对待她，就会感受到她带给你的积极的一面。我的小幸福，一直在发现着……

作者：魏尚春，男，大学生。

181 我是球迷我幸福

不知道从什么时候，爱上了足球。这是多么的一发不可收拾，有时候甚至会为它魂牵梦萦。记得曾经听别人说过，一个真正的男人，总有那么一项运动能让他追随终身。对我而言，毫无疑问就是足球。

小时候，由于条件不允许，真正开始踢球是在上了高中之后，那时候有场地、有足球、有球伴。虽然直到现在我踢得还是那么烂，每次一上场就被视为“酱油客”，但那又怎么样，我就是那么喜欢这项运动。因为生在广州，所以我自然而然地成了广州足球的拥趸，从广州医药队到现在的恒大，只要有时间我都会到现在场去为他们加油。而也因为广东地区播得最多就是英超联赛，我也成了曼联及英格兰国家队的球迷，但支持他们的方式也只能是通过电视转播，我多么渴望有一天能够亲临梦剧场老特拉福德，为曼联呐喊一次，如果真有那么一天，那该有多幸福啊。

作者：吴海渠，男，大学生，现居广州。

182 有你，这个冬天一点儿都不冷

哈尔滨的冬天特别冷，同学聚会的时候认识了现在的他，他是一个典型的东北男人，大男子主义，爱喝酒，遇到感人的时候还会掉眼泪，有正义感，公交车上别人遇到麻烦他会路见不平、拔刀相助。

一起的几年里，我渐渐知道什么是自己需要的东西。每一个小小的细节他都记得那么清楚，我慢慢地从那种关心中得到了满足。哈尔滨的天气特别冷，气候变化不定，第一次你帮我把围巾戴上，而不让我自己去伸手围围巾，就是因为天气冷怕我冻手，你还会把我的双手塞进你的衣服里，让我冰冷的小手

放在你圆乎乎的肚皮上，寒冷的冬天里幸福的感觉慢慢地将我融化了。这个冬天一点都不冷！

作者：小宝，现居哈尔滨。

183 追寻幸福

我经常在想在这阴错阳差的生活中，我们能抓到什么，能留住什么，能得到什么，什么可以给我们安全感。什么又能让我们成长。什么才是我追求的幸福。每个人的答案都不一样，对我来说，我能抓到的就是我自己，我的灵魂和思想，我要让自己不断地得到提升，只有我提升了，我才会发现我还是跟着社会的脚步在前进的，才能追寻我所要的幸福。

我追求的是什么，其实说到底能留住的东西太少了，爱情的感觉会一下子没有，一个人的地位会一下子崩塌，承诺的誓言会一下子变成谎言，甚至今天是朋友，明天就成为敌人了。我们永远不知道，意外和明天哪个会先到来。所以，为了今天我们还能相遇而庆幸吧；为了今天能醒来而庆幸吧；为了我们今天能聚在一起而庆幸吧；为了今天我还爱你，庆幸吧；为了你今天还拥有工作，庆幸吧；为了一切你今天和之前遇到的平凡的事情，庆幸吧。我们能留住的就是今天的和之前发生的给我们带来的记忆和成长经验，所以我们要学会感恩、学会思考，才能掌控自己的幸福。

作者：阳敏，女，湖南益阳人。

184 等待的幸福

小时候的幸福——从小生长在农村的我，是捏着泥巴、玩着滚铁环、打弹弓、掏鸟窝、飞竹蜻蜓、放纸风筝、划小纸船这些长大的，做梦都想有一个城里孩子的所谓的玩具。因为我的四周，所有的农村孩子都跟我一样，玩着泥巴长大，谁也没见过玩具。当然现在看来，我们的那些铁环、弹珠也算是玩具。但是真正上发条的、用电池的，不是自己制作的，色彩艳丽、结实耐用的玩具，永远都是农村孩子心里的梦，因为买不起。有一天，父亲回家塞给我一个盒子。我三下五除二就拆开了，仔细一看，是个母鸡生蛋的玩具，铁皮的，这个可是城里孩子才有的呢。兴高采烈的我立马扯开嗓子喊了，我有玩具啦。呼啦啦一下子周围的小伙伴们全跑过来，趴在地上，看父亲教我们怎么玩。幸福不？这就是幸福。第一次体会到幸福，就是这样，现在看起来微不足道的东西，但是在我的记忆中，却一直都那么清晰。

作者：张荣军，女，现居湖北荆门。

185 平凡真实的幸福

这世界最真实的感情莫过于亲情，最幸福的事情莫过于和家人团聚，所以每每上完学回到家中，总会感受到这种淡淡的、浅浅的温馨，听着亲人真切的问候，一起吃着永远也吃不完的团圆饭，我想这就是幸福。

每个人都希望守住自己的幸福，同时获得更多的幸福，我也不例外。现在临近毕业的我，即将面临就业的压力，现在也希望毕业后能找到一份适合并且喜欢的工作。作为单身的我，也希望在后面的日子里能找到一个真心对自己好的人和我共同分享这份幸福。

幸福是什么？一句简单的问候，一句感动的话语，一件感人的事情……幸福其实很简单，每天开开心心地、快快乐乐地做自己想做的事，一家人和和睦睦地在一起。这是我的幸福，但不专属。

作者：张霞，大学生，武汉人。

186 “金太郎”的幸福

灰太狼本是一个面向青少年群体的卡通形象，却在成人的世界里引起了极大的反响，确实值得我们思考。受这个角色启发，很快，影视编剧们就创作出了一个现实版的“灰太狼”——一个周旋于丈母娘、老婆和自己老爸之间备受夹板气，且时时刻刻想着如何讨好老婆、努力维护家庭和谐的“金太狼”形象。这部剧，在开播不到一周，就在某视频网站创下了过亿的浏览量。其中最引人的还是该剧对幸福的探讨，在外人看来，男主人公“金太狼”怕媳妇儿、受丈母娘的气、对自己的家人包容迁就、整日忙于扑灭各种家庭矛盾的小火苗，几乎没有喘息机会，活得有些疲惫，其生存状态似乎与幸福无关。但“金太郎”自己却觉得很幸福，其实，道理很简单，“金太郎”一个人的付出与努力，换来的是一个大家庭的欢欣与和睦，这种幸福不是坐享其成，不是颐指气使，而是对家庭的重视、对亲情的珍视。从这个意义上说，幸福感有时候不是享受，而是付出，是那种一个人努力让一家人都快乐的心态。

作者：赵海国，现居北京。

187 感恩父亲

自从当了大学老师以后，虽然每年都有寒暑假，但却很少有时间跟爸爸一起玩。很难得，去年父亲节的时候，软磨硬泡终于把爸爸哄来珠海，陪他一起过属于他的节日。依然记得那天天气很好，一大早就拉着爸爸到拱北关口过关，这是爸爸第一次离开内地过海到澳门去，看得出来，他也有点小小的兴奋，再加上很少跟我这个女儿一起出玩，所以那注定会是美好的一天。过了关，到了澳门，这座美丽小城，一路上都挽着爸爸的手，似乎回到了小时候，拉着爸爸这里走、那里逛，威尼斯酒店、普京赌场、妈祖阁、大三巴牌坊，我们一起游玩了澳门的各种标志性建筑和观光景点，一路上的欢声笑语，从来都不肯拍照的爸爸终于被说服了，在大三巴牌坊一起留下了合照，这是我们父女为数不多的合照，现在翻出来看，都觉得幸福感油然而生。

大家都说我是个幸福的人，长辈们健康地生活着，有一个美满的家庭，有一群爱我的学生，而且也即将迎来自己的宝宝，宝宝的每一次胎动都预示着我即将为人母，也更加明白了父母的不易，所以我一直怀着一颗感恩的心，希望所有我爱的人都健康快乐、幸福美满。

作者：邹小平，女，现居珠海。

188 致闺密：幸福一如我们初见时的笑容

看着你寄给我的明信片，读着你给我的信，我禁不住红了眼眶，我们之间已经流淌过了那么多的岁月。十年流光弹指间，似乎就在昨天，我才刚来宿舍的门口，那个下午的阳光很是灿烂，一如我们那时的笑容，灿烂而耀眼，年轻而无知。

乱哄哄的课室，漫天飞舞的纸条，人来人往的课间走廊，总是舍不得下课的老师，总是值得期待的课后操场，总是聊到忘记关电筒的晚休宿舍，青春飞扬的面孔，不识人间哀愁的时光……我们一起走过的路，我们一起唱过的歌，我们一起经历过的韶光华年，都是我们厚重人生中明媚的阳光。

十年之前，你不认识我，我不认识你，十年之后，我们几个分隔数地，人事几经变迁。我们之间，有人分手了，有人结婚了，有人离开了我们身边，有人来到了我们身边。生老病死，悲欢离合，我们在学习，我们在成长。在我们老去之前，路还很长，我们说过要旅行，要看着彼此成婚，要做彼此儿女的干妈，要做的想做的还很多。

生活给我们每一个人的考卷都不一样，无所谓难易，也无标准答案，我们都只能一边学一边做，只望来日站在生命尽头的那一天回过头来，也还算对得起自己也就可以了。亲爱的，请别为我担心，要知道，人的潜力是无限的，每个人都可以是打不死的小强，我不是一个人在战斗，我会好好的，你们也要照顾好自己、好好爱自己，总有一天，我们都会足够的强大、足够的优秀。

作者：陈苑瑗，女，现居广东茂名。

189 深爱你的人

生日那天一家人在庆祝。门铃响了，门外是年轻的邮递员。他微笑说：“小姐你的花，请签收！”她疑惑地问：“谁送的？”邮递员说：“他说他是一个爱了你二十二年的人。”她生气：“我今天也才刚二十二岁，想追女生也不先查清楚！”回到座位上后，她突然发现一贯严肃的爸爸此时脸红红的。我就是故事的女生，故事最后，我才发现深爱你的人是父母，他们会用生命守护着你，给你一直不变的幸福！

作者：杨莉莉，女，现居郑州。

190 幸福，有时候是一份淡淡的回忆

读书的时候，好朋友们总是腻在一块儿，一起上学放学，一起吃喝玩乐，一起调皮捣蛋，一起挨训挨罚。嬉笑怒骂，为友情许下了一个个诺言，要一辈子的友情，要当彼此孩子的干妈……那时候，只觉着开心快乐，并不细品个中的幸福滋味。长大后，为学业、为事业、为自己的前程努力奋斗，天南地北地流浪。见面的时间少了，分开的日子长了，但偶尔一通电话，回味着一起走过的童年，调侃着那些青涩的小暧昧，互嘲着曾经那些热血的幼稚，便足以慰藉彼此的想念。

工作后，面对各种压力、各种动力，很少再去仰望湛蓝的天空白云飘往哪个方向。渐渐体会，上学那会儿，读完书、写完作业、考完试就可以和朋友一起吃喝玩乐是多么纯粹的幸福。现在，只有偶尔的假日，朋友们才能聚在一起，诉说着彼此的快乐和难过，然后庆幸，彼此依然安好。

作者：陈虹，女，现居汕头。

191 幸福中的我们

幸福无处不在，重要的是你的心能否感觉到它、你能否真实体会到它的存在。我每天感到学习的苦闷、生活的乏味，极力追求我所要的幸福，我却不知道它在何处。直到有一天，在我一次劳动之后，我真真正正地感觉到了它的存在。那是一次

全校大扫除，轮到我去倒垃圾。当我走近一个垃圾堆的时候，一个捡破烂的小女孩让我惊呆了！那是一个十来岁的小女孩，身穿着一件皱皱巴巴的衬衣，已分不清颜色了，她应该是五六年级的样子，人又小又瘦，但倒垃圾却从不含糊，总是干净利落地完成，一桶接一桶，许多同学都是用手捂着鼻子，倒完了时不时说声“谢谢”。看着她那如此熟练的动作，不禁让人发问，她为什么不待在那宽敞明亮的教室里，接受老师的教育，而成天到这儿来捡破烂呢？也许，她天天出来捡破烂赚来的钱，都还没有我一天的零用钱多。此时，我才猛然感觉到自己真的幸福，如同在蜜里一样，想想自己平常铺张浪费，真的是羞愧啊！我相信，看过这个场景的人，心里都会不是滋味，所以我们必须意识自己是幸福中人。我告诫自己今后再也不要叫苦叫累，再也不要追寻我们自己所谓的幸福了，要懂得珍惜所拥有的一切！

作者：陈惠颖，大学生，珠海人。

192 深圳——幸福梦想家

深圳这片热土，曾经创造出无数的奇迹，已经由一个荒凉的小渔村发展成大城市。在深圳生活了 26 年，印象最深的是响震中国的深圳速度——以三天一层楼的速度建成国贸大厦，当时被人们誉为“中华第一楼”；在这里有见证深圳特区发生翻天覆地变化的深南大道；还有“时间就是金钱，效率就是生命”的口号，并以深圳速度迅速在南中国崛起，成为中国改革开放的典范，其成功经验被推广到全国，产生了深远的影响。这座城市是多少人的辛劳才得以崛起呀！每天都试着改变自己一点点，从没有地铁到现在五线畅通，从文化底蕴缺失到全民读书等等。深圳是一个有梦想的地方，明天的幸福需要我们接力，我们一起加油！

作者：陈少谊，男，现居深圳。

193 幸福是我们有缘成为姐妹

有人说，要好好珍惜这辈子跟家人在一起的机会，因为下辈子可能不会再有缘分在一起。不知道为什么，读来很是感伤，大概是因为觉得时光匆匆，所以好好珍惜现在才是最重要的。

家里有三姐妹，我是老大。小时候，总觉得爸爸妈妈偏心，作为大女儿的我，什么都要让着妹妹，不管是吃的、穿的，还是参加兴趣班的机会等等。跟妹妹们发生争执，很多时候明明是她们的错，父母也会不问多话直接责备我“为什么不知道照顾妹妹”。在外面，有调皮的小男孩欺负妹妹，她们也会找我去出面，替她们解围。小时候真觉得，为什么即便在同一个家庭，我不过早出生一年，为什么宠爱就会少那么多呢？

但长大后慢慢觉得，幸福是一种被需要，当妹妹们有困难第一时间会想到做姐姐的我时，当她们有开心的事情会第一时间跟我分享时。真心感慨：幸福是我们有缘分这辈子成为姐妹，如果下辈子还有缘，还要做姐妹。

作者：郭彬芳，女，现居太原。

194 简单的幸福

幸福是什么？有人说幸福是每个人都开开心心、快快乐乐，幸福是有一个和睦安乐的家。我觉得幸福也是在夏日的傍晚和几个死党走在学校周围的小路上，谈论着现在，展望着未来，再混合着迎风飘来的栀子花的味道，看着皎洁的月光是何等的惬意。

我是一个自中学学习绘画的女孩儿，凭借着与生俱来的色彩感，加上后天的努力、老师的教诲，2008 年的夏天我来到了梦寐以求的苏州大学读书。那时候对于我来说所有的事物都是新的：崭新的城市，崭新的面孔，崭新的我。而今，大学四年匆匆而过，我就要离开校园、步入社会，新的生活又即将开始，趁着剩下几天的校园时光，我恨不得把苏州这个城市的所有回忆再一次找寻，用手里的相机定格每一个值得回忆的画面，那一刻的味道真是复杂，开心？不舍？迷茫？骄傲？

作者：王珊珊，女，河北人。

195 幸福就是你爱的人，正好也爱着你

虽然时常会因为过分相同的固执性格而出现火星撞地球般不可收拾的局面；虽然因为生长环境的不同而有着不同的价值观和人生观；虽然时常会觉得其实是不是真的很不合适，但也这么不合适又合适地走过来了。现在的我们，开始学会适应对方的生活方式、彼此的性格，学会忍让、学会退步、学会包容。当他因为不小心说错话惹怒我时，为了道歉他在我家楼下坐了整整一个晚上；当听说我想去阳朔时，由于经济条件不允许，他坐了十个小时他最讨厌的卧铺车义无反顾地带着我走；当他为了让我对他重拾信心，下定决心放弃伴随他多年的尼古丁时，我感受到了这个男人给我带来的巨大幸福感，他在努力为了我们的未来，为了给我更多的满足而努力着。

幸福不过如此，你爱着的人刚好也爱着你，并且在为了你不断地努力、不断地前进，虽然他很不温柔、不体贴，也不浪漫，但细水长流的生活不正是人生更高的追求吗。

作者：梁辉，现居广州。

196 一千个人的幸福观

小孩子说幸福是天天可以吃到糖果；学生族说幸福是没有写不完的作业；上班族说幸福是不加班加点只加工薪；老板说幸福是财源滚滚来；父母说幸福是孩子健健康康地成长……

一个四肢健全的人是不会意识到自己有手有脚是件幸福的事情，而他们并不知道手足残疾的人在羡慕他们；百万富翁也不认为整天大鱼大肉是件幸福的事情，而他们并不知道那些连一日三餐都无法保证的穷人在羡慕他们。事情的另一面又是怎样的呢？四肢健全的人会感叹和羡慕残疾人拥有强大的心智；百万富翁也会羡慕一些穷人家庭团结友爱。

幸福就是这样，你所认为的幸福在别人眼里或许无足轻重。人们所处的环境不同，对幸福的定义就不一样。

作者：林益飞，男，现居天津。

197 拥抱幸福

对一个孩子来说，在草垛里玩捉迷藏，在树林里玩扮演游戏，获得新的礼物时，他们流露出的快乐幸福是无可比拟、没有丝毫保留的。少年时，幸福观逐渐发生了变化。幸福有了条件，例如，刺激、名声或爱情。所幸的是，这个时候的我们往往还比较单纯、率真，因此还能比较容易感受到幸福。到了成年时，幸福变得愈加复杂。能给人带来幸福快乐的事情，比如生命的诞生、爱情和婚姻，同时也带来了责任和失去的危险。

我认为“幸福”应该是“享受的能力”。从爱与被爱、友情、随心所欲，甚至到拥有健康，其中所能够获得的幸福很容易被我们忽视。我们大多经历过类似的事情，但将之视为幸福的人寥寥无几。很多时候，当某件东西失而复得时，我们往往才会感到很幸福，那为什么不在我们拥有的时候好好享受呢。幸福不在于我们的遭遇如何，而在于我们如何看待所遭遇到的事情。这是化消极为积极、将挫折看做挑战的诀窍。幸福不是凭空许愿，而是享受拥有。我们永远无法知道下一次幸福何时来临，但是我们可以让自己尽情享受拥有的一切。幸福也许会不期而至！

作者：林生，男，嘉兴人。

198 平淡的幸福

生活如水般平淡，一直幻想将自己脚下的踏板踩得飞快，自由地穿梭空旷的街道，如同静静流淌的溪水，任心中的方向指引脚下的路。一时兴起的时候，也会在月朗星稀的夜里读一些只有自己知道的文章，然后让自己沉醉……

突然想微笑，笑得像缤纷的蔷薇，暖暖的香味，芬芳幻化成甘甜。有人说春天的蔷薇尽管缤纷，但那单纯的色彩毕竟短暂，它们极力想描绘出一幅四季绚丽的图景，就注定了用什么颜色都是伤感。生命牵引着向梦想靠近，虽然时常看不清自己的方向，可是她也拥有自己的幸福。或许蔷薇会是满足的，又可以等待的春天就是喜悦，只要时间能在心中留下印迹，快乐与忧伤不是莫名的，那就是一种幸福，即使是微不足道的平淡的幸福。

作者：刘华，女，成都人。

199 幸福是什么

幸福是什么？这么深奥的问题似乎不适合在情绪低落的时候思考，但是它却一直徘徊在脑海，挥之不去。

每次从电视广告上看到全家人一起自由生活的情景时，心里就自然会想，他们多么幸福啊！我何日才能拥有？每当朋友不经意对自己开玩笑说，哎呀，你那么幸福啊！心里总会颤抖和发愣，好像有一种声音从很远的地方传来询问自己，你真的幸福吗？我终于忍不住问自己，人生一世，自己的幸福是什么？我想揭开它那神秘的面纱，让自己更明白幸福是什么、如何去追求幸福、理解和珍惜自己的幸福。

其实，人的一生有很多幸福的时刻，只要细心去观察你会发现其实幸福包围着你，从此刻起，做个幸福的人。

幸福是什么？幸福有时是一种给予，有时是一种拥有，有时是一种期待。幸福是收获，幸福也是付出；幸福是荣华富贵，幸福也是无忧无虑……幸福就藏在日常生活中，需要我们仔细地感受、细心地体会、耐心地回味。

作者：刘萍，大学生，现居武汉。

200 和家人在一起的幸福

我的幸福是一家人热热闹闹、开开心心、健健康康、平平安安在一起！因为某些原因，从小跟父母在一起的时间很少，小时候基本就是爷爷奶奶、外公外婆带大的，上学之后又是自己独立地成长，父母虽说在各方面都满足了我的要求，但是在我心里总觉得少了那么一点什么。

去年冬天是我跟家人待在一起最长的一段时间，也是最满足的一段时光。哥哥喜得千金，一家人在一起和和乐乐，弟弟虽在读书，只要是双休的时候就会回家，爸妈生意不忙的时候，一家人聚在一起，打打麻将，看看电视，哄下小宝宝，甚至有时候半夜，全家人一起去看电影。回想起那段时光，觉得每天都很忙，好像时间不够似的，但是却好充实、好开心。

其实，幸福很简单，爸爸妈妈身体健康，哥哥弟弟一切都能顺利，小侄女能健康开心地成长，这就是最大的幸福。

作者：刘霞，女。

201 快乐并幸福着

经常有人问我你每天都是笑呵呵的，难道你每天都有高兴的事情吗。不是有了高兴的事我才会笑，生活是一面镜子，你对它笑，它也会对你笑。其实幸福很简单，你快乐了，也就幸福了。我爱我的生活，所以我很幸福。你把身边的人都看做是天使，你就生活在天堂里；把身边的人都看做是魔鬼，你就生活在地狱里。这一直也是我的座右铭。现在上大学了，有的人会为了未来的工作问题而紧张不安，虽然我同样面临工作的问题，但我想凡事都要想得开、心胸豁达才好，只要努力了争取过了，便是无怨无悔。每天开开心心，家人健康幸福也就是我最大的幸福。即使这个社会压力再大，诱惑再多，只要有一颗平常心，坚持自我的信念，一切都不是问题，知足才能常乐。

作者：刘昱均，女，大学生。

202 幸福就在身边

对我来说，幸福指数的高低只跟心情有关系。天天都轻松快乐，幸福指数自然就会无限飙高；如果心情低落，幸福指数就会直线下降。我就是这么个异常极端且极其任性的人。我眼中的幸福，从来无关乎车子、房子和票子，对我来说，好吃的食物味道漫布味蕾时，会让我觉得无比幸福；我眼中的幸福，从来无关乎别人的步调，对自由随性惯了的我，能够自由自在过着我行我素的生活，就是我的幸福；我眼中的幸福，从来无关乎周围人的褒贬，别人的评价就是过眼云烟，和一帮臭味相投的最佳损友嬉笑怒骂着，幸福，足矣。

幸福，对我来说，太大，大到虚无缥缈，无影无形，深不见底；幸福，对我来说，太小，小到一餐美味、一次旅行、一通电话，都足以让我心情愉快，内心被幸福填满。所以，心情愉快地过好每一天，幸福就会在身边。

作者：刘芸，现居西安。

203 我的幸福

时间过得很快，转眼间儿子即将结束国外研究生的课程，毕业了。他童年的一幕幕情景就像一幅幅彩色的动画在我脑海里闪现，儿子的第一声啼哭、第一次喊爸、第一次走路、第一天上学、第一次捧回奖状……儿子的每一步成长都使我感到既快乐又幸福。

从小学到现在，儿子一直都很优秀，而且乖巧懂事。记得高考前，儿子学习很刻苦，每天晚上都要学习到深夜，那段时间儿子消瘦了很多。功夫不负有心人，终于，儿子以优异的成绩收到了大学通知书。那一刻，一家人非常高兴，我是幸福的，因为我有一个让我自豪的儿子。出国读研后，儿子长大成人了，懂事了，时常打电话嘱咐我别抽烟、少喝酒，多锻炼身体，有的时候儿子说多了觉得唠叨烦了，但心里却像吃了蜜一样甜。放假回来，从来不下厨的儿子居然在国外还学会了炒菜做饭的手艺，给我和他妈时常做上几盘美味可口的饭菜，此时幸福之情溢于言表。我是幸福的，因为我培养了一个懂得感恩、让我感到欣慰和幸福的儿子。

作者：孟潇龙，男。

204 行走是一种莫大的幸福

爱上旅行，是从 2007 年的那个夏天开始的，或者是骨子里头就有那么一些不安分因子。那年，跟着一大帮师兄师姐，以社会调研为名，开始了我人生中第一段长途旅行——去四川成都，从此也开始了我漫长如一生的行走。

后来，或是熟悉的朋友，或是素不相识的驴友，我们都是志同道合的一群人，我们知道这世界上还有这样一种幸福——行走。凌晨三点在徐州的 M 记等火车出发，凌晨四点在泰山顶等日出，在南京的老城区内迷了路，喜欢西塘清晨打在青瓦上的阳光，见过西湖的夕阳、雨中的断桥，看过张家界的山和雾，触碰到凤凰沱江冰凉的水，恋上韶关九峰大片大片的李花和桃花、婺源的油菜花，穿梭于北京的南锣鼓巷，贵州苗寨、侗寨、广西瑶族的民族风情同样让人着迷……我清楚地知道，这些就是我想要的幸福。当然，幸福不是你一定要去过很多很多的地方，而是在这些陌生的地方里，你内心感受到的东西以及路途中的心情。

有人说，浪迹天涯需要很大很大的勇气。但是我想说，行走没那么难，只要你决定了要走，就够了。对我来说，去陌生的地方看陌生的风景，遇见陌生的人，遇见“陌生”的自己，就是行走最大的幸福。

作者：莫赤梅，女，现居厦门。

205 幸福是一种感觉

小时候，幸福很简单，捏泥巴、过家家、荡秋千……哪怕是赤脚奔跑在田埂上也会觉得幸福快乐。我也会羡慕城市里的孩子，羡慕他们有漂亮的衣服，有各式各样的玩具，能去游乐园，能吃肯德基，但这并不会影响我的小小幸福。

长大了，经历多了，可是能让我感到幸福的事情却少了。常常觉得幸福变得不那么简单，学习、工作、生活的压力困扰着我，烦心事儿越来越多。开始摸不清快乐的形状，不知道究竟什么才是自己所追求的幸福。后来才发现，其实变复杂的并不是幸福，而是我们自己。

幸福是什么？一个问题，会有不同的答案，因为每个人心中都有自己关于幸福的定义。对我来说，幸福就像当初听到姐姐说“我妹妹以后不用为了生活而工作，她可以做自己喜欢做的任何事，我无条件地支持”一样，是一种感觉、一种能让我温暖的感觉。

作者：生春晓，女，河北人。

206 幸福四季

幸福在四季里欢笑，幸福在亲情中流露，幸福在困难前奋斗，幸福在灾难中扶助。幸福并不遥远，只是我们缺少一双发现幸福的眼睛和一颗感知幸福的心。

四季里，幸福唱着欢快的歌。春天，山清水秀。柳树抽出嫩芽，百花齐放，姹紫嫣红。走在公园里、小河边、草地上，一只只轻盈的蝴蝶在花丛中翩翩起舞，歌咏春天的美丽。这时，幸福在我们身边。它，并不遥远。夏天，枝繁叶茂。知了奏响了夏天的华章，蟋蟀唱起了夏的乐曲。我们吃着美味的冰激凌，漫步在林荫小路上，聆听夏的声音。这时，幸福在我们身边。它，并不遥远。秋天，落叶飞舞。枫叶红遍了树林，果树缀满了硕果。坐在飞舞落叶的长凳上，带着凉凉秋意的风拂过我们的脸颊，果香醉了我们的面容。这时，幸福在我们身边。它，并不遥远。冬天，银装素裹。纯洁的小天使飘飘洒洒地来到人间，投入大地妈妈的怀抱中。我们在欢笑中堆起可爱的雪人，滚起大大的雪球。这时，幸福在我们身边。它，并不遥远。

作者：田时奥，大学生，现居武汉。

207 幸福就在这里

经过汶川地震遗址，我似乎还能依稀听到哀号遍野，看到尸横满地，情景之惨烈触目惊心。据当地导游讲，灾后的四川人幸福观变了，不再埋头存钱，而是多陪家人及时行乐。经历过灾难生死离别，幸福来得很简单，是生之快乐、珍惜身边人。

我用来到北疆的第一个月工资加奖金买了一台足疗机，送给爷爷奶奶。这是爷爷奶奶第一次花他们孙女赚来的钱。这是北疆给了我敬一份孝心的机会。我开始在运行部。运行部的领导告诉我们，"一家企业给员工最大的福利，就是培训。"果真，培训内容之丰富，要求之严格，是大部分企业望尘莫及的。师傅、师兄、师姐们对我指导和帮助，那种无私、那种耐心，让我非常感动。我身体比较弱，运行倒班后，肠胃愈发不好了。吴主任很关心我，督促我治疗，把我调到制样班。班里人买了养胃的食物，到寝室看我。寝室姐妹给我换着花样做饭。一桩桩一件件，我记住这份情谊，永远不能忘。

北疆，让我感受到母亲般的慈爱。如果说，我是小草，北疆就是土地。只有土地肥沃，小草才能茁壮成长。而小草回报土地的，是大风雨来临时片刻不离的守候，大毒日暴晒下不离不弃的遮蔽。只为个人的幸福，永远是狭隘而短暂的。没有电厂大家庭的幸福，就没有我个人的幸福。我愿付出我的热情，尽全力为北疆做贡献。幸福，就在这里吧。

作者：王晓辰，女，现居天津。

208 爷爷和孙女

家人是一生都解不开的纽带，而幸福就藏于这条纽带中，风雨同行都在给予我最温暖的守候。幸福从来就不隐匿，也不一定需要付出很多努力去获取，她往往就在身边，感恩便是福。

我常常会怀念我的爷爷，从幼儿园起他就给予了我天生的幸福感。曾记得，下雨天爷爷接我放学，好大的一把伞，我一路责怪爷爷为什么不多带一把伞，爷爷笑着说："抱歉，雨来得太突然，忘了多带。"回到家，我还在生气，突然抬头看他衣服已经有一半都湿透了。我才明白爷爷是如何把伞倾向了我，我赶紧冲过去让爷爷换衣服，默默地在心里说对不起。是的，爷爷是我童年里的大树，无私地为我避风遮雨。在还没懂事的年纪里，晚上总是爱闹着不睡觉，大半夜依然拽着爷爷说想吃豆浆油条。无法买到豆浆油条的爷爷只能劝说我早些睡觉，我闹着闹着终于累了，安静地睡去。清晨一睁开眼就闻到豆浆的浓香，我立马跑向厨房，看到热气腾腾的豆浆油条，才知道爷爷在天没亮就外出给我买回来，生怕迟了我吃不到。之后很多年，每每经过那家店，我都会想起爷爷。是的，爷爷的爱，就是我的幸福。

作者：王钟玉，现居贵阳。

209 微笑吧，朋友

是谁说过生命是一片纯白的空地，人们就在此反复徘徊，而微笑就是在这纯白之地上所结出的大地之花，是一个人能够给渴望爱的人们最珍贵的礼物，当你把它献给别人时，你就赢得了友谊和财富。微笑对于我们每个人而言轻而易举，却能照亮所有看到它的人，像穿过乌云的太阳，带给人们温暖。让我们微笑吧，微笑着面对生活、面对周围的人。上班前对家里的人微笑，他们会在幸福中盼着你的归来；讲课时，微笑面对学生，他们会努力地听讲回报你的辛苦。让我们微笑面对所有一切，这就是生命的幸福秘籍。

作者：李艳荣，女，大学生。

210 友谊万岁

有两个女生，她们牵手一起走过了7年。对于情侣来说，也许会有七年之痒，但是对于她们来说，也许友谊会直到永久。她们相信，也许到了七老八十的时候，她们还是能够手牵着手一起去逛街。

故事的开头并不都是美好的，那年，晓华17岁，小马也是17岁，她们进入了同一所高中，进入了同一个班级，并且被安排到了同一张学桌上。刚开始，两个有点小脾气的女生，相处得并不是那么融洽，经常闹别扭，小打小闹的，虽然不会像小学生那样在桌上画上三八线。但就是这种不打不相识的情况，她们的感情也在一点点地积累，慢慢地她们开始一起上下课、一起上图书馆、一起外出游玩。高二开始分班，她们都选择了修政治课，也就因为习惯了彼此，她们还是坐到了一起。就这样，整个高中，她们都是同桌，一起为了大学而奋斗。小马的成绩要好一些，她总是帮晓华弥补课业上的不足，因为她们希望考上同一所大学、同一个专业，继续当同桌。

然而，高考之后，她们不得不面对分开的结果，晓华的成绩没有跟上来，在选择学校的时候，她们到了不同的城市。庆幸的是这两座城市的距离并不是很远，仅仅只有两个小时的车程，所以，只要有超过三天的假期，她们会选择到彼此所在的城市，一起玩。晓华和小马，她们的这份友谊已经走过了第七个年头，接下来还有第八年、第九年，还有到七老八十时一起逛街的约定。

有种幸福叫做同桌，我们一直同舟。

作者：马晓华，女，大学生，现居汕头。

211 女儿的主心骨

我的专业是画画，后来要参加考试，心理素质差得不能再差的我，突然要参加这般严肃的考试，可想而知那个状态，吃不下睡不着。考试的前一晚，我辗转反侧了一遍又一遍，就是睡不着。第二天一大早，就闻到妈妈做的香喷喷的面。“妈，我好饿啊。”碗里的面还是热腾腾的，看来我起得很是时候，要是没有热腾腾的蒸气冒出来，面就粘在一起了，口感和味道就没那么好了。妈妈从厨房出来，挨着我坐了下来，“乖，你永远都是爸妈的宝贝，妈只要你健健康康地成长，天天都开心快乐。”就是这句话，我所有的压力瞬间都消失了。和妈妈一起在去考场的路上，有说有笑，妈妈说看着我从小小人突然长成了大闺女，太快了。说完就顺手把我手里的画箱提在自己手中了，说：“让妈也沾一下艺术的气息。”我看着妈妈，就像一个小孩子一样。就在那一刹那，我真的感受到了强烈的幸福感，特别幸福。

作者：苏毛妞，女，大学生。

212 属于我的幸福

刚过完了 28 岁的生日，仔准备了一个大大的吻，老公在餐厅订了一桌丰盛的晚餐。想想这段时间的郁闷和不快乐，原来幸福就在你身边，你却感觉不到。

15 岁那年，我很喜欢看古代名著，过生日时爸爸给了我 20 元钱，我花了 19 元钱买了一本《红楼梦》。足足有一天不想吃饭，捧着书怕掉了，怕弄脏了，好羡慕那些满屋子都是书的人，有书的人生才叫幸福呀。

17 岁我第一次来长沙读大学，妈妈每个月给我的生活费是 300 元，那时候每天吃 1.5 元的饭加菜。每个星期四，跟好朋友一起去学校门口吃 3 元钱一餐的盒饭，也觉得很知足。好羡慕那些毕业能工作赚钱的人，他们才叫幸福呀。

19 岁大学快毕业我去了一家茶楼打工，那时候第一次领工资 450 元，足够我一个月的生活费了。很辛苦，每次看着来喝茶的人们，好羡慕他们，什么时候才能拥有他们那样的生活。

22 岁那年找到了工作，工资是 800 元。我住在天心区一个 8 楼的老房子里，没电梯。400 元一月的房租，把两室一厅的另外一间转租了出去，生活依然过得很艰难。那时候想，在长沙有个属于自己的房子，该多幸福。

6 年过去了，现在有了房子，有了老公，有了仔，也可以买很多很多的世界名著。但是心里老是惦记着这样那样的：担心着股票的涨跌；担心着仔是不是落后了，没跟上别的小朋友的步伐了。

朋友跟我说，幸福就是知足，知足就是幸福。幸福不是你房子有多大，而是房子里的笑声有多甜。

作者：陈斓斓，女，现居长沙。

213 幸福曾经在一起

感谢我的生活里有一群知心朋友的存在，让我的世界很缤纷、很绚烂，更多的是让我的生活变得更充实。借此机会，我好想跟你们说：

谢谢，静香。在你身上，我找到了一种执著，认定了的目标，就会不顾一切，努力地去完成，即使要你放弃很多很多东西，你也会坚持。

谢谢，金金。你那豪爽的性格也是我一直欣赏的，你总是想笑就笑、想说就说，怎样都能把自己每天的生活过得快乐并充满笑声。

谢谢，小雅。你是漂亮的，也是自信的。你的身上总闪着一种耀眼光芒，不开心时也会掉眼泪，哭完后还是能笑得那么美丽。

谢谢，淑晓。在朋友之中，你算最淑女了。是因为你的名字吗？有段时间我俩像形影不离的共同体，一起吃饭，一起逛街，一起笑，一起分享心事。

谢谢，潇潇。笑，是高三生活最难寻找的，但那时和你在一起，你总让我们笑，我们常常很无厘头地打闹在一起，大笑在一起，很多的时候，我们都能产生共鸣。

谢谢，薇。很奇怪，和你在一起聊天时，我竟可以无所顾忌，随心所欲，毫不保留地和你分享一切，不必担心什么是该说的什么是不该说的，还有你对我的好，真的让我很感动。

谢谢你们，你们都是我生命的一部分，有你们我的生活才是完整的，才会如此的幸福。

作者：陈晓丽，女，现居深圳。

214 被幸福包围

我的幸福就是在工作中遇到难题的时候，同事们给予帮助，并且细心地帮我去分析、讲解，教我一些处理、应对的方法。现在通过自己的努力，对工作中的问题，都能迎刃而解。能进这样的一个公司、融入这样的一个团队、认识这样的一些人，我觉得这就是我的幸福。人是贪婪的，眼前的幸福只能让我会更有动力去追求我想要的、更完美的幸福。我们身边每天都发生很多的事情，如果我们都把它看做是一种幸福，我们就会被幸福包围。我们快乐了，身体自然就健康了；我们身体健康了，自然就会制造快乐。这是一种良性的循环，这样大家都生活在幸福之中。

作者：李波林，现居烟台。

215 不迷失即是幸福

我从小在不愁吃、不愁穿的家庭长大，也生活在务实且生活节奏很快的深圳。什么东西对我来说是最幸福的呢？答案不是住豪宅，不是吃豪华宴席，也不是开名车。对于我来说，最幸福的事情，就是可以认识不同的人，去世界到处看看没有见过的风景，离开城市，呼吸一下大自然的气息，感受一下人的自然属性。其实人的追求，太过多在社会属性了，各种虚荣、各种物质的追求，其实也不过是社会属性赋予我们的一种惯性，人的本质其实还是自然属性多些，不能本末倒置。其实幸福很简单，就是能够跟随着自己的心去走。不迷失自己的人就是最幸福的。

作者：艾雪，女，现居南宁。

216 幸福是一种心态

幸福其实是一个很抽象的词，在现代社会中它被提及的频率很高，但是对它的定义却很难做到精准。在我看来，幸福是一种感觉，无论它的表现形式如何，本质就是个体所感知的一种喜悦、满足和爱。

人的一辈子都在追求幸福，不管你是希望自己功成名就也好，希望自己家庭美满也罢，或者希望自己腰缠万贯等等，其实最终就是希望自己获得那种喜悦、满足和爱的感觉。有人之所以会觉得不幸福，并不是他拥有的太少，而是他对幸福的感知力太弱。当然我并不是一个唯心主义者，完全抛开物质世界而将幸福单纯定义为一种感觉是不准确的，虽然幸福的感觉是来源于人们的内心，是大脑意识的反射，但是它始终依托于客观世界的物质存在，没有载体的幸福感也是比较虚幻缥缈的。但当无法感知幸福的时候，是不是可以调节一下自己的心境，换一个角度看世界，不管怎样，幸福是把握在自己手中的，有时心境一转，就是另一个世界。

作者：白萍，现居武汉。

217 梦中的幸福

那离去的一幕，虽然还会浮现在脑中，但一直存在于梦中。

声音可循，因为有录音；面容可视，因为有相片；只是不能再感觉到那体温，那暖心的体温；不能再牵着那手，那厚实的手；不能再靠着那肩膀，那稳重的肩膀。

病魔夺走了爸爸鲜活的生命。幸福，美好的家庭，还有那份父爱随着爸爸生命的终结而终结……

爸爸最后一次的凝望，是为了把我们刻在他的心里，带上天堂；爸爸最后一滴眼泪是放不下我们——体弱的妻子、多病的母亲，还有读书的孩子……

虽然震耳的哭声，那呼唤的哭声，仿佛还在耳中徘徊，告诉我爸爸已经走了很远很远，但那份熟悉的面孔却日渐清晰。因为在梦中爸爸还在，那个家庭还在。

我渴望黑夜的降临，正如沙漠渴望下雨。当残月上了树梢，当星星眨着疲惫的眼睛，我就可以合目追思，我就可以在梦中回家，那个有爸爸在等我的家。

梦中的家，还是那样的温馨；梦中的爸爸，还是那样的健康，还是那样令我崇拜。

在梦中，爸爸仍会为我们做他最拿手的菜，然后我们吃得精光；

在梦中，爸爸仍会为我们讲着遥远的历史，讲着发人深省的故事；

在梦中，我们会坐在一起，谈论着大大小小的事；

在梦中，我们会一起上街购物，买下心仪的物品；

在梦中，我们会一起劳动，品尝汗水的香甜；

在梦中，一切都还在。爸爸还在，家还在，情还在，爱还在，幸福还在。

作者：蔡云霞，女，大学生。

218 蓦然回首，幸福还在

骄傲让我不知道如何表达自己对爱的感动，而人又总是这样，对于一直拥有的东西就会习以为常，把别人的付出当做理所当然。说出分手，以为给自己一分钟的痛哭就可以很快痊愈。大病的一个月，让我明白四年来我爱得如此之深，才发现最老套的情节、最老土的方式其实是最真实的幸福，但有些事情选择了就回不去了。

一年后我毅然辞职，放弃了蒸蒸日上的工作，拿起背包，回到了梦想开始的地方。曾经匆忙地路过，这次我痛痛快快地、仔仔细细地欣赏了故乡那美丽的风景。

我开始了新生活。新工作轻松而充实，我用更多的时间陪伴家人，围着厨房为爸妈张罗几个小菜，或是陪着他们在电视机前看那些曾经不屑的节目，也开始学着抬头去欣赏头顶那慢慢走过的云朵。

心里温暖着，站在着，微笑着，期待与未来相遇。

作者：陈洪雪，女，现居哈尔滨。

219 女儿，请听妈妈为你唱首生日歌

又是一个平淡开头的日子，阳光洒在窗台前，散出一抹金黄。我轻轻推开窗户，春风扑面而来，带着丝丝缕缕花儿和泥土的清香，伴着一段流水般的歌声……

“祝你生日快乐，祝你生日快乐……”

朝着歌声流淌的方向，我好奇地张望——那是妈妈！

她耳朵上挂了一个耳机，眼睛惬意地眯着，身体缓缓晃动

着，手上捧着一个单人枕头那么大的盒子。那是什么？未曾反应过来，然而，说时迟，那时快，“咯咯咯”的敲门声打断了我的思绪。紧接着，妈妈“出现”在我眼前——一切如我刚才所看，只不过嘴上升起了一弯新月，手上的盒子已被蛋糕代替。蛋糕正上方插着一块白色巧克力牌子，上面写着“女儿生日快乐”，它的周围，16 支小小的蜡烛快乐地舞动……对，今天是我 16 岁的生日！妈妈……我不禁颤抖，身体周围似乎被一个巨大的东西包围着，暖暖的。

作者：陈洁，女，广东人。

220 女生宿舍那些人

大学宿舍的每一个人都是一朵奇葩。舍长是我们的舍花，拥有很强的表演天赋，也很胆大，从她身上我学到了很多，自己也勇敢了很多。第二朵花是我们的红姐，虽然她比我小，但很会照顾人，每次出门她总会叮嘱我要小心，到了打个电话报平安。第三朵花是我们的桦姐，她口才很好，宿舍有了她每天都是在欢声笑语中度过。还记得当初面试学生会时，她们认真给我出点子的场景。每次外出她们总会先帮我开好热水器，让我回来就可以洗澡，每次外出她们总会问我要不要帮我带夜宵，每次跳舞身体疼痛，她们总会帮我按摩，每一天我们的宿舍卧谈会总会持续到很晚，每个人都有说不完的话。每一天我都享受着她们给我带来的幸福的点点滴滴，每一个点滴都在我的心里扎根、成长。

这就是我现在的幸福，你的呢？请记住幸福很简单，幸福就在身边。

作者：谢少华，女，现居佛山。

221 一条短信的幸福

儿子 5 岁的时候我和他爸爸分开了，他跟父亲和奶奶生活，从此我无法和儿子天天在一起。在安徽老家时还能偶尔抽时间去陪陪他，假期带他去公园、游乐场，夏天教他学游泳，冬天教他学滑冰，反正我觉得男孩子要学的东西都尽量让他去学。儿子也很懂事，虽然每次在一起很开心，但要送他回家时却是万分的不舍。后来因工厂倒闭，我不得不背井离乡到外地打工，和儿子更是聚少离多，一年难得见上一面，特别是儿子又到了青春叛逆期，在外面上网玩游戏，没心思学习，对我的离开无法理解，觉得我是不爱他了，有一段时间总是和我顶撞。虽然很伤心，但我不怪他，毕竟是自己对不起儿子，我总是尽量和他沟通，鼓励他要好好学习。好在儿子越来越懂事，没有辜负我的期望，在 2009 年考上了一所大专。那年的 11 月 26 日是西方的感恩节，儿子给我发了一条短信："感恩节快乐！感谢你，妈妈！"当时我正在电大的课堂上学习，看到这条信息时，觉得自己是世界上最幸福的妈妈了，激动的泪水止不住地往下流，儿子长大了，这就是一个妈妈最幸福的事了吧！这条短信会温暖我一生！

作者：谢颖锋，女，现居广州。

222 老友记

那年夏天，我们相遇、相识、相知，那年春天，你为我守候每一场比赛，为我鼓舞、为我喝彩；你总说非常珍惜身边的朋友，我知道，你在说我。那晚，我们偷偷躲在食堂二楼，互相倾诉、哭泣，直到被保安呵斥才离开。

每份淡漠下面也都隐藏着很深的寂寞和渴望。每个人都有自己挣扎的痛苦，只有平和才能在身心疲惫时依然微笑。互相牵挂、互相关爱便是人世间最难得的情感，是朋友之间最难割舍的真情。好友之间所以能长期共存，正是因为有了这种心灵间的相互依存与默契，孤独的人生才变得丰富而深刻。能够拥有一位好友、一位至交，便拥有了一生的情感依靠。好友如衣食、如日月、如自己的影子，最孤独时，无论相隔千万里，好友都会如期而至，那时即便是默默相对，不说一句话，感受也如雨露般温暖滋润。

作者：幸瑾，女。

223 幸福生活

不同的人、不同的年龄以及不同的社会阶层对于幸福都有自己的体会。对于我来说，一家人平平安安地生活在一起，就是幸福。家人对我来说是人生中重要的一部分，可能我们没有很多钱，也没有什么权势，生活在社会的底层，但却彼此间相互支持依附。很多人觉得生活好了就是幸福，觉得能给父母更好的物质条件就是他们的幸福。事实真的如此吗？父母老了，他们想要的更多的是子女陪伴的天伦之乐。当你极力追求更好的物质生活时，你会留心发现你身边的点滴吗，会去观察你旅途中的风景吗，会去注意你家人的真正所需吗？我们都只是平凡的人，需要的是平凡的生活。开心快乐地和家人在一起，一起哭、一起笑，这就是生活，就是幸福！

作者：熊锋磊，现居成都。

224 幸福在前方

我是一个平凡的普通人，我最幸福的事情就是遇到了我最爱的女孩并能和她一直相守到老、不离不弃。2011 年初，我们的恋情被双方父母知晓，双方父母都极力反对，原因是我们在不同的省份，相隔太远。她的父母不愿女儿嫁得如此遥远，我的父母不希望自己唯一的儿子娶一个外地媳妇。我的父母对外省媳妇非常排斥，因为村里许多这样的外地媳妇，但最后都因各种不同原因而抛夫弃子，导致一个个家庭支离破碎，这是父母极其不希望看到的。而她的父母想她嫁一个家境好一些的人家，不用再辛苦地生活。但即便是在两边父母的巨大压力下，仍然未压垮我们的感情，因为我们相信，感情不会受距离的影响，也相信，终有一天，我们的父母会被我们的真情所打动。经历了无数的坎坷，现在，我们依然幸福地在一起，双方父母的态度也缓和了许多，只要跟她在一起，我感觉心总是暖暖的，心总是踏实甜蜜的，我已经看到，美好的明天在向我们招手。

作者：熊章华，男，湖北人，现居惠州。

225 幸福心绪

城市像个老人，一个让人景仰却不讨人喜欢的老人，他沉稳地蹲在我生活的这片天空下，一成不变地向世人展示他的不怒之威，或庄严或质朴。也许是在这座城市流浪太久的缘故，我第一次产生了那么强烈想要回家的欲望，我第一次强烈地想念家人、思念你。也恰是这座城市，令我将回忆一层层沉积，化为幸福的踪迹，留在我脑海里。那是一段闪耀着青春的时光，那个有泪、有苦、有埋怨、有厌恶更有欢笑的寒假。我每天循着车轮上班。我坐在车上，里面挤满了形形色色的人，车轮压缩着每一个灵魂。他们只是我的过客，却让我看到了这座城市的另一种生活。我看着漫天飘雪，刺入每一寸土地，吻着泥土里寂寞的灵魂，只不过它来去匆匆……在下满雪的星沙大道上，我抚摸自己内心深处思念的伤疤，在烟花漫天飞的那一刻，我们又都笑了，因为幸福很近，我们触到了……

作者：徐彩军，男，大学生。

226 珍惜现在就是幸福

她从小就爱唱歌跳舞，妈妈由于得了罕见的红斑狼疮在她高中时去世了，生前她总担心自己的女儿会遗传她的病，但直到她离开也没有见女儿有什么异常。大学里她是学校艺术团团长。大二一场迎新生晚会由她挑大梁，一个人参与四个节目的编排，晚会结束后，她病倒了。经医院检查，是红斑狼疮。医生告诉她时她表现淡定。由于家里经济条件有限，除了正常的例行检查，基本没有住院。由于这件事情，男朋友家里不同意，强烈反对他们交往。她不强求，分开就分开，她不想拖累别人。毕业后自己去了武汉工作，自己挣钱看病，身边没有人照顾，扛了一段时间觉得医药费太高，工资太低，于是选择了自己来深圳。不久，与从小玩到大的一个朋友联系上了，男生在高中时就喜欢她，知道她得了这个病没有任何反应，只说想好好照顾她，家里人也不反对。开始她一直不敢答应，在男生的强烈攻势下，她总算答应了。她一直不怨不恨，接受命运安排的一切，努力让自己开心。她说："为自己而活，谁都不能让她放弃，命运夺走她的健康，却赠与她快乐，她很满足、很幸福！"

作者：徐倩茹，女，现居深圳。

227 幸福故事

我会让自己记住幸福的瞬间。独自在工作室听虫鸣鸟叫，看阳光铺洒在花园，绿草如茵。房间内部的 CD 里传来数十年前磁性的歌声，伴随着袅袅上升的印度香，悠然自得。时光很安静，一切都很安静。有时我觉得宁静让心跳很慢，离故事很近。工作室里存放着这个国家百年的历史，古今中外，无所不能。那些纸本，每日与我们共同呼吸，我曾经那么贪婪地吸收着它的灵气，我从不妄想它们能与我相伴终老。所以每卖出一件宝贝，都像是女儿找到了好人家。不知所措的时候，我会看看它们，或者把那些古老的纸本安放在目之所及处，给它们穿上新的衣服，听它们慢吐光阴的故事，很好，久而久之，心如止水，甚至不需要别人知道，也无须招惹世俗的艳羡。这个时候我宁愿相信自己就是世界上最富有的人。我拥有时光，凝固的时光，永恒的时光，与世无争的时光，我别无他求。

作者：徐乔斯，女，现居广西。

228 我是这样爱你，我的乖

回到家时，身上有些被淋湿了。看到它睡在它的小窝里，甜美娇憨。看着它睡觉的样子，让人感到幸福。乖是一只狗，来我家是第二天。我领着它走遍了家里大大小小的角落。它有点儿害怕，紧紧地依偎着我。我把它抱起，冲它笑，它似乎感觉到我的友好，不断地摇着尾巴来表示它的开心。乖始终是需要人照顾的，就像初生的婴儿。它的生命很短暂，永远离不开主人的怀抱，我明白，总有一天它会离开我。乖是幸福的，尽管它不知道幸福是什么，但却很容易快乐满足。偶尔，乖会抬起头盯着我看。喜欢它这样依赖我的感觉，黑色眼眸，柔和温暖。因为有乖，我的生活是幸福的。

我在慢慢学会承担。让另一个生命进入我的世界。看着乖的眼睛，我能够体味这种朴素而真挚的感情。我亲爱的乖，请相信我，我是如此地爱你，将你视做我生命的全部，希望在你短暂的生命里充满我们一起走过的欢乐。

作者：徐榕蔚，大学生，现居南京。

229 幸福是回忆酿的甜

毕业之后，走过很多弯路，现在依然曲曲折折。也许有人一开始就规划好了自己的人生，并按照计划一步一步走着，也许有人没有计划却运气极佳毫不费力，但是更多人和我一样，在前进的道路上迷茫着，他们或多或少都缺了一点什么，对未来而言，就像是天边的银河，闪亮却又遥远。

小时候，总是盼望着快快长大、快快工作，这样就可以毫无顾忌去做自己想做的事儿。等到真的长大了才发现，成长是一件更痛苦的事。那些幻想幻灭，那些梦想不见，好像一下子换了个世界。

所幸的是，不管到了所谓的哪个世界，身边总有人对你不离不弃，他们告诉你没关系要努力，他们告诉你要开心别放弃，他们告诉你不用怕我在这里，他们总是让你充满信心和勇气。不管你道路走得再难再坎坷，回头看看，一路上披荆斩棘，遇到的每一个人都是你的经历，尤其在你的心里，还有那么一群人传递给你能量，还有什么过不去？就算有一天世界真的有终点，也要和你举起回忆酿的甜，和你再干一杯。

作者：薛茜茜，现居西安。

230 简单了，就幸福

时间老人从我身边悄然走过，留我驻足回首，追忆似水年华，童年生活的趣事渐渐浮现……

童年生活中的趣事太多太多，思绪间，爬山趣事捷足先登，进入了我的眼帘。童年最常做的事便是爬山了。有时天不亮就独自爬上山，那时还小，也不知道害怕。现在回想起来，却不知当时的胆量是从哪里来的。

我最喜欢在山上看日出，看着红彤彤的太阳缓缓从东方升起，把她的光芒撒向大地，当太阳渐渐升上高空，我不再像看日出时那样安静，而像只撒欢的小鹿在山上跑来跑去。随手摘一朵小花闻一闻，放在手间，偶尔会跳出一只野兔扰乱我的视线，而我总是跟在后面锲而不舍地追着赶着跑出去好远，累得看不见兔子了停下来，看着衣服上的泥巴、手上的伤，傻傻地笑着，心情依然晴朗。童年是那么的美好，当时的我，天真、活泼，觉得幸福很简单，长大后才发现原来简单很幸福！

作者：严柳，现居云南丽江。

231 这就是幸福吧

你特别容易满足的话，你就会发现身边很多事都是幸福的！和妈妈手牵手去逛街，然后别人以为我们是姐妹，幸福吧！和心爱的他，穿着最可爱的情侣装一路上享受着别人那羡慕的眼光，幸福吧！在家里，为父母做上一顿丰富的饭菜，自己自豪，全家高兴……幸福就是这样，幸福真的很简单。去年妈妈生日前几天，我故意在妈妈面前说过几天要出去玩，然后，妈妈情绪突然有点失落，我知道那是因为我不能陪她。其实，我早就在心里酝酿了一场惊人“大阴谋”，因为我要给妈妈一个大惊喜。日子一天天过去，妈妈的生日也快到了，但是我还是装着漫不经心，让妈妈以为我忘记了她的生日，后来连爸爸都急了，问我为什么在那天出去玩，然后我说因为朋友很重要嘛！等到妈妈生日前一天晚上，我就开始准备了，我拿出准备好的礼物放在她的房门口，是一条项链，那上面有我们的全家福，很精致！然后，我去厨房把第二天要做的菜全部弄好。第二天早上，我很早出去买了 11 朵康乃馨，还有一封信，还有蜡烛，为妈妈办了一个烛光晚会。妈妈哭了，在她 40 岁的时候她度过了最难忘的一个生日！这个在我看来就是最幸福的事，因为父母的快乐，就是儿女最大的幸福、最大的满足。

作者：严艳芳，大学生，现居武汉。

232 温暖的心

其实每个人都是孤独患者，有些时候，会觉得自己总是一个人，孤单单，空荡荡。一个人在寂寞星球流浪，身边却慢慢出现越来越多的天使，他们对你笑，陪你哭，告诉你，你不是一个人。总觉得感恩，能被这样温暖地给予，也害怕自己不够好不值得拥有这样的美好。在不开心不顺利的时候，朋友、爱人、父母会柔声慰藉，别怕，一切都会好起来。在跟父母不可避免地吵架、暗自伤心难过时，爱人会说“跟妈妈好好沟通，不会真的生你的气”，朋友会说“别担心，有我，傻瓜”。跟好朋友或是喜欢的人吵架时，耳边也会有温柔话语劝慰着，“乖，不要太冲动，个性太强一不小心失去了会后悔”。

在我们这个年纪，能给彼此的太少太少，除了真心相待，能做的只有珍惜。茫茫人海数不清的灵魂，谁与谁相遇、谁与谁相爱，都是种福分。在我身边一直陪伴着的你们，给我最大的幸福与快乐。或许没有惊天动地，但我们可以伴着彼此每一个平凡点滴的瞬间，有你，有我已足够。

作者：颜颖，现居厦门。

233 人生若只如初见

记得那年初夏和你第一次说话时，你眉目飞扬却带着迷茫；记得那年初夏你第一次给我打电话，打到欠费却只因下午在教室我没有对你笑……那些点点滴滴的瞬间都在我的脑海里织成一幅巨大的彩锦，我给它命名幸福。

虽然是命运在这个夏天给我们开了个玩笑，在茫茫人海让我们在阳光灿烂中相遇，却又在花朵盛放中错过，但那年夏天的整个回忆，都被我贴上了幸福的标签。我是那样喜欢和你在一起的那些闲适与喜悦，我是那样喜欢看你笑得没有丝毫修饰的淳朴与阳光，我是那样喜欢你黑衬衫的下摆在阳光下微微摆动的诗意。

天长地久只是一场荒芜的童话，即便错过，咫尺便是天涯，瞬间的美好也足以让幸福延续在回忆里。若真是人生只如初见，那么幸福最美好的样子便早已在初见的瞬间定格。

作者：晏晓娇，大学生，现居成都。

234 外婆笑了

外婆今年 66 岁了，她很慈祥，平时不爱笑，可这一天外婆笑了，还笑得很开心。那一天我放学回家，一进门看见外婆正在用刨刀刮丝瓜，我赶紧把书包扔在沙发上，搬来小椅子坐在边上，目不转睛地盯着外婆刨丝瓜皮。第二天，我回到家里，看见外婆篮子里的丝瓜，就拿起刀，迫不急待地刨了起来。原来刮干净一根丝瓜不是那么简单的，外婆看见我认真的样子乐在心里，等我刮好一根丝瓜，外婆笑着说："我们的小宝贝长大了，会刮丝瓜了！"我听到外婆的表扬感到无比自豪，看到外婆的笑脸更感到开心。外婆的笑让我充满幸福，那

种暖暖的幸福！有时一个微笑能触动人心，甚至打动你。外婆的微笑在我遇到困难时，给我温馨的助力，让我快乐成长。

作者：杨聪，女，河北沧州人。

235 幸福三重奏

对于我来说，幸福不外乎来自于最老套的那三份情——亲情、友情和爱情。

这里我想描述的亲情，并非父母与子女之间的感情，而是姊妹情。妹妹月底要从韩国回来的消息令我振奋。我盘算着每一分有限的生活费，只是为了给她买一张昂贵的直飞机票，那一碗碗简单的挂面，由幸福作为作料，入口的美味在舌尖绽放，美到心头。

这里我想描述的友情，也并非人与人之间的那种情，而是人与狗之间的感情。我和我的 Con 一起睡过觉，一起玩过捉迷藏，也一起疯癫闯祸，然后挨妈妈的骂。在我的脑海里时常浮现这样一个画面——Con 摇着尾巴兴奋地扑到我怀里，然后我们一起倒在阳光里。这是我对幸福的另一种感悟，触摸到的温度刚好温暖心头。

这里我想描述的爱情，就是世间唯一存在的那种爱情。每当听见老爸带着玩笑语气称呼老妈为“老太婆”的时候，我的心里总是涌现丝丝幸福的感觉。我似乎能预见他们各自顶着花白的头发，互相搀扶，在夕阳下迈着蹒跚的脚步。偶尔拌嘴，却始终怀着幸福，执著相伴，我想应该是最珍贵的爱情吧！

作者：杨帆，女，大学生，现居重庆。

236 追问幸福

夜晚，往往会把人带入莫名的孤独之中，在阳台上静静地仰望沉睡的夜空，沉沉的、远远的。眼睛好像在莫名地寻找什么，是回忆？是未来？还是寻找现在的自己？渐进而立之年的我，早已沦为他乡之客。漫漫的征程，留给自己的仅仅是那无法停滞的脚步，每一步的前进都显得那么迷茫。不知什么时候隐约听到身后远远传来一阵话语“匆忙的你，丢掉了太多幸福”。

过年回家，看着伴我儿时走过的好友，一个个成家生子，心中不由涌出淡淡的落寞。一位好友这么对我说：“文化程度我远不如你，将来的生活状态也许更是望尘莫及。但是现在的我生活美满、家人健康，虽然我们在外打工挣钱不多，但是每次携家带口回来与老人相聚，都会有数不完的欢笑，对于我来说，很知足。那你到什么时候才是满足？”

寂静的星空依旧默默地包容着所有的气息。好友的话语不时在我耳端回荡，一种无声的回荡。对自我幸福的诠释，需要的只有自我的顿悟。幸福是一种释怀，需要我们懂得抛弃怨恨和伤痛；幸福是一种珍惜，需要我们把握氛围之中的情感；幸福也是一种等待，更需要我们绽放内心久违的微笑。

作者：杨珩，大学生，河北人。

237 挖野菜

某天傍晚时分雨过天晴，我提议出去散步，爸爸立刻赞成。临出门时，他仿佛想起什么似的，说："带把剪刀，再拿个方便袋。""散步就散步，带这些干吗?""到了你就知道了。"爸爸卖起了关子。出门一看，嗬，野外的人还真不少。突然，我发现，有不少人都在低着头、弯着腰，仿佛在寻找什么。我感到很奇怪，就问爸爸："这些人在干什么啊?""挖野菜呗！明白为什么让你带剪子和袋子吧?"爸爸笑道。时间不知不觉地过去了。夜幕渐渐降临，我手中的袋子也满了。第二天中午，一盘炒好的野菜端上桌，绿油油的，在洁白的碟子的映衬下，格外诱人。我迫不及待地尝了一口，入口时有点儿清香，但嚼起来比较苦涩。"味道并不咋样啊！这就是传说中的野菜？不过如此啊!"我笑着对爸爸说。"你以为我们当年吃野菜，是因为它好吃？那是因为没得吃！家里人口多，分到的口粮不够，就只有吃野菜了。有一次，野菜吃多了拉肚子，泻了一个星期，小命差点丢了!"提起当年，爸爸禁不住感慨欷歔。

过去，人们吃野菜是没办法；现在吃野菜则是为了尝新鲜，为了健康。我深深地懂得，我们的幸福，与祖国的繁荣紧密相连。所以，我们要努力学习，掌握本领，努力描绘幸福中国新蓝图，让幸福之花永远绽放！

作者：杨洁，女，大学生，现居西安。

238 女儿是娘贴心的小棉袄

我是一个从小吃苦长大的孩子，母亲在我们很小的时候就离开了，有一个不负责任的父亲，对我们姐妹不管不问。从小，我就知道靠自己生存，自己干活，自己煮饭，自己挣零花钱，自己管自己，那个时候我就告诉自己，将来一定不会这样对自己的孩子，永远不会让自己的孩子尝到这种辛酸的滋味，一定给她一个温暖的港湾。

长大后我漂泊到了深圳，靠着一颗坚毅的心，一步一步走下来，扎根在这里，遇到了爱我的丈夫，并有了一个美丽可爱的小公主。

不管工作多苦多累，只要每天回到家能听到女儿一句甜甜的："妈妈，你回来了。"所有的疲惫都一扫而光。前段时间在广州出差，听着女儿在电话里甜甜地说："妈妈，我好想你，妈妈你要好好工作，早点儿回到我身边，只要和妈妈在一起我就很幸福……"小甜心你不要这么煽情好吧，我都感动得快落泪了。最近工作压力很大，常常愁眉不展，女儿看在眼里，给我递上一个苹果，轻轻地对我说："妈妈，你要相信自己一定会成功的，如果你接了一个单就像树木长了一片叶子，慢慢地会有越来越多的叶子。"好会说话的小丫头啊！刚上小学就会用比喻句了，真让我和老公既吃惊又感动。

女儿，有了你，我是世界上最幸福的人，我也会让你成为世界上最幸福的女儿，妈妈爱你！

作者：杨金柳，女，湖南人，现居广东。

239 送别——略带苦味的幸福

记得那天，我要离开，去一个很远很远的地方——非洲。跟朋友提起都会换来一脸的诧异和不解，我知道他们脸上写的都是“为什么要?”没有为什么，真的没有，或者我本身，就属于流浪。

那天在广州白云机场，家人和朋友都来送我，离别的味道顿时蔓延，真是此去经年……这一去，不知道哪天才能再见了。男友还在从深圳赶来的路上，可是已经到登机时间了，领导一直打电话让我入登机口。十几年的老友正在赶来送我的路上，我见完再走，见完再走……人或者真的是在那些紧急的时候，才倍加地想要见到一些熟悉的人，用以安慰未来的孤独日子吧。后来终于在登机口见了面，我特别激动。就说了两句话，拥抱了一下，就准备进去了。进去之前，我看到男友眼睛都湿了。我急着登机，所以没有停留太久。后来办完手续给男友打了个电话，他说他正要回深圳，这时我的眼泪无法忍住地掉了下来。本来以为他会顺便在广州玩一天的，结果他只为来见我一面！这个画面一直都清晰地停留在我的脑海里，永远都不会忘记。因为这是属于我的幸福，有那么一些人，为了离别前再见一面，不辞辛苦来相送。这种送别的幸福中，略带着一点苦味，但我确定那也是幸福的滋味。

作者：杨静，女，常驻非洲。

240 幸福来自对生活的热爱

小时候我总是期待五这个数字，因为哥哥们在外面读书，他们回来的时候也就是一家人团聚的时刻。我会屁颠屁颠去碗柜里拿碗，去筷筒里抽筷子，很认真地从一数到五，便兴高采烈地摆满整个桌子。爸爸好酒，人称“酒仙”，每餐都会小酌几杯，他总是喜欢喝完酒敲敲碗，让我给他盛饭，于是我也习惯慢慢吃饭等待爸爸的碗被敲响。那时候一家人在一起就是幸福。

大一些的时候家里发生变故，爸爸去世了，觉得妈妈特别不容易，于是着急快快长大，能帮妈妈分担，让她过上更好的生活。这个时候，幸福就是一心想着要努力再努力，能看到妈妈脸上多一点儿笑容。

23 岁的现在，遇见了我的爱情，幸福便是跟他撒娇，听他说话，看他笑，幸福就是他在身边的每一个时刻。

前几天我正式离职了，结束了那份没有坚持意义的工作。那段时间工作的不快乐也直接影响到了我的生活。把自己折腾一遍后才明白不强求、不执拗才是简单的快乐。

头发慢慢地长长了，他说短发俏妞变成了长发俏妞。窗外照进来触手可及的阳光，身边有温暖的人，睡饱后镜子里睡眼蒙眬的眼，有没有停下来看看自己所拥有的呢？这里便有大大的幸福。

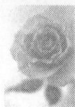

作者：李思，现居南昌。

241 母爱无疆

因为妈妈性格特别好强，所以常常和爸爸吵架。在我读高中的时候他们离婚了，倔强的妈妈决然离开了家。等重新来到一个陌生的城市里，已经上年纪的妈妈找工作十分艰难。好不容易，妈妈找到了一份工作，和爸爸断绝了一切来往。也许是从小在妈妈身边长大，所以无论什么时候我都站在妈妈的那一边。为了不让妈妈失望，我读书格外刻苦，妈妈看在眼里，每次等我下课都会准备好丰盛的宵夜。我爱吃虾米，但是虾米很贵，妈妈每次都会毫不吝啬，买鲜虾米给我吃。每次要妈妈一起吃妈妈总是说，“妈早就吃过了，这些是留给你吃的，学习这么辛苦要多补补。”每次听到妈妈的话我都会心里偷偷流泪，因为我知道，妈妈根本就没吃，每次把最好的总是留给我吃，总说自己吃过了或不爱吃。每次在疲惫的功课中快要倒下时，我总想起妈妈做的鲜虾米、想到妈妈辛苦的工作，我就有前进的动力。如今的我长大了，妈妈你的辛苦都交给女儿吧，但她已经永远离我而去，每次在梦里回忆起妈妈对我的爱、都会泪湿枕巾。每当在我遇到痛苦和悲伤时想起妈妈对我的爱、想起妈妈给我做的虾米，心里都是满满的幸福。

作者：李秀文，女。

242 青春的幸福

在大学才一年，已经觉得宿舍四人难舍难分，情同姐妹。早上，先爬起来的两个人便开始执行艰巨的一项任务——叫醒另外两个人起床去上早自习。中午，为了吃到咕咾肉，四个人一起穿越整个校园，到达最远的一个食堂。晚上，吃完夜宵，躺在床上，听着催眠曲，聊童年，聊梦想。

下课，四个人并排，半条道都是我们的；从图书馆出来，滂沱大雨，一个电话，虽然舍不得电视剧，还是拿把伞跌跌撞撞地来了；失恋了，三个人帮着擦眼泪；和男朋友吵架了，三个人先把男朋友骂个狗血淋头；不顾形象地在大马路上打闹，突然间尖酸刻薄地“讽刺嘲笑”；总是急不可耐地帮宿友找对象……

这点点滴滴，汇成了一幅幸福图景，还有三年，可以深深收藏，也可以锦上添花。但是所有这一切仅仅只属于这四年。逝者如斯夫，不舍昼夜。看似漫长，却如白驹过隙。唯有珍视，这少年时，这纯真同学情，这署名青春的幸福！

作者：蔡婷，女，大学生。

243 幸福是全力以赴

幸福，藏在话语里、行动中、在字里行间。幸福，是一次寒暄、一次帮助。幸福，不一定是刻意做出来的事，因为，获得幸福的秘诀，并不在于为了追求快乐而全力以赴，而是在全力以赴之中寻出快乐。

生活中，我们的幸福还可以在不知不觉里。在遥远的大山里，有一群孩子，每天清晨，他们一个个拿着火把赶二三十里山路，来到学校。即使每天四点钟出发，也不能完全保证能在8点前到学校。而我们，每天早上七点多出门，走在柏油路上，采用各种交通方式去上学。我们不用待在阴暗潮湿的小屋里上课，而是在宽敞明亮的大教室里。这不就是幸福吗？全力以赴，为自己的幸福奋斗！

只有认为自己幸福的人才能享受到幸福。所以，幸福在努力后，会变得更幸福！

作者：韩儒豪，中学生。

244 儿女的幸福

生命来源于父母，当你呱呱坠地时在父母百般呵护下一天天地成长，当你上小学时你第一次离开家门，开始了自己独立生活的一小步。

上中学时开始了自己第一次离开家寄宿，第一次深深地想念父母。那时候爸妈告诉我要好好上学，长大才有出息，才能离开家去外面的世界过好日子。第一次高考落榜我很不甘心，想再来一次，但是所有的亲戚朋友都反对，因为生在农村传统观念又强，自己是虫还想当龙啊。面对着村里的流言蜚语，我不知道我父母当时是怎么过的、压力有多大。因为家里两个儿子一直在上学，就父亲一个人在外打工，母亲由于身体不好只好在家里做点儿小活。为了我们的梦想，父母付出了全部心血。转眼间，已过去了好多年，看着父母老去的背影，我不禁很伤感。记得在我高中时由于家里没钱，爸妈淋着大暴雨到处去借钱，给我交学费。如今的儿已经长大了，会让你们过上幸福的生活。因为是你们让我懂得了什么是幸福，幸福就是为儿女无私的付出。只要儿女幸福，父母才会真正的幸福。其实我想对爸爸妈妈说，只有父母开心，儿女才可能真正的幸福。

作者：侯风辉，男。

245 体验幸福，发现幸福

有的幸福来源于别人给予你的，如别人对你的尊敬和信任；有的幸福是你给予自己的，如你对自己的肯定、认同和接纳；有的幸福来源于你给予别人的，如你给予别人的帮助和快乐。这里的“别人”可以是亲人、朋友、同事，也可以是陌生人。所以幸福本身就是一种体验，体验是一个过程，而过程是用时间界定的。

我是一名即将毕业的大四学生，毕业季的校园里总是弥漫着一种伤感的氛围，一花一木一草仿佛都在诉说着四年前的自己。成长是不易的，大学四年经历得太多太多，要成长为自己想要的样子并非易事。但回顾四年的青春时光，我觉得我是幸福的，因为我拥有了自己的爱情，努力学到了专业知识，结识了一群好朋友。我是个容易满足的人，我善于发现身边的幸福，哪怕是一件极小的事情。坐在咖啡厅，看着即将离去的校园，好像脚下踩过的每一寸土地此刻都有了温度。我热爱我的校园，因此，我也是一个幸福的人。

作者：李诗蕾，女，浙江人。

246 我的宝贝，我的爱

幸福是什么？我这半百年纪一路走来，风风雨雨，现在家庭和睦，儿女成人。这些都让我感到很高兴，觉得幸福。但是现在要说最幸福的事儿，还是女儿又有了一个可爱的小宝宝。已经有10天没见可爱的小宝儿了，我想宝儿可能不记得姥姥了。我就去看看她吧，走进他们的家，宝儿正在床上坐着玩呢。我叫了她一声，她立刻张开小嘴笑了。我拍拍手，她就赶紧也伸出两只小手扑来。啊！她还记得姥姥。我真是很高兴，把她抱了起来亲了亲。宝儿差5天就满7个月了，她4个多月就会坐了，5个多月就会爬了，早就不主动找陌生人了，可见她还是有记忆的。可爱的小精灵，带给爱她的人们多少欢声笑语啊，让爱她的人对她每时每刻都充满了牵挂。聪明漂亮的宝贝，你会在爱的天地里健康快乐地长大。能看着你天天地长大，姥姥就觉得最幸福啦。

作者：刘景莲，女，北京人。

247 傻傻地，幸福着

虽然没有长长的大袜子，但在平安夜前，小时候的我还是把一个粉色的、上面有着月亮图案的小包挂在床头，充满希望地等待着夜里会有圣诞老人或者圣诞老奶奶来给我送来喜欢的巧克力、薯片、小人书……每次早晨起来，我都不会失望。粉色的小包里总是塞满了我喜欢的东西。那时的我总觉得自己最幸福了，真好！现在，床头上的小包早就摘下去了，圣诞节我也不再暗示爸爸妈妈了。或许在我看来这已经是十分幼稚的事了吧。

时光过去了，不会再回来了。童年固然幸福，但如果始终停留在怀念中，未来的幸福你就感受不到了。获得幸福的途径很多很多：思念是幸福；理解是幸福；信任是幸福；拥有是幸福；祝愿是幸福；健康是幸福；博学是幸福；满足是幸福；奉献也是幸福。幸福就是一句祝福；幸福就是花香；幸福就是一家人团坐在月光下开心地聊天……

作者：刘思思，女，现居广东阳江。

248 奋斗的幸福

回想大学几年，映入我的脑海的多是一个默默为一个不同时段的目标奋斗的疲惫身躯。大二时，我暗下决心对自己说："在大学里，既然不能拥有我向往的神圣爱情，为了以后，现在我不能让自己过得太舒服，努力让自己变得更优秀……"于是，自己定了个目标是要在余下的大学时间拿到十本红色的本子。在大三这一年里，我努力去朝它奋进，不管任何困难。其中，最令我刻骨的是两次全国的嵌入式比赛。先是第三届"ZLG"杯 ARM 嵌入式中国大学生设计竞赛，所有人都离开校园，回家欢乐过大年的时候，我对自己发狠，那个春节只给自己放了 6 天的假和亲人在一起，继续令自己集中精力回到比赛上来……最终功夫不负有心人，我们的作品获得了三等奖。来不及去庆祝，学校的第二届电子设计大赛又开始了，校内的各类比赛也相继而来……很忙很累，但是我清楚地感觉到这种奋斗的幸福感。

作者：莫松文，男，现居成都。

249 什么是幸福

因为家庭环境的原因，我的性格很冷漠、孤僻，不愿与人说话。我男朋友五年来慢慢地尝试着让我有些改变，尽管有时候我脾气坏到不能控制，而他也每次都会说，下次不管你了。我知道他不会，他只是想用那些话激励我能有好的改变。五年里我们慢慢走向成熟，互相理解对方，鼓励对方，从来没有放弃过。因为之前父母坚决反对我们，那以后我不跟任何人说一句话，不吃东西，他每次见到我时，在我脸上画个笑脸，告诉我要开心，一看到他那手势就忍不住会哭，那是第一次我感到了他的无助，那时候，他眼睛经常是红的。后来被我发现他老是悄悄地一个人拿支铅笔一个时间往一个方向走，我就一个人悄悄地去看，我看到他在我们秘密基地的墙上写着一大片一大片他这些天的心情，终于忍不住大哭起来，那时候真的好脆弱，但是又觉得很幸福，真心觉得自己有被重视。不管是什么事，他总是站在我这边。

一路的坎坷也都被我们慢慢地熬过来了，幸福的味道只有我们自己知道，因为那包含了我们的笑容和泪水，还有坚持。真的幸福只要付出了用心去体会就会有感觉。我们所经历的事都将不会被抹去，那是我们幸福的宝藏，至少经历过，就不后悔，因为我感受到的幸福都是因为你。

作者：田甜，女，现居湖南湘西。

250 啥是幸福

啥是幸福？我的幸福就是胳膊骨折后儿子第一时间赶回家送我去医院，并每天帮我热敷、泡脚；就是家人平安无事，能够自食其力，并且亲亲热热的。

如今通过自己的努力，家里已经建了两次新楼房，条件越来越好，并且子女听话懂事，一家人高高兴兴、平平安安的，我现在很幸福。

其实幸福很简单，能走路、能吃饭、能睡觉，不生病、不浪费、不计较，不和邻里乡亲瞎攀比，孩子们听话懂事，在外工作顺利、身体健康，这就是最大的幸福。

作者：周耀清，男，生于1956年10月，汉族，初中文化，群众，湖北省天门市皂市镇陡山村七组，精通木匠手艺、理发手艺，由于从事木匠活，失去了三根指头，胳膊一度骨折，现主要从事农业生产，1998年以来承包了五十多亩农田。

251 我的幸福

幸福，有的人总是抱怨自己不幸福，埋怨他人，埋怨上天不公平。其实不然，幸福无处不在。只要你去寻找，它就在你的身边。幸福，使人有了向前的勇气；幸福，让人从快乐中走出；我的幸福是有和蔼可亲的父母。他们给我生命，让我来到这个世界。他们给予我的爱，虽然细小零碎但也无微不至。当我遇到困难的时候，他们让我懂得克服；当我失落的时候，他们做我坚强的后盾。是他们让我在耻辱面前振作，是他们让我在荣誉面前不骄傲，是他们让我在困难面前不低头。

朋友们，快去寻找你们的幸福。幸福不是高挂在天空的云彩，可望不可即；幸福不是沉落在水中的月影，虚无缥缈。幸福是点点滴滴的快乐，是丝丝点点的温情。幸福是接过妈妈饭碗时的温馨，是捧读朋友来的信、品味友情时的那份愉悦，是郊游野炊时感受大自然之美的那份惬意，是静坐窗前读书听歌。幸福无处不在，无时不有。

作者：肖业峥，现居深圳。

252 一个叫家的地方

小的时候，一到礼拜天，大姑一家、老叔一家和我们一家都要回爷爷奶奶那儿。周日的时候，我跟我哥我妹到处瞎疯，大人们做饭干活。一到吃饭，一家十一口人围着一个大桌子，热热闹闹。后来，老叔一家移民去了加拿大，表哥到美国留学也留在了国外，我也长年在外地念书，家里的人越来越少，逢年过节的吃个饭都是冷冷清清。这几年里，老叔一家和表哥回来过几次，但都不是同一个时间，而且我在外地也没赶上。去年爷爷去世了，我们这一大家，再也没有机会一起热热闹闹地吃一回饭、过一个周末了。回想起来，那几年里，我们一个大家庭聚在一起、和和美美有说有笑的日子，是我人生中最幸福的时光。家，是中国人的根。那么多的人漂泊在外，有的可能一辈子也不会再回他们曾经的家。可他们哪个不是在心灵最深处，藏着一个让他们感到最温暖的一个叫做家的地方。

作者：陈兆丰，男，现居苏州。

253 健康是福

我有一儿一女，儿子从小身体就不好，为了给他治病家里付出了许多，但我们想只要孩子还有一口气我们也得治。通过这几年的努力，儿子的病情基本稳定，也能为家里分担一些事情了，孙子也健康地长大，家里的条件也越来越好。最幸福的事情就是儿子身体状况有所好转又娶到个好媳妇，生了个大孙子，女儿顺利毕业也找到了好工作。

我认为幸福就是全家人身体健康，没有病没有灾，家庭和睦，儿子有美满的家庭，女儿有自己的事业。

作者：卢会凤，女，生于1963年7月，汉族，初中文化，天津市蓟县礼明庄乡韩家坝村一名农民，自1973年便自己打工赚钱做些小买卖，2010年以来一直在河北庞大集团做厨师工作。

254 做一个幸福的人

记得海子在《面朝大海，春暖花开》一诗中写道："从明天起，做一个幸福的人。"

明天，你幸福吗？

海子幸福吗？我不知道，也无从考证。但是我认为幸福就是你给予和别人给予的总和。你给予代表你有一颗爱别人的心，你会让自己的祝福在不知不觉中给别人力量，勇敢地站起来，即使是陌生人，也会和你一起会心地微笑，心里充满着温暖。别人给予是你的幸福，因为你给予了别人你的爱，别人就会给你回报。当你无聊时，会逗你玩，你失意时，会逗你笑；你开心时，和你分享；你痛苦时，和你一起分担。

世人最可悲就是当你正处于幸福之中时，你却不停地厌烦，一点也不珍惜。父母的唠叨你觉得心烦，朋友的话你听不进去，可就是这点点滴滴、琐琐碎碎才是幸福的真谛。我们应该珍惜我们所拥有的，不应该漠视自己得到的幸福。让我们"从明天起，做一个幸福的人"。

作者：邓晓贞，女，广东人。

255 找寻幸福

这次的西藏之行可谓是心灵净化之旅，寻找最原生态的幸福安详！已厌倦了都市水泥墙里的浮躁地交流、尔虞我诈、钩心斗角，我常常问自己我的价值何在、要怎样才能实现我的价值？难道每天就是为公司利益写一些“王婆卖瓜自卖自夸式”的虚假宣传报道，来混淆消费者！我要跳出这个怪圈，有一个声音在召唤我、告诉我，在人类文明最后一片净土——西藏，才能实现我的价值、寻找到认识的意义。一个人只有实现了他的人生价值，我觉得这样才是最幸福的。所以，我要去西藏！找一个爱彼此的人，相互扶持慢慢变老。这才是认识之幸福……

时光在布达拉宫前越拉越长，无边的草原已为我放开怀抱，我愿做一只温顺的绵羊，躺在你的怀抱里，仰望天际看那雪域两茫茫，还有青草旖旎的风光！

作者：柯江涛，男，中国青年作家协会会员。

256 有关幸福

最近看一部电影叫《饭局也疯狂》，里面频繁出现的一句台词：幸福与贫富无关，与内心相连。

那幸福是什么呢？有一天，我和女友出去逛街，逛着逛着，她突然说想吃冰激凌，刚好路过麦当劳，就进去买了一个，赶巧麦当劳搞活动，买一送一。看着她左手拿着一个冰激凌，右手拿着一个，像个孩子一样，左一口右一口，笑得更开心。后来我问她：“你至于吗，平时吃五元一个的冰激凌也没见你吃三元两个的冰激凌开心。”后来她回答我说：“我感觉很幸福啊。”我就又问：“幸福是什么？”她告诉我：“幸福就是在你想吃什么东西的时候就能吃到!”这句话犹如一盏明灯，原来这就是幸福。我不得不承认，她给我上了生动的一课。应了那句台词：幸福与贫富无关，与内心相连。

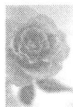

知道了什么是幸福，那幸福又在哪呢？有这么一个小故事，说一只小狗很想得到幸福，所以它就不停地奔跑、不停地去到处寻找，上帝看了很感动于是就悄悄地把幸福绑在了它的尾巴上。有一天它跑累了，停下来休息，回过头发现，原来幸福就在自己尾巴上。其实幸福真的很简单，距离我们也不遥远，累了，不妨回一下头，幸福就在我们身边!

作者：李海水，男。

当您看到这一页的时候，您已经读完了本书。您感悟到幸福了吗？
想把您的幸福和更多的人分享吗？
请把您对幸福的认识和感悟用300字左右篇幅写下来。

感悟幸福回馈　1

（《幸福书4》征稿卡）

姓　名：＿＿＿＿＿＿＿＿　电　话：＿＿＿＿＿＿＿＿＿＿＿＿＿＿

邮政编码：＿＿＿＿＿＿　E-mail：＿＿＿＿＿＿＿＿＿＿＿＿＿＿＿

地　址：＿＿＿＿＿＿＿＿＿＿＿＿＿＿＿＿＿＿＿＿＿＿＿＿＿＿＿

＿＿＿＿＿＿＿＿＿＿＿＿＿＿＿＿＿＿＿＿＿＿＿＿＿＿＿＿＿＿＿

＿＿＿＿＿＿＿＿＿＿＿＿＿＿＿＿＿＿＿＿＿＿＿＿＿＿＿＿＿＿＿

＿＿＿＿＿＿＿＿＿＿＿＿＿＿＿＿＿＿＿＿＿＿＿＿＿＿＿＿＿＿＿

＿＿＿＿＿＿＿＿＿＿＿＿＿＿＿＿＿＿＿＿＿＿＿＿＿＿＿＿＿＿＿

＿＿＿＿＿＿＿＿＿＿＿＿＿＿＿＿＿＿＿＿＿＿＿＿＿＿＿＿＿＿＿

＿＿＿＿＿＿＿＿＿＿＿＿＿＿＿＿＿＿＿＿＿＿＿＿＿＿＿＿＿＿＿

反馈方式

登录新浪“幸福书编辑部”微博（http：//weibo. com/happywaychinadream），在博客上进行反馈登记。

请将填好的表邮寄到：100865，北京市复兴门外大街10号，全国总工会信息中心周嘉欣收。

当您看到这一页的时候，您已经读完了本书。您感悟到幸福了吗？

想把您的幸福和更多的人分享吗？

请把您对幸福的认识和感悟用300字左右篇幅写下来。

感悟幸福回馈 2

（《幸福书4》征稿卡）

姓　名：____________ 电　话：________________________

邮政编码：__________ E-mail：________________________

地　址：____

____

____

____

____

____

____

反馈方式

登录新浪“幸福书编辑部”微博（http：//weibo. com/happywaychinadream），在博客上进行反馈登记。

请将填好的表邮寄到：100865，北京市复兴门外大街10号，全国总工会信息中心周嘉欣收。

幸福是一种体验，是一种感悟，更是一种生活态度。我以为，此书是打开幸福之门的一把金钥匙。

李章泽（博士，中央机构编制委员会办公室综合司司长）

处理好现代化与原生态的关系，既是国家的福祉，也是人民的幸福。

张燕生（国家发展和改革委员会对外经济研究所所长，研究员，博导）

幸福是生活的丰富多彩，顺其自然；幸福是事业的不断追求，百折不挠；幸福是爱情的两相愉悦，心有灵犀；幸福是生命终点的内心宁静，无怨无悔！

刘国辉（新华书店总店原总经理，现人民文学出版社党委书记、副社长）

包容是幸福，包容自己的对手是更大的幸福。由此，家庭与社会走向和谐，个人的心灵趋于安宁，生活变得更加美好。

邹平（中国社会经济系统分析研究会常务副理事长，研究员）

幸福是一种感觉，只关乎人的内心。学会感恩，学会感激，学会感悟，学会感动，用你独特的方式去传递幸福，让别人得到幸福，你就会一直走在幸福的大路上。

罗杰(《云南日报》社社长)

当每一个人真心去探寻幸福产生的根源并真心创造幸福的时候，人与人之间才具有最大的共同点。幸福教育是形成共同的幸福观的基础，当你在通往幸福的道路上看到越来越多的同路人时，幸福指数才能够成为衡量社会进步的标尺。

皮钧（博士，中国青年志愿者协会副秘书长)

人的一生其实就是寻找幸福并享受幸福的过程，如果孩子们能从小就学会认识幸福、学会品味幸福，那么无疑会有助于他们正确选择并及早踏上他们幸福的人生之路——这正是父母也是教育工作者的价值和理想所在。

刘大立（博士，中国青少年宫协会副秘书长)

人们对幸福的理解不同，但追求幸福的目的是一样的。《幸福书》教我们发现幸福，感受幸福，创造幸福，传递幸福，让每个人都生活在更加幸福的环境中。

李春生（人民出版社副社长，《新华文摘》杂志社社长)

一个人要幸福，就要消除自我，千万不能以自我为中心，以自我为中心的人是永远幸福不了的，不管他拥有多少钱，不管他拥有多大的权力，不管他长得多漂亮，都不会幸福。

潘石屹（著名企业家）

中国目前正处于眼花缭乱的快速发展阶段，很多人在精神、利益、理想、创新、现实、物质之间徘徊，幸福有时候真的显得非常遥远。愿这本书汇集的涓涓溪流给大家带去幸福的问候，幸福的温暖。

李开复（创新工场董事长兼首席执行官，
微软中国研究院创立者）

《幸福书》不是一本沉重的书，不是一本说教的书，更不是一本乏味的宣传读物。它以崭新的视角，温柔的表述，集中了芸芸众生对于幸福的思考。多少年以来，我一直致力于青年人思想启蒙的指导以及人生规划的工作，我很钦佩这本书创作团队所做的努力，希望幸福深入万家灯火，希望幸福照亮中国前程。

徐小平（著名留学、签证、职业规划和
人生发展咨询专家）

幸福是一杯醇香的美酒。让我们在和谐的阳光下，都来品味《幸福书》中对幸福的深刻解读！

李成言（北京大学政府管理学院党委书记，教授，博导，中国监察学会副会长）

启迪人生价值思考，倡导积极心态培养，促进和谐社会建设。

王有强（清华大学公共管理学院党委书记，教授，博导）

有爱心、责任心和感恩之心的人是幸福的！幸福需要分享！阅读《幸福书》，分享幸福，拥有幸福！

李文胜（博士，北京大学教授）

《幸福书》是一部揭示真谛、颇堪玩味的案头佳作。

杨健（中国人民大学金融信息中心主任、公共管理定量分析研究所所长，《投资与证券》杂志主编，教授，博导）

人的一生都是在追求幸福，只有真正的幸福才会带来我们的极乐。一些肉体的快乐也许瞬间就会被忘记，而一生中最宝贵的那一份所有却会被忽视，我们必须要提前知晓什么是真正的幸福，否则遗憾此生。

廖理纯（北京市政协委员，教授，著有《国力方程》等多部力作）

创新是幸福，创造更幸福，它们不仅为个人带来成就感和愉悦感，更重要的是为全社会贡献智慧和财富。

张建平（博士后，国家发展和改革委员会外经所国际合作室主任）

这本箴言般的人生幸福感悟汇集，适时地帮助人们解读了从本能快感、感官快乐、情绪激动、想象沉醉、情感愉悦、理性幸福、超感契合等多层多彩的幸福内容；告诉人们幸福不仅是感悟，也是历练能力和豁达态度，更是人格的修养境界。相信这本书对于读者道德地获得幸福非常具有启迪意义。

牟岱（博士，辽宁社会科学院哲学研究所所长，研究员）

幸福是一种心境，跟财富、年龄与环境无关。常怀感恩之心，常念感激之情，播撒爱心，致力育人，温暖在每一个培华人心中传递，并随之播撒到四面八方。有心就有福，有愿就有力，自造福田，自得福缘。

姜波（博士，西安培华学院理事长）

生逢伟大时代，生在伟大国度，这是当今所有中国人的大幸福；人生境遇不同，每个人又都有自己的小幸福。不管是大幸福，还是小幸福，只有学会感悟，懂得感恩，才能品味其中真谛。

张泽群（中央电视台著名主持人）

什么是幸福，如何才能获得幸福，这本书会给我们启示。

刘劲（著名影视演员，周恩来饰演者）

用我们《自由飞翔》里的歌词“是谁在唱歌，温暖了寂寞……岁月如此沉重，早已热泪感动，被你一水消融……”

凤凰传奇（著名歌手组合）

我觉得幸福就是一家人健健康康、开开心心地在一起生活，幸福就是实现自己的一个小小的愿望，其实幸福很简单，幸福是知足常乐！

王宝强（著名影视演员，曾饰演傻根、许三多、顺溜、董存瑞等众多角色）

对家长而言，望子幸福其实比望子成龙更重要。最好的教育是为孩子的一生幸福奠基的教育。

舒大军（中国人民大学附中西山学校校长）

你并非身在他乡

午候 著

ZHEJIANG UNIVERSITY PRESS
浙江大学出版社

序一 生活在别处

商旅作家/桑 洛

转眼，那个《把一部分时间留给陌生人》的午候大男孩，追寻着他“不务正业”的梦想，将一个个小而美的民宿开在一处处鲜花盛开的地方，已经若干年。

若干年时光，轻飘飘地转瞬即逝。在民宿这条“看起来很美”的路上，很多人已经放弃了，很多人已经离开。对于午候来说，却是十年磨一剑，他不停地开着一家又一家的店，他在编着有关民宿的大学教材，他在四处做民宿公益推广，他还在坚持着。在他的坚持下，“蓝莲花开”开得越来越美好，“山中来信”时不时给我们很多原生态的惊喜。

这是一个不像民宿老板的作家，他更像是一个学者型的文字工作者。

如果问这些年，午候做民宿有什么样的收获，我想，除了开那么多家民宿，对午候来说，这一路民宿旅途上遇到过的人、有趣的事情、有意思的故事，是他最大的收获，最有价值的十多年民宿生涯的礼物。

“民宿的主人即在记录生活之美”，在午候笔下，一篇篇光亮的文字，在黑夜中给人们星辰般的光辉。

我们很多人，在他纤细入微的观察中，进入到他的文字快门里，定格在一个个深夜食堂的故事里。

我们都是过客。一个好的民宿营造出来的感觉，是让人身安、心安，可以得到短暂的休憩与调整，让我们感觉并非身在异乡，我们只是生活在别处。在这里，我们可以沉默，也可以畅所欲言，打开生命深处重压着的一个个故事的讲述欲望。

在民宿，午候遇到了很多人，很多人都打开自己的心扉，和他讲述一个个故事。

故事里的事，说是故事，是也不是。一个个故事之中，那闪动着的主人公，分明是社会的众生态。我们看着看着，跟着他们的脚步行走在民宿之中，仿佛坐在午候与主人公交流的附近，静静地以旁观者的角度来观看这个故事。故事太过生动，灵动而真实地描摹出不同人物，我们常常在不知不觉间，就进入了故事的深处。往往，短短的一个故事说完，让我们莞尔一笑，又让我们深思，陷入更深的思考。

一个个故事，一个个相逢的人，这些都是民宿的“人文”。一个没有故事的民宿，是苍白而不完整的。

故事让我们的生活精彩，让我们在时光的长河中满怀思念。

我想，与其说他是一个将民宿开在一处处鲜花盛开地方的人，不如说他是将“蓝莲花开”种满一个个荒凉地方的人，是将一个个美好呈献给人们的人。

他开了一家又一家民宿，很多人跟着他开民宿的脚步，去了一个又一个地方。“蓝莲花开”如一朵朵美丽的鲜花，开遍了莫干山、青芝坞、舟山、新昌、泰山、赣州等地方。我也是一个“蓝莲花开”的忠实朋友，午候的店开到哪儿，我的脚步就跟着去了哪儿。

相信像我这样的人，会有很多。

去很多午候旗下的民宿，有时，是听了他的故事去的。

记得第一次去安吉“山楂树”，那是快到春节的时候。选择去这里，只因午候和我说：“很荒，很野，有故事。”

于是，我在山中度过了一个难忘的春节，我感受午候和我说的那个故事，那个开着一辆车，每个月过来爬一趟欢喜岭古道，在半山腰的老爷爷和老奶奶那儿吃一碗“土面”的陌生人。

说到莫干山，说到“从前慢”，在午候的讲述中，我还对一个个“抱大树”“听竹子生长的声音”的故事印象深刻。

来民宿的人，都是有故事的人，有自己浪漫情怀的人。午候，他开着民宿，将时间给一部分陌生人，讲他们的故事，分享别人的故事。这些故事，有些如一碗香辣的重庆小面，有些如一份清淡的阳春面，有些如令人回味的三鲜面，色香味俱全，面面俱到。这仿佛是民宿世界里的《一千零一夜》，他用细腻又优美的笔触，别出心裁的讲述方式，引人入胜，令人难忘；这也像是新时代的笔记小说，他自己的独特风格，民宿的独特故事，构成了这本小说独特的魅力。

他将蒲松龄的茶，摆在他的民宿里，静候四方的客人。

唯美，是他的民宿和文字追求的品质。

在民宿圈和朋友群中，我们更喜欢称呼午候兄弟的“花名”——“段王爷”。说实在话，现实生活中，午候并不是一个“长袖善舞”的人。似乎一个对文字敏感的人，在现实生活中，偶尔是有些笨拙的。在他的骨子里，有传统武侠的豪气，“上马横槊，下马作赋”——

这是他的精神梦想。如“段王爷”的花名，是他别样的江湖；而“午候”则是他纯净的文字梦想，两者“井水不犯河水”，相互依恋，相伴生长。

与午候口述故事相比，他的文字比他的口语表达更有张力。在他的文字之中，故事温暖的肌理更为鲜活。当你在某一天，在自己的书桌前，翻开这本书的时候，你的脑海中就会浮现出诗和远方，里面有我们熟悉的迷人的味道。

在民宿和文字的世界里，在生活的现实与民宿的梦想中，午候，以自己的方式“笨拙地生活着”，坚持着，努力着。他惯常戴着一顶帽子，身边人常常会被他的一句话、一个故事，惹得开心不已——这是他深沉的“帽子戏法”，幽默而欢乐。

如果，我们在人生路上走了一遭，相遇了一场，却没有一个值得说道的故事，那人生将是多么平淡，多么遗憾。

“当我用心读一本书，书中的人就会重新站立，与我对话。”在这本书里，在光亮的文字中，我们并非是在读故事，而是在故事之中，读到了彼此，读到了生活，读到了宽阔的天地。

“你并非身在异乡，只是生活在别处。”记得有位作家说过，我们每个人都是长篇小说。我们每个人都有故事，在民宿的深夜食堂，

“以一杯烈酒之名，让每一段相遇擦出光彩，酣畅淋漓”，午候的《你并非身在他乡》让我们有了相逢的机会。

午候在听我们的故事，在讲我们的故事，在写我们的故事。

所有的人物鲜活，畅所欲言，快乐朝着光明的方向扬鞭驰骋而去。

序二 你并非身在他乡

过云山居/潘瓶子

民宿主，包括“段王爷”（作者朋友间的昵称）和我在内，大多是一群表里如一的“精神分裂症”患者，左脑思考着入住率和投入产出比，右脑激荡在诗与远方的集结号里。所以我并不惊讶，作为民宿品牌“蓝莲花开”创始人的他，可以一边在瑰丽的风景里安营扎寨开拓新店，一边在来去如风的旅途中，用亲历的剧情，码出跌宕起伏的故事。

故事并非游记，旅途并非回忆，你并非身在他乡。说起来，民宿里那一间间守望风景的客房，算得上是超大个头的情感存储器，每天迎来送往，换一拨客人，便更新一次缓存。民宿主人即在记录生活之美，布草可以被洗涤，碗筷在消毒机里轮回，真正长久活在民宿这个存储器里的，恰是主客之间的一期一会。多少年后偶然被擦亮，也常常叫人蓦然回首，心头一热。

那些路人甲和路人乙，在段王爷近乎魔幻现实主义的文字里，变得血肉丰满，跃然纸上。我想，看过这本《你并非身在他乡》的读者，或许都在想：我也去开一间属于自己的民宿吧，躲在里头守株待兔，如印第安人的捕梦网一般，截获一个个平凡有趣的灵魂，直到把自己从生活的记录者升格成生活的导演。我猜想，书名里提到的“他乡”，大概天然就自带一些“独在异乡为异客”的寂寥与不安，这是每个踏上陌生旅途的人都无法回避的命题；而民宿和民宿人的使命，便是营造出一个聚合了生活百味的空间，以一杯烈酒之名，让每一段相遇擦出光彩，酣畅淋漓。于是才知道，你并非身在异乡，你只是生活在别处。

序三 致『段王爷』的新书

大乐之野／吉晓祥

2020年的春节，注定是一个要被写入历史的非比寻常的春节，因为新冠疫情的暴发，几乎所有中国人都待在家里足不出户长达一个月之久。就在今天我坐在电脑前打字的当下，也还未见到明确的迹象暗示或者明示我们可以外出，自由行走，自由交友，自由呼吸。

我连用了三个“自由”，可见被封闭在一个狭小的空间给我带来了多么强烈的情绪，而同样是身处封闭空间，段王爷的合伙人之晴却给我发了一则消息说，段王爷在这段时间写了一本书，请我写个推荐序。我不禁感慨，原来心灵的自由是可以不受身体的羁绊的。

初识段王爷，是在“大乐之野”桐庐店里，那是2019年的秋天。我们都说人和人是有缘分的，虽说早就耳闻“蓝莲花开”民宿，也听说段王爷是最会写文字的民宿人，但由于各自忙碌，从未见过面。那天段王爷带团队来我店里做团建，我当时是比较好奇的：为何做民宿的会去另外一家民宿做团建呢？我一直认为民宿主未必都有文艺天赋，但一定有文人的毛病，那就是“文人相轻”：你的民宿纵使百媚千娇，我也不屑一顾，而春风再美也一定不如我家门前杨柳青青。后来发现只是我想多了，段王爷他们只是吃腻了山珍换一批海鲜尝尝，仅此而已。

一个晚上的缘分，我并没有对段王爷相见恨晚，反倒对他的合伙人印象深刻，因为都是美女。至今我们保持着非常稳定和舒服的关系，君子之交淡如水。真的很淡，怪不得邀请我写推荐序，也是他的美女合伙人找的我。

我花了两天时间把这本书看了一遍，每一个做民宿的人都有着自己内心的诗与远方，而段王爷却把我们的诗与远方用他的独特视角记录并表达了出来。在书中我看到了很多自己曾经追求的生活方式，而我们却太容易在追求的道路上恍惚了方向。我不禁窃喜，在这个闭关期的尾端，段王爷带给了我们一些思考：美好生活一直都在，只需要我们再次睁开双眼。

最后，祝蓝莲花能常开，山中时有来信，抚慰我们容易焦躁的内心。

自序

在一个不那么热的冬天，我在赣南于都的一个小山村里，与朋友们“神侃”。热情的老万是“初心纪”主人，组局了一场“围炉夜话”。老万是地产商，在上犹做了一个“牧心纪”，成了2020年的“网红”，一房难求，令“道中人”刮目相看。志辉同学和冬梅是专业做文旅的，做了大项目，就召集我们成为他们项目里的内容。江西省旅游民宿联盟会会长志轩是有哲学思维的睿智之人，总能把民宿、民宿的未来、村庄发展的概念，以人类生存规律、禅学来阐述、延伸。很多时候的雅集，我言少闻多。这是喜欢写文字的人的一种习惯。志轩说他出生在南昌，在那里生活了二十年；大学在南京读书四年；然后去“北漂”，在北京娶妻生子，组建家庭；现在，四十出头的他在婺源开民宿，节假日时才回北京与家人小聚，然后又回到婺源。

每每遇到有人说无法回到故乡时，我总是会有一个哲学提问：你是哪里人？

志轩是哪里人呢？

你是哪里人呢？回答好这个问题需要知行合一，需要精神与肉体同在。离开了家乡二十年、三十年、四十年，你是否真的能回得去？你回去了，心在哪里？你不回去，心又在哪里？节假日时急于回故乡，貌似一切事情都无法阻挡，真的在故乡待上一个月，人又焦虑难安，想快点离开。这种“人在曹营心在汉”的情境，一直困扰着人们。

很多人一生都在故乡之外，死也没有回来。鲁迅也许对故乡是有怨气的，从他的文字里可见一斑。在《故乡》里，就有一段描写回家交屋的无奈，以及对儿时伙伴闰土的失望。他的生命终于上海，最终没有回绍兴老家。木心先生倒是心心念念地在垂暮之年回到了乌镇。年轻时故乡伤害过他。在那个时代，他坐过牢，被切断了手指。特殊年代给了他精神与肉体上的创伤，只有他自己知道。中年后一直在美国生活的木心先生，最终落叶归根。不过，大概，也许，很多人只喜欢木心的书，逛他的美术馆，少有人在一个寂静的夜晚，去想念木心这个人。

他回故乡的是肉体，还是灵魂？

我身边有很多朋友移民去了西方国家。我常常问他们过得如何。随着时间的推移，他们的回答有时候也不一样。可能他们的内心，也不知道哪里才是自己真正想去的。发达国家的人们对于“在哪里”的观点会淡泊一些，而中国人讲求远古的“根”的归属感。《白鹿原》里的女主角，一生的愿望就是死后自己的灵位能进入白家祠堂，这才是她这辈子活着的终极意义。而随着中国改革开放四十多年的浪潮，中国人开始“大迁徙”，户口的概念被一再淡化，人们用实际行动思考着一个问题：生活是否可以在别处？

民宿是自由行业的一个典型代表，很多有趣的人频频参与其中。从早期大理、丽江开始，到当下江浙沪深山里民宿的兴起，可知其魅力。在芸芸众生寻找生命意义的“森林”里，民宿算是一个缩影。我以民宿客人为趣点，写了这本书。书中用大量篇幅写了森哥。因我真实感受到他就是王小波笔下“一只特立独行的猪”。他像毛姆小说《刀锋》里的达雷尔，也像加缪《局外人》里的主人公。森哥一直在寻找他的安生之处，使生命“尘埃落定”，终不得而长路漫漫。其他的故事也是我在自己或别人的民宿里遇到的人或事，每一个故事都有其原型，真实不虚。《失恋22天》写北京女孩因失恋一个人在安吉“山中来信·山楂树”住了很多天，她是我们亲自接待的。她在短短的时间里，几乎呈现了所有失恋中可能的样子：沉默不语、酗酒、发疯、不计成本地砸东西、自杀、长睡不起、不考虑后果地做危险的事；然后，情绪缓和，意识回复，正常地交流吃饭，忘记过去，重新思考自己的价值……故事描述得不那么精彩，但属实。就当是看纪实文学吧。我有一次在莫干山民宿里与一位事业有成的客人聊天，聊到内心深处，对方号啕大哭。第二天看着他愉快地退房离去，真感谢民宿在自然之中治愈了一些人。

因为职业习惯，在写客人故事的时候，我会带一点经营民宿的理念和想法，从我近十年“民宿人”的这一身份来说，算是一种分享，如你有缘遇到我的这本书，还请笑纳。

午候

山中来信·新昌

2021年1月

目录

BING FEI TA XIANG

民宿里的爱情不悲伤 • 2

你并非身在他乡 • 52

诗・下雨的时候 • 87

梦里寻她千百度 • 89

农家小院里的月光 • 105

诗・遇五指峰野温泉 • 131

民宿杂谈 132

听，啪啪啪的声音 142

诗・大同 152

陌生的电子邮件 153

无须被审判的灵魂 169

诗・英雄之死 183

作者的陋习 185

诗・敦伦 208

失恋 21 天 209

诗・爱的疯狂 236

关于民宿和我 237

民宿里的爱情不悲伤

一

2013年的夏天，木姜子从南京师范大学毕业后，到了浙江大学附属中学当一名老师。对新来的老师，学校分配的宿舍是公寓，需要两位老师合住一套。虽然生活空间与住宿设施都比较便利与齐全，木姜子仍想自己租房子。习惯了一个人生活的她，相信人与人之间的距离美。她怀着新奇与期待的心情，提前一个星期来到杭州，她思量着在学校边上租一个小套。

青芝坞在西子湖畔，是一个城中村，村口有一条自西湖而来的小河。流淌的河水，不停地刷动着河底的水草，清澈见底。她曾在网上看到在青芝坞拍过一个微电影式的宣传片，演绎的是一对男女在民宿里相遇。而杭州又叫“爱情之都”，有海量的爱情故事：白蛇传、梁山伯与祝英台、苏小小。木姜子傍晚走到青芝坞，虽然是夏天，却有一些凉风。可能是因为这里离西湖近，湖风穿过小树林，空气里有水的成分，自然凉一些。无论知了如何狂叫，她仍然感觉到风的清凉。小村庄延伸到抬头见山的一条路的远处，翠绿山色映着蓝色的天空，为这个城市的时而雾霾偷留一份干净的空间。小路两边白墙黛瓦的房子，映衬着柏油马路，干净得让人舒畅。一些房子的门口，坐着乡村式老人。（中国乡村的老人大部分喜欢在早晨或傍晚，一个人坐在自己家老屋子的门口，一言不发，好像看着也好像不看着路人。在太阳落山之前，佝偻着身体，搬着小凳子回屋。不清楚他们的晚年是不是幸福，或者说只是度过余生中的余生。）

孤独大概是：你在这个城市里生活了一辈子，而这个城市没有你的声音。

主干道两边，时有转弯的小路，蔓延在小村庄各家各户门口。各个小巷子里，唯一热闹的大概是各种小吃店。遇到装修个性的小资餐厅，人会有进去点菜入胃的欲望。零星几家青年旅馆，是有故事的年轻人开的，因为从老板的脸上，已看不到纯真年代的影子。木姜子三转四弯后，到了青芝坞的临山区域，寻得一大片茶叶地，这里被村民们梳理得井然有序，阡陌纵横间，小路蜿蜒入山，自有一片心旷神怡的景色。边上围墙内就是浙江大学，围墙上被学生们涂鸦过。曲折的围墙上开了很多小门，人们可以自由出入，这是非常开放的态度了。

大学，是否需要围墙？

她太喜欢这里了。

这里可以散漫，出则西湖一角，入则安静田园，名校可以步行自由出入，离自己入职的学校，走路约十分钟。值得一提的是，浙江大学里的留学生食堂，饭菜可口，价格实惠。从青芝坞入口出发，过玉古路，一竹林小道，曲径通幽。由于是人工竹林，布局合理，参差错落。小路两边分了不同品种区域，紫竹、淡竹、湘妃竹、孝顺竹。记得在大学里，老师在讲“扬州八怪”时，提到郑板桥，自然也提到竹子，对湘妃竹做过详细解说。舜帝有两个妻子，都非常爱舜，相处得也和睦。一日，舜去屠恶龙，一直未归，直至死亡，两位妻子寻到舜坟处，扶竹大哭，伤心之泪落在竹子上，留下斑斑之痕，便成了湘妃竹。木姜子思量着，世间之物，如果没有感性的假想，是多么无趣啊！竹径尽头，是一清澈小溪，这里的溪水是西湖换水而下的，如果夏天在这里闲走，整个人都会清凉精神很多。沿小溪走，穿过一片稀疏有度的松树林，这片松林里，有几条小径，非常美好，很有造型。除了冬天，其他季节，每天都有新人在这里拍婚纱照，添了一道浪漫的风景。

山顶上的房子

驿外坡上的树

和“从前慢”民宿管家

春夏秋冬

相依相伴

松树林的那一边，是一片白玉兰树，一到春天，轻风一过，万瓣飘零，落英缤纷，飘飘然一个白色世界。双手抬起，欲接一瓣，闭上眼睛，一瓣刚好落在阳光明媚的手上或脸上，人就醉了。这条路，只要被你遇到，便是梦想中的桃花源。

木姜子很容易便找到一套房子，办了租房手续。门口可见植物园，二楼房间推窗可见老和山。浙江大学玉泉校区的学子们戏称自己的学校为“老和山职业技术学院”。从浙江大学玉泉校区图书馆边上的小路上老和山，有一条蜿蜒山路，一直通向灵隐寺。早些年，可以从这里逃票进灵隐寺，现在管得严了。

站在青芝坞村庄的桥头，看着池塘里被风摇曳的青荷，木姜子好笑于自己突然想起徐志摩的《再别康桥》里的水草。

好吧。悄悄的，我来了……

中学老师的工作并没有人们想象中那样充满文气安静的美好。新来的老师与企业里的新入职工一样，需要很勤劳，有事没事，多做一些教书之外的事。比如每天早上给对面的老师倒一杯茶，估计他们会对你的印象好很多；比如学校领导派你跟一个资格老、有经验的老师，你跟的这个资格老的老师，在学校里的人缘好坏，会直接影响到你与周边老师的关系；比如家访时，可能遇到一个一直跟你哭诉孩子没人带的单亲妈妈……当然，中学生里也有懵懂早恋的，可能喜欢上自己的老师。男同学很容易爱上女老师。那种爱是朦胧的，只是青春期稚嫩的情感向外界的试探性舒展。就如蛰伏了一个冬季，春天一到，枝头就冒出急不可耐的芽苞。那是多么美好的青春记忆。

二

山信在青芝坞开一家小民宿，兼营一些“前妻”叶鱼的字画。他的妻子一直在失踪中。小民宿位于青芝坞160号，从主干道一直走到底，遇到一潭溪水，右转，就看到了一栋两层半的房子。房子边上也有溪水流过，溪水边种了三棵芭蕉，长得高大，已到二楼窗台。房子被装修成墨绿色，有美式乡村的风格。一楼有两个空间。一边是书店，一边是画廊。楼上有九个房间。书店里的书，每一本都是他精挑细选的，有客人阅读时，他可以随时与其闲谈书中的人物。画廊的门牌是浙江著名画家何水法先生的题字：陌上画廊。何水法先生曾赠墨一幅：欲穷千里目，更上一层楼。至今，仍挂在室内。这家店，他们一共花了近100万元的装修改造费用，用了他们几乎一生的积蓄。不过，因为他们的生活比较简单，没有孩子，压力也不大。他们注册的是个体工商户，国家对小微企业有减税政策，基本也不需上缴经营税。经营中唯一需要担心的，是每年房租要20多万元。

我一直想成为马斯克那样的人

把月兔送上月球

毕竟

嫦娥与我

都很寂寞

山信快要四十岁了，戴着一副墨色的近视眼镜。以前他是不戴眼镜的，眼睛也没有近视，寒窗读书十几年，他的视力一直很好。自从妻子失踪后，一切变了。

那天，妻子叶鱼说天气好，要到乡下写生，在吃早饭的时候，还与他谈论苏东坡被贬湖北黄冈的经历。在苏东坡还叫苏轼的时候，被贬官到湖北黄冈。苏轼在城东外的一块坡地上开垦耕种，贴补家用，因此自号"东坡"，这个称号一直沿用下来。有一天，苏东坡外出散步整晚未归，家人非常担心，第二天天蒙蒙亮之时，东坡高歌而归。他拿出了《赤壁怀古》，一震天下。叶鱼开玩笑说，假如她当天晚上没有回来，不要找她，也许拂晓之时就回来了，带着旷世作品，让画坛风起云涌。山信多次对妻子说，艺术不是勉强来的，灵感不是天天有的，大成者必随性创作；"创"是"作"的前因，"作"是"创"的后果。妻子笑笑，收拾了画具和一些充饥用的小糕点，就开车出发了。这一走，再也没有回来，至今下落不明。这些年，妻子因为画不出一幅令自己满意的作品，而变得失眠、易怒，精神时有失常。

但愿，叶鱼如武陵人，巧遇桃花源，只是一时不愿归来而已。

去年，山信曾得到一位企业老板的资助，为妻子办过一次画展，因为画廊不大，只挂了三幅画。当时，杭州很多报社报道了这场画展，称其为“迷你画展”。山信办画展的目的，除了表达对妻子的思念，也是传播消息，希望能搜索到一点妻子的音讯。

丢掉的东西就不是自己的了，否则为什么命运要安排丢掉？

山信除了睡觉，从不拿下他的墨镜。吃饭也戴着，晚上走路也戴着。在夜色里戴着这样的眼镜走路还看得见路吗？他认为，没有问题。每个人都有别人认为奇怪的行为，你疑惑你的，我生活在自己的状态里。毛姆的《月亮与六便士》中主人翁的活法，会让街头巷尾的人们评价：这人怎么可以这样？

在经营中，山信更多在意客人体验的过程，也就是行业里说的：软件重于硬件。遇到聊得来的客人，他便带客人夜晚骑行龙井路。这是杭州所有骑行爱好者的必玩之路。道路百般迂回，一路上坡，带劲刺激。其实这就是一条盘山公路，只是路基非常好，周边又全是茶园。这条路，白天比晚上漂亮，但对于骑行者来说，晚上人少，可以撒野。有些专业骑行者下山的时候速度如风，越骑越快，偶尔也有把自己摔伤的。飞蛾扑火，焉知不幸福？

已经快三年了，妻子叶鱼一直未归。时间久了，山信似乎开始拒绝听到妻子的消息。只有这样，才能假装妻子活着，只是出去没有回来。

自2016年开始，青芝坞里的民宿生意越来越难做了。小村子里已有100多家民宿，竞争激烈。

山信在经营上做过一些活动，比如住宿一晚，送一本书，再送一张隔壁植物园的门票。有些人参与，但效果不佳。其中重要的原因是山信没有设计传播渠道。长时间等待一个人的人，估计心思也分散了。去年他连房租也付不出，找了两个志同道合的朋友，各入了一点股份，用他们入股的钱付了房租。

他若放弃这家小店，是不是就放弃了爱？

三

木姜子有很多时间待在自己住的地方，大概由于职业关系，除了偶尔有假期远行，其他大部分空余时间，她都待在青芝坞。她喜欢文学，喜欢传统的农耕社会。她觉得中国文化的基础还是在乡村，比如农村的石拱桥、祠堂，村口几百年的大树。中国传统哲学名著《道德经》，就是老子在乡村大山里悟出来的。基于这个原因，木姜子也常到山信的民宿，那里有阅读空间。木姜子的朋友、同学来了，她也安排他们在他这里住。时间久了，她是他的客户，也是他的朋友。朋友之间，总要聊点什么。有一天，就聊了关于山信和叶鱼的事。

春天，到了

我戴上帽子

到万亩茶园之上

趁着风月采茶

很多恋人，迷失在猎奇对方的生活里，走不出来。

他们相识的日子里，谈书、谈作家、谈文学、谈教育、谈写作，就算谈到从民宿步行到西湖边是1277步还是1294步，也会争论着去实践验证。她说最喜欢上课时给学生解析张岱的《湖心亭看雪》，不能用物理理论讲解，而是引导学生用意识和感观来理解这篇唯美的古文。有其他老师批评她给学生上课的方式，如果用意识去理解，学生们考试时怎么办？她喜欢钱钟书在《管锥编》中写到的关于文学的理解。钱老说：讨论文学应该避开历史、政治背景，这样文学就会纯粹很多。

他也谈小店的经营，收入已很难支撑房租和他的日常生活。木姜子建议他进一些针对浙江大学学生的书，或者一些流行书，哪怕《小时代》也可以。这个建议与他至今失踪的妻子当初的建议是一样的，他感觉心肺有瞬间的痉挛。他想坚持出售纯文学书籍。

不知道是因为木姜子天生性格外向，还是确实无聊到只能到山信的小店里来，自从与山信熟悉后，她一直帮山信的小店经营出谋划策。木姜子策划了一个特别的营销方案。山信的民宿，平均一个房间的价格是399元。木姜子的营销文案是这样的：1. 在青芝坞成立一家民宿管理公司，整合房间后，参与政府住宿采购项目并获得成功。若政府人员出差，可以住在青芝坞任意一家店，在政府人员入住青芝坞其他民宿后，山信可以得到佣金。2. 运用木姜子的资源，请教育界的名人来开小型分享会，房间由399元涨到599元，不降反升。比如有一次，请的是杭州育才小学的某领导分享。报名人数太多，无法安排住宿，很多家长要求费用照付，不住宿，只听分享。那场分享会由之前常规的30人名额，涨到最后近100人，只能移到边上玉泉饭店的会议室。从收益角度来说，盆满钵满。

她也亲自在店里组织一些读书会，后来干脆每个周六定期办，主持人有时候是木姜子，有时候是山信。读书会越办越有些名气，貌似书店的经营也有了些起色。她动用自己的关系，联系一些毕业后在路上徒步的同学，不定期来分享路上的故事。最火爆的时候，一位同学分享他走在“无人区”的经历，连续办了三场，每场听众爆满。有关旅行的书，也卖出了一百多册。可能与黄渤主演的《无人区》有关，很多人充满了好奇。

两人相识的第二年的夏天，山信为了感谢木姜子，邀请她在青芝坞门口的9号酒吧喝一杯。酒后微醺，他说现在的书店已不是书店了，是一个活动场所，以后那些讲座就不要办了。山信并不是觉得读书会不好，从民宿经营的角度来说，有读书会存在，更有小店的感觉；而是在他内心深处，书店是留给妻子的空间。

有时候他真的忘记了妻子，有时候是假装忘记。人类大脑的容量其实是非常大的，从人类有记忆开始，就一直积累信息，长大后或更老的时候，很多信息不是被遗忘了，而是被大脑收藏起来，放在某个细胞层里，一直沉睡，当有人或事引导，这些被尘封的信息又会被唤醒，让人对往事历历在目。他们故意借酒精迷失自己，讲话也放肆很多，从传统讲到性。酒的作用是，把灵魂与肉体分开。灵魂可以升华，肉体随便。她竟然把口中的酒，在昏暗的酒吧灯光的遮掩下，口对口地喂到他的嘴里。凌晨，走出酒吧，月亮挂在树梢，婆娑的树叶听不到两个人的轻言，虫鸣是提醒那些有爱的人注意安全，一块翘起的青石板绊不住热烈的脚步。你以为我醉了，搀扶着我，我自以为你醉了搀扶着你，其实彼此明白彼此的心思，那是压抑很久的燎原之火。两个人去向同一个地方，谁也不用提起去哪里，那样就戳穿了对方的界点，既然月亮早早地收起光色，给人一些机会，那就顺势而为。

他们在青芝坞一家青旅过夜。没有选择山信自己的店。

清早各自离开前，他问她：“性与爱有关系吗？”

“我爱恋你三年，自从第一次进到你的书店。”

他很想说些什么，突然想起书店的生意转好后，放在墙角的字画已好久没整理了，估计已凌乱地布满灰尘。那些，都是妻子叶鱼的字画。

之后的一些时间，他们跟之前一样，木姜子来书店帮忙。似乎在热恋，隔三岔五一起过夜。

山信想经营一家纯粹的民宿，犹如跟他们纯粹地在一起一样。不要大张旗鼓的宣传，不要谋略市场。不要计算，也不要算计。开好小店，让小店里鲜花盛开，有自己喜欢的音乐和威士忌。这点，在与木姜子商量的时候，两个人发生了矛盾。一个要回归生命，安静生活；一个要发展，从一家小店开始，做成一家大公司。木姜子说：你不优秀，最终会被所有人遗忘。山信说：为什么要在意“被所有人遗忘”？

一天，木姜子发现自己怀孕了。她觉得既然山信一个人生活，自然可以坦言，如果嫁给他，一切看起来也理所应当。她也知道山信有妻子，但这个妻子已三四年没有音讯。从法律意义上讲，一个人失踪四年，可以宣告死亡。可是，山信并没有同意结婚，甚至也没有同意不拿结婚证的事实婚姻，反而含蓄地建议木姜子到医院把孩子做掉。

最悲伤时的反应是一言不发，而不是歇斯底里。木姜子没有

办法想通山信的行为。躺在床上半个多月，大概是流泪太多，她一下子瘦了10多斤。

木姜子决定用自己的方式过自己的人生。

四

2017年的时候，木姜子从学校辞职，带着肚子里四个月的孩子回到老家。父母的伟大之处就是无论子女犯下什么错误，在大声责怪后，会再帮助子女解决问题。为了让父母少受些家乡人的琐语，挽回些脸面，她找到大学时期一直明确爱恋她的学长。学长每个月来一两次，有时候会一个星期来一次。因为是真的爱恋她，对于她现在的情况，学长不但没有杂念，反而觉得机会来了。这种爱情，类似民国时期的徐志摩、梁思成和金岳霖。无论多少男子爱慕或爱着林徽因，梁思成都从容带笑。金岳霖就光明磊落地爱着林徽因。大概金岳霖读过歌德的诗：我爱你，与你无关。学长也是这样，只要木姜子提出的，他愿意用生命完成。如此，木姜子在家待产。

爱，都是莫名其妙的糊涂事。爱情是无用的，就如友情是无用的一样。爱情有用了，那是婚姻的置换；友情有用了，应该叫人脉。无论哪一种感觉，你“用”了，就失去了它的本质。

五

山信在经营书店一段时间后，基本上把书卖完了，又把民宿以30万元的价格转让给了别人。这几年经营下来，他与妻子打理小店，并没有赚到钱，倒是木姜子帮忙那段时间，回收了一些投资款。办理完转让手续，他与房东打了个招呼，轻描淡写地说了声再见。

然后，他去了医院。他得了胃癌，已是晚期。他没有和木姜子说。关于那天晚上的事，他不是故意的。亚当和夏娃的事，蛇是无辜的。你不能说雨点落在你的身上而你感冒了是雨点的错，它有它既定的使命。相遇本来就是一个无法用科学解释的难题。爱情与艺术一样，生来就是用来歌颂伟大的，而不应成为埋怨与谴责的对象。

他想着，在医院待一段时间，然后安然地离开这个世界。每个人都有权利选择自己死亡的方式，上帝管不了，他只能净化灵魂；菩萨也管不了，他只能慈悲生命。三毛死了，海子死了，凡·高死了，海明威死了，母亲给了他们生命，但18岁以后，自行做主。

山信在思考自我了结的方式。

六

第二年的春天，木姜子的孩子已长得很可爱了。瞒骗邻居说学长是丈夫，倒是使邻居甚为羡慕。学长扮演的角色是成功人士，长期在杭州打理生意，半个月回去陪她和孩子一两天。

我们总是用自己生命中的时间，来表演别人的故事。

但这样长期下去对学长是不公平的，学长有意无意地提出是不是可以一起生活的话题，她总是笑而不答。生命给她如此际遇，

她要尽量避免伤害身边更多的人。如果她与学长一起生活，对学长不公平，对山信不公平，对自己也不公平。因为她心里一直牵挂着山信。就算人生是一出戏，也需要用心表演。

她离开青芝坞后，一直没有退掉在青芝坞租住的房子，因为那间房子里全部是书，全部是山信书店里的书。当年，在遇到、爱上他的时候，她策划过如何经营书店，其实并没有起到什么效果，就算惊涛骇浪式地办过那么多分享会，也是徒劳。一场高谈阔论的分享会下来，并没有什么赢利。而书店生意好转，源于她密谋的另一个方案。她找到浙江大学的很多学生，给他们钱，不定期请他们代买他书店里的书，然后把所有的书放在自己租住的房间里。自己住的二楼房间放不下了，她又租了房东一楼的一个房间。工资不够，她卖掉了父母在老家城里给她买的房子。最后，她租的两个房间，只能容下一张床，很多女生的必需用品，都被挤到角落。

现在她一边找他，一边找同学帮忙，把她租住的青芝坞的房子装修成书店。房东要搬走了，刚好可以把房子整栋租下，虽然一年5万元的租金对于没有工作的她来说，是不小的压力，但在这个世界上，父母不仅是她的精神支持，也给她物质上的支持。虽然内心愧疚于自己的父母，但她想，以后一定会好的。父母都过了六十岁，好在身体还比较健朗。父亲经营了一家小公司，主营中药批发，近些年，很多中药原材料都由人工种植，竞争大了，生意没以前好做。不过，父亲还是坚持到大山里的村民家中收购野生药材，杭城里有些老牌药店的老医生，指定要他家的药材，因此家庭经济状况还算过得去。

书店装修好以后，木姜子自己设计了一个门牌：小陌。这个名字来自陆游的诗“城南小陌又逢春，只是梅花不见人”。自从开了书店，她一边带孩子，一边将剩下的时间几乎全用来看书。这些书，90% 山信都看过。她要把山信看过的书，全部看一遍。目不转睛久了，眼睛出了问题。

木姜子去了医院，医生给她配了一副眼镜，根据她的要求，近视镜片上加了墨色。她每天戴着这副墨镜，就算去幼儿园接女儿，也不拿下来。她懒得理会窃窃私语和从人群夹缝里斜视过来的目光。她会一直守候这个书店，是不是要传给女儿，也许不用想那么远。不过她有自己的想法。

近几年，政府对青芝坞进行大整治，这里已变成一个漂亮的小镇。她也多了一个有趣的“邻居”——假鬼假怪。这是一个台湾人在这里开的面馆。这个台湾老板在大理多年，也开了一家小面馆，因为爱上一个杭州的姑娘，就到杭州来开了一家分店。面馆装修非常文艺，有很多台湾的特产附带出售。店内的装饰是用书和扎染完成的，与其他小吃店的风格完全区分开来。台湾老板时在青芝坞，时在大理，两边兼顾。真希望有一天，有情人终成眷属，让那些有爱的人，不再奔波。

木姜子坐在青芝坞的书店里，听着侃侃的《无所事事的夏天》。唱片机是山信留下来的，磁头已经有些不好，在划过大碟的时候，偶尔有“哧嗞”的声音。不过，她似乎习惯或者说喜欢那种略带记忆的声音。这个社会，每个人都期冀着未来的美好，而她一直很勉强地过着日子，明天的事，她很少考虑，明天总有明天的问题和解决问题的方法。近来，她有一个更加“退步”的想法，她在找一栋房子，一栋山里的房子，把书店搬到山里去。她需要把孩子安顿好，一个星期看孩子一次，其他时间就委托给孩子的外婆吧。很多人认为，女人有了孩子之后，会觉得孩子是这个世界上唯一的依靠，而她有自己的理解。虽然对孩子有太多依恋，但孩子仍需要独立。她当年在学校时作为交换生，去美国待了两年，自己又曾经是教育工作者，对孩子的关爱有自己的方式。人这一辈子，兄弟不能陪伴我们一生，父母也不能陪伴我们一生，另一半总会或前或后地离开自己，朋友、同学到了一定的年龄，也就不是你走就是我走了。唯一能陪伴自己一生的，大概是自己的爱好。也许有人会说，爱好其实也很奢侈，得把马斯洛需求层次解决一部分，才能谈爱好。如果有朋友与她谈这个话题，她总是淡淡而笑，推荐朋友们去看一本叫《瓦尔登湖》的书。人们总认为离开了自己，周边事物会无法运转；其实可能离开了你，周边事物会运转得更好。

丢掉的东西越多，你就越像自己。

孩子有孩子的未来，保持空间距离是给双方自由。自从与山信别离后，她的生命里，不仅仅是儒家的忠孝仁义礼智信，还应该有一部分给自己。一个人看电影，一个人旅行，一个人在酒吧里。

她也曾想过，要不要在书店里配一些咖啡和西式糕点，增加一些收入，以支付房租；也想过把当年山信的那家民宿再转过来经营。朋友们也常来坐坐，谈论的事，大多是开一家小店真的不容易，非常辛苦，这个辛苦一部分来自市场竞争，一部分来自其他干预。可能这也是淘宝网迅速成长的原因之一吧。毕竟在网上开店，相对容易一些。她曾到青芝坞对面的一家小面店吃面，店是三姐妹开的，装饰得非常“韩国”，加上三姐妹颜值都不错，这样的美食与美女在一起，生意很好。青芝坞是个神奇的地方，很多人的生意并不好，但无论什么时候，无论房租有多高，店总有人接手。

其实，在无聊打发的光阴里，她也想过要不要多开几家书店，

小时候轻盈地想飞翔

长成有条件的成年人后

身体已很肥胖

虽然只是一闪而过。那天下午，书店里没人，她准备去西湖边的晓风书屋看一位朋友。从青芝坞书店走到那边，大概需要一个小时。走西湖边的路，是幸福的。她步行在当年刚来青芝坞时常走的那条竹林小道上。那个时候，青春是多么美好，脑子里全是轻盈，风是轻的，水是轻的，花瓣是轻的，就连晚上的月亮都是轻的，自由自在的年龄啊！现在，她还是一个人走在这里。那些准备结婚的新人们，仍然在拍着照片，换了很多角色，风景还是四季轮换过的风景。西湖有很多关于情感的故事，木姜子喜欢苏小小的爱情。古时的歌伎多是卖艺不卖身的，而且都有一定的艺术功底，就如唐宋时想当和尚，要求、标准都是非常高的，没有很高的修养，是不能成为和尚的。为爱情能坚守，用生命来维护，估计在苏小小之后，没有几人了。这天的西湖，有一点点墨色，是水墨画的意境。走到晓风书屋，她用了一个半小时，朋友早就泡了茶，没有别的客人，两个人就敞开闲聊了。

她从西湖边走回来的时候，路过9号酒吧。当年，她与山信第一次约会就是在这里。那天晚上月亮很美好，她把她的身体第一次给了山信。至今，她也没有想过第二个人。在这个价值观包容开放的年代，她算是古板的年轻人。对于爱情，她太古板了，古板到至今还是一个人。

她决定离开青芝坞，去山里生活，在山里开店。当年，台湾的薰衣草庄园就是两个台北的姑娘到深山里去开的店。木姜子被这样的生活方式深深地吸引。

一个女孩子，一个人去山里生活，可以的。

七

绍兴是中国重要的文化城市。绍兴有个县叫新昌。新昌有著名的“唐诗之路”。木姜子至今仍然不能明白，为什么当初李白多次去那个地方？是不是与中国山水诗鼻祖谢灵运有关，或是去寻觅王羲之的足迹？在那个地方，有一座天姥山。天姥，就是天宫里的王母娘娘。李白也因为这座天姥山而写了著名诗篇《梦游天姥吟留别》，入选了中学语文课本。

天姥山是一个非常美丽的地方。木姜子准备到天姥山开一家小民宿。

木姜子一个人开车到了天姥山脚下，再沿一段村道而行，有“车到山前必有路”之感。一直走到一个山坡下，远远看见山坳里有一栋小房子。再过一段蜿蜒小路，路上有车子行驶过的痕迹，大概只有房东的车子吧，其他人去那里干吗呢？带泥土的小路中间和两边，长了很多青草，一些野菜也随意自由地生长。鸟鸣叫

的声音似乎比城里的更清脆一些，能听出它们有欢乐的情绪，城里的鸟叫总是有一种说不出的无奈的埋怨，或者叫声听起来无聊，让人不耐烦。也许，杜鹃鸟在这里叫出的“苦啊，苦啊”的声音，也有调侃的意图，而不是人们想象的那么悲怨了。杜鹃鸟背负着一份怨屈，从出生到死亡，一直这样叫着前世的遗恨，可在这里，叫声却变得美妙起来，是不是离开城市的人到了森林里，那些前世今生的爱恨，就淡化了。所谓的怨恨之鸟，只是人们根据自己的内心描绘出来的吧。小路两边的花朵也是柔嫩的，就算山风粗野，也没能改变它娇美的样子。这里的花非常特别，说不上来的鲜艳，见到这样的花，有心旷神怡之感。

她看到一只无脚鸟。

传说中的无脚鸟，一生都在飞翔，寻找着什么，它栖身之日，便是死亡之时。它唯一休息的方式是躺在花蕊上。木姜子看到了它，而无脚鸟在花蕊里闭目休息。

木姜子很快租下了这栋房子，打算做成三个房间的民宿和一间咖啡书店。

租下房子，拍了木结构房子的照片。木姜子回到青芝坞，就开始自己设计民宿了。谁说，开一家小民宿，一定要找设计师呢？自己就是最好的设计师。人一生最伟大的作品是设计自己，从出生到死亡，或长或短地设计了几十年，一个小小的民宿算什么？

自己设计样式，自己买材料，自己搬运物品，自己搭书架，然后再找房东大伯帮忙搞定一些基础设施，钉一些木板，拉一些电线。她把书店门口的一处地方撒满了从新昌县城农机站种子公司买来的四叶草种子，又到山坡的竹林间，背了一些土下来，铺盖在种子上。竹林小溪边的土壤非常肥沃，都是黑色的，铺平后，在上面浇透水。四叶草是幸福之草。在房子的右前方，有一块空地，她把这块小空地拢出沟来，分成了四块，一块种黄瓜，一块种香菜，一块种生菜，还有一块种茄子。她找来竹枝，在种黄瓜的地方搭了小架子，等它的茎慢慢爬上来，开出一朵朵小小的黄花来。她到南山坡上，找了几株山茶花，移植到书店门口，书店就有了欢喜的气氛。根据大伯的指引，她绕到书店后面，找到一个山泉眼，用锄头挖了一个小坑，又找来自己带来的软水管，这样，一股清冽的山泉就引到书店里来，泡茶，煮饭，用山泉水敷脸，这些大自然的馈赠，是无法用物质来衡量的。忙完这些事后，她站在这里，看着大山，也算一种休息，那种佛家止语才能悟出来的境界，无限美妙。

半年后，民宿就算完工。没有什么开业庆典，她编辑了一篇公众号推文，发布开业大吉。这几年，她把相思与所有的委屈，变成这里的砖瓦榫卯，堆砌在这栋房子中，与自己浑然一体。

在寂静的星空下，人会有更多想象力。在晚上沉默的大山里，人会有更多敬畏心。这里的晚上，月亮是挂在书店的屋檐上的，木姜子把当年山信送给她的一个小铃铛挂在门口，风一吹，以为是月亮发出来的声音，悠远而轻盈，回荡在天地中。星星非常明亮，各种星座不用望远镜之类的仪器，直接肉眼可见。特别是北斗七星，感觉可以用手随意镶嵌。

在城里，人们因为害怕失去什么，拼命借用晚上的时间完成白天未完成的事。而在大山深处，白天就是白天，夜晚就是夜晚。清晨，花草的叶子上有露水，傍晚，落霞清晰地慢慢变着色回到山那边。唐初的王勃在这样的情景下，才能诵出“落霞与孤鹜齐飞，秋水共长天一色”。在这里，只关注树木生长，关注野草风摆，关注小路上仓促逃窜的野鸡，关注茶树的枝梢开始冒出嫩芽来。与自然相处，人的素质自然不低。人与自然在一起，品德与自然趋于一致，就不用修炼了。

八

冬天的时候，木姜子准备回城里一趟，与同学们有一个小聚会，孩子也需要母亲的关怀。

冬天的山里，门口杉树剥落叶子后的挺拔，能体现树的伟岸。冬天里的树最磊落了，落下所有繁华，可见真实的树干，直上云天，顺着树干，举目到用手遮住光线，才能见到最顶端的树梢。为什么北方人的性格直截了当？大概因为，他们看惯了一棵大树夏天枝繁叶茂，也看透了它冬天的一丝不挂。木姜子一想着回去，所有的事都成了打扰。就如人身在异乡多年，有朝一日计划着回家，所有的事都会让人变得烦躁，一心只想着回家。

木姜子回城是为参加同学会。

同学会上，她碰到学长。好久不见，先是一顿寒暄，再就各自述说发生的变化。谈得开心的时候，木姜子强烈要求学长到她的山里小店看看。学长对于木姜子的建议，几乎从不拒绝。第二天一早，两人就一起去了天姥山。

在她的内心，她崇拜学长的优秀，但那不是爱。去天姥山的路上，学长开车，一路沿山路而上，幽默风趣的话，使她的心情明朗了。那天天气不太好，山上云雾比较重，到最后一段路时，能见度大概只有一米。如果在正常情况下行驶，只要15分钟就到了，可这次一直找不到去民宿的路。木姜子迷糊起来，明明只

醉酒当歌

何必可“莲”

有一条路，她非常清楚的，为什么到达不了呢？车子一直转悠到下午快6点，他们终究没有找到去民宿的路。她想应该是雾太大，虽然自己在山里也有些日子，但不太常进出，对路况不熟悉。最后，他们只能悻悻而归，学长在回来的路上仍强颜说笑，然而两人已没有上山时的心情。

她的人生归宿不在学长这里，也许她不应该带学长来的，或者应该下次天气晴时再约学长来。

九

过完春节，木姜子又去天姥山。这里只是一个生活的地方，营业不营业，根据自己的心情确定。民宿也关门一段时间，现在，她回来再开门营业。

民宿业是个传奇的行业。每个人开民宿的目的不一样，但各有乐趣。

有的是用来养老的。

有的是用来方便亲友聚会的。

有的是用来治病的。

有的是用来投资的。

有的是用来逃避现实的。

有的是用来娱乐的。

有的是用来创作的。

有的是用来亲近自然的。

有的是用来回家的。

有的是做文旅地产的。

有的，是用来疗伤的。

春天万物复苏。春天的阳光总能打开一切人的心，让开心的更开心，让郁结的忘记了抑郁。木姜子快到时，远远地看到高高的杉树已出绿芽，土里的生物都出来了，一切欣欣向荣的样子，山里一片绿色。她走在最初来的小路上，路边的花已开放，她又看到了那些柔软的小花，开得非常好看，在春风里轻轻地摇摆。她深吸一口空气，新鲜得已感受不到自己的重量，整个人似乎轻了很多。如果不是泥土印着脚印，她还以为自己是在空中行走。这个时候，她又看到无脚鸟躺在那朵小花上，小花温柔地托着无脚鸟，小鸟看起来非常惬意，没有了传说中一生飞翔停则死亡的悲伤与疲倦。她准备拿出手机拍下，也算证明这个世界上是有无脚鸟存在的。那只小鸟应该是休息饱了，身子向下轻压，借助风与花叶的弹力，展翅已在松叶间，发出清脆的鸣叫，欢喜地飞走了。她也无所谓是否拍到照片。随着这个美妙的环境，她的心情舒畅了。啊，多么美好的人世间！

人生有三老：
老伴
老友
老屋

走到民宿，门是虚掩的，里面的灯是亮的，屋子里也是一股春天新鲜的味道。她原本以为一个多月没来，店里会有一些霉味。靠着照进来的阳光的桌子边，坐着一个40多岁的男人。在她发出的脚步声中，男人抬起头来。一刹那间，她懵了，眼睛睁得很大，手里的包物全部撒落一地，脸刷青，又刷白。她看到的，正是已“死亡”的山信。

他不是死了吗？

他怎么可能在这里？

他怎么能在这里？

思念到了极点，她已忘记了所有的顾虑，只有拥抱，紧紧地拥抱。用歇斯底里的方式抱在一起。

接下来，是长长的、绵绵的诉说。

当年，他知道自己已是癌症晚期，在或许是自私的思考后，他决定到一处山里，度过自己最后的人生。他一个人带些行李，没有与医院办过手续，就偷偷地走了。他也想走前告诉木姜子的，但考虑到当时两人的情况及木姜子的性格，他知道，只要告诉她，他肯定是走不了的。他走了很多路，也搭了几辆车，进得天姥山脚下。天姥山，应该是天上神仙偶尔来凡间休息的地方。他一直在村道上走，一直走，他走到了通向这里的一条小路，看到路边有一朵好看的小花，看起来柔软娇美，上面躺着一只无脚鸟。他也曾奇怪于这只小鸟为什么没有脚，但由于当时已是将死之人，他也懒得管这些奇幻之事了。他一直走到这里，在附近找到一间房子，就住了下来，时间久了，知道这里其实有很多人。他后来了解到，这里的人，都是人世间灵魂干净、有信仰、有诚实之心的人。假如你在社会上牵绊太多，心术不良，或者放不下财物，就算你走到这里，也是看不到那朵花的，当然更看不到那只无脚鸟。看不到那朵娇美的小花，看不到无脚鸟，是进不到这个世界里的。就如《桃花源记》里的那个武陵人，巧遇那个村庄，是因为当时武陵人心无杂念；再来时，已怀计谋于心，故始终找不到入境之路。山信说：到这里来，一年只有两次机会，一次是春天，一次是秋天。那朵小花一年只开两季，无脚鸟一年只来两次，就在春天和秋天里。在这里，一切都是最自然的，空气、水、阳光、草木，大自然不会随便抛弃一个人，只要你尊重大自然。没有功利心，人们相互尊重，虽然有很多文明的元素，但这里的生活状态就如远古社会。类似尧舜禹时代，所有的一切都是按大自然的法则来的，种子种到土壤里，自然生长，不施肥料，蔬菜和庄稼与虫子一起生长。一个萝卜从地里拔出来，一半已被虫子吃了，种菜的人吃剩下的一半，共处共生。因为种菜的智慧是造物主给的，不是你自已的，你的力气也是造物主给的，种出的蔬菜及其他收成，需要分享给身边的万物。虫子吃了萝卜，是大自然生物之间的分享，而不是虫子偷吃了你的萝卜。如此，放下一切的他，身体慢慢好了起来。他与她之间的一切需要感谢自然结合，感谢自然分离，感谢能在一起，感谢想念也是一种美好。这里的一切，道法自然。随缘时，缘分自然而然。

山信说，刚来的时候，内心领悟远远不够。有一天来了一条狗，他就收养了，给这条狗起了一个名字，叫“放下”。每天黄昏，狗总是迟迟不归，他就到处找狗。来到南山坡，大声叫着狗的名字：“放下，放下，放下，你在哪里？……”形与心相结合，灵魂渐渐清纯。

木姜子忽然明白，春节前，她与学长为什么找不到来民宿的路，也许是自己有了杂念，也许是学长的心境未达净度，所以，无路可达。

木姜子在这里与山信度过一段时光，这里的日落与日出都能把天边染出大片红色，壮观得让人感悟这才是自然。店里有时候会有野兔子跑进来，东张西望后离开；鸟儿把自己的窝做在店后面的树上；山里的花，间隔开放，有时候一片艳丽，有时候一片洁白，有时候紫色满山遍野；清泉从书店后侧的石缝里汩汩流淌……

时光美好，让她担心失去。她想回杭城青芝坞一趟，交待一些事情，然后回来与山信一起长久生活在这里，这里才是归宿。山信同意木姜子的想法，希望她早日回来。如果可以，也带孩子到这里来，在这里一起生活。

一个人生命中的乡愁有三级。

一级：我们从哪里来，要到哪里去？

二级：我出生的故乡还在吗？

给这只狗起一个名字叫“放下”

找不到它的时候

我就呼它的名字：

放下

放下

放下，你在哪里……

三级：吾心安处是故乡。

木姜子觉得现在自己到达了第三级：这里有爱的人，就是故乡。

十

木姜子回到城里后，开始与学长谈，与父母谈，与同学谈，与亲友谈，也与自己的女儿谈，谈以后接她去一个美好的地方。她以为自己将很久不再回来，所以需要交待太多事情，可是她不知道，灵魂有时候会蒙蔽一些事。在尘世间，你交待的事越多，背负的就越多，本来想放下的东西，却以不同的方式加重了她的包袱。终于她哭了，她越想放下的，却越无法放下。最后她决定，暂时搁置这一切，先回山中的店里去，以后的事，会有解决的办法。她的价值观一直是这样。人们也会原谅她出于爱而做出的一切决定，她最大的决定是带着孩子一起去山里。凭她与山信的学识，足以教育孩子到小学毕业。况且，听说山里也是有学校的。

就在她计划好一切动身返回之后，最后一段路上，她没有看到那朵花，也没有见到那只无脚鸟。无论春天，还是秋天，每一次，她只能无功而返，有时候一个人，有时候带着孩子。她知道，她决定放下一切时，一切却进入她的心里。她为这些痛苦过、迷茫过，去过瑜伽馆学瑜伽，想让自己清静下来，却无论如何也静不下来。她知道这一次，她自己也很难再去山中的店里，心情忧郁之外略感宽慰的是，至少山信在山里，可以打理民宿。

回到青芝坞后，她休整了几天。之后，她去了很多地方旅行。大理是她喜欢的地方，一个同学在那边开了小客栈，她以做义工的方式待了一个多月，后来她去了印度、非洲。一个人，一条不知道明天在哪里的路。再后来，木姜子从埃及回来后，没有再尝试去山里的小店，女儿与学长的感情已非常深了，她不在的日子里，学长一直用心地照顾着她的女儿，接送读书，辅导作业，带着出游，偶尔她也参与。三个人看起来就像一家人。除了她的心思有时候飘摇外，真的是一个不错的“家庭”。

秋天，她一个人开车来到天姥山下，把车子停好，沿着山路一直而上。木姜子准备在这个万叶飘零的季节与学长正式结婚。结婚前，她想对似有似无的事做一个了结，就一个人来到这里。山是安静的，风是安静的，阳光也变得静谧，光线从秋叶间洒落下来，照在落满松针的路上，金黄色的，这是只有原野和大自然才有的富丽堂皇。这里的辉煌感是用阳光、树叶、风组成的，跟城里的钱币、建筑物、贵金属叠起来的不一样。今天也有雾，但这层雾使这里成了云雾缭绕的仙境，没有树木的地方，远远看去，似是云海，一层一层的，像弹好的棉花，铺放有序。木姜子的心是透明的、轻松的。突然，她看到了无脚鸟躺在那朵娇艳的小花上，她已是不悲不喜的心情，她知道，她要到山中的店里了，一家在深山里的小店，或者是神仙才能居住的幸福小民宿。

她远远而来，山信站在书店门口。

意外的到来，让她自己都无所适从。她让他紧紧地抱着她，不想说话，不想松开。秋天的拥抱是最温和的，不冷不热的天气，刚好的体温，风轻云淡。她的泪水在山信的衣服上肆虐成海，她泣不成声。她再也不想离开了。

相思十年，只需此时一抱。

在接下来的三个月里，他们形影不离，相依相偎，与邻居偶尔小酌，与陌生朋友在深秋里围炉夜话。一起看云海，看日出，一起把秋天的叶子捡来，做成书签，送给来店里的人。在这里，经营的方式单纯，没有策划，没有计算和算计。

一天早晨，山信起早在山间散步，见到了那只一直引路的无脚鸟，飞舞在他的额前，口中含有一物。山信下意识地伸手拿住那个小物件，无脚鸟便瞬时无影无踪。山信一看，是纸片卷成的信。

山信：

世上有一种鸟没有脚，

生下来就不停地飞翔，

飞累了就睡在风里，

一辈子只能栖息一次，

栖息后就变成一朵娇艳的花，

直到凋零，

我就是那只无脚鸟。

你的叶鱼

十一

山信的妻子叶鱼那天写生未回。搞艺术的人很容易在艺术中迷失。艺术家若没能用哲学和信仰铺就精神通道，最后可能非自杀即疯狂。历史上有大量的证明，三岛由纪夫、顾城、凡·高等等。这样说来，叶鱼有自杀的想法也不意外。

叶鱼与山信的爱，是源于各自才华上的吸引。山信是文学天才，古今中外名著的一字一词一句一本，像是刻在脑子里，随时调动，出口成章。他用脑袋调动资料的速度，比百度快，有时候超过计算机的速度。叶鱼面容一般，画画天赋颇高。当年毕业时，她的毕业作品在展出现场就被一位收藏家以2万元价格购买，引起不小的话题。她与山信同居一年后，就登记结婚。结婚时没有举办婚礼仪式，一是因为山信的家庭条件不富裕，不想给他压力；二是他们都是有独立思想的人，形式对他们来说不重要。走个结婚的过场，主要还是给父母面子，给从小看着她长大的亲友邻居一个交代。

山信的文艺才能，大多是周边人茶余酒后的谈资，人们觉得他是一个“神人”，一定是上天派下来的。他对一切了如指掌，但这些不能兑换成钱，经济价值非常小。叶鱼的画才有直接变现的功能。以毕业作品就能卖2万元一张的价格为基础，走向社会后，她的画价更高了，她年轻又高产，一年能赚百万元。他们用赚来的钱，开了民宿 + 书店 + 画廊。这是山信喜欢的生活方式。叶鱼愿意跟山信一样。

很多时候，叶鱼很享受山信对她才华的依恋和对她赚钱能力的依靠。这种微妙的感觉不需要说明，现状就是如此。她越是这样想，就越想让自己成名，被社会认可，她相信这样，山信会越爱她。然而，她开始渐渐烦躁，越来越感觉不到绘画的灵感，常在一幅作品画到90% 的时候，恼火地把画撕得粉碎，偶尔还埋头痛哭。山信用全部知识疏导她，劝她不必强求。她开始偷偷地抄袭一个西方画家的画。那位西方画家的知名度一般，故无人在意。一次，叶鱼抄袭了那位西方画家的《失眠》，参与了一次拍卖会，竟然以300万元成交，媒体给予了大量报道。在国内，像叶鱼这样的职业画家，一幅画卖10万 ~30万元的太多，一下子拍出300万元的价格，媒体不会放过这个话题点。然而在互联网时代，消息一出，马上被那个西方画家看到。一对比，他发现叶鱼的画完全抄袭他的作品。更让原作画家无法忍受的是，叶鱼成名后，一直在抄袭他的作品，并且在各种场合拍卖。原作画家起诉了她，经过国际友人的协商，叶鱼赔偿了500万元算了结此事。从此，叶鱼变得颓废且神经质，常常与山信吵架，无法控制情绪的时候，会焚烧自己的作品。山信一直耐心地陪着她，如此一年后，叶鱼的状态略微好转了一点。

在内心深处，叶鱼认为山信爱她，是因为被她的才华吸引，她卖仿作画可以让山信生活得更好。而现在，就算民宿的经营流水足够正常生活，她也无法接受这样的状态。没有了绘画才能，

送朋友一支竹子

竹子比花活得更久

因为估计着

他会好久不回家

山信为什么爱她？

那天，她对山信说，她要出去写生，寻找灵感。其实她已没有创作的热情。她一个人开车一路行驶，直到看到一块指示牌：新昌—天姥山。车子开到公路的尽头，她只能下车徒步。夕阳西下的光线，折射在河面上，成一道炫丽的光，五彩缤纷，把这里装扮成一个彩色的世界。路边，有一块巨大的石头，石头上坐着一个白发慈祥的婆婆。叶鱼走近婆婆，问她再向前走，山里有什么。婆婆笑着让她休息一会儿。在闲聊中，叶鱼越说越伤感，越说越无助，把她的所有经历全部说了出来，开始低声啜泣。婆婆始终笑而不言。叶鱼感觉自己把所有的话都说完了，婆婆轻轻擦拭她的眼泪，对她说：有一个办法可以帮你解脱一切，你是否愿意？叶鱼说：愿意。婆婆说：天宫中有一种蜂鸟，非常小，她每年有两次机会来到人间，帮助有缘人解除痛苦。只要此人与它有心灵感应，天然合一，人便会消失，灵魂寄于鸟身。由于是天宫仙鸟，此鸟永远不能停落在人间任何物体上，唯一休息的方式就是躺在没有被人采摘过的花的花蕊之中。因为不能驻足停歇，人间传说它是“无脚鸟”。当你与鸟合为一体时，有三个愿望可以实现。之后，鸟也会化为灰烬，永远消失。

婆婆唤来天宫的蜂鸟，在落日余晖下，透过七色云彩，蜂鸟与叶鱼融为一体。叶鱼的愿望是：

（一）她走了，不让山信痛苦。山信遗忘她，重新获得爱情。

（二）山信身体不好，也不善于赚钱和应对各种交际。让他来天姥山开家民宿，与世无争，一生平安。

（三）山信与相爱的女孩在天姥山举案齐眉，相伴终老。

你并非身在他乡

有一类人，出生在这个城市，一直在这里生活，却对这个城市充满迷茫，爱上一个人，又离开一个人，如此反复。他们曾努力尝试远行，却又无功而返，就算到了远方，兜兜转转，最终又无处可去地回来。类似候鸟，却不全是。

有一类人，从读书开始就离开家乡，毕业后大多留在城市里工作；或者小时候就直接出来闯世界。经过多年的打拼，买了房，结了婚，也有了孩子。当他们回老家时，童年记忆里的事物因时代发展而消失殆尽。他们寻找故乡的感觉，却发现一切游离于记忆之外。假若真的让他们回到出生的地方，住上一个月，他们又开始思念自己居住的城市，自己也不知道哪里才是自己想要的。

最后只能说，有种感觉叫乡愁，然而，一辈子也没能真正理解乡愁的意义。

还有一类人，不停地更换城市生活，不停地出走到别人的城市，他们以“停下来就是孤独”为假想意念，一直行走，不敢在某个地方逗留太久，否则他们就会怀疑活着的意义。最后导致：留下来，是迷茫的；走，也不知去何处。只是简单地更换行走的城市或国家，一生追求“生活在别处”。

这些人，似在故乡，却在异乡。他们很难辨别自己身在何处。

一

初冬，我接到森哥的电话，被邀请到日本看望他。当时，我正坐在老式烧柴的壁炉边椅子上跟桑洛聊天。这些年，每次听到老朋友相约，我总是尽量去一趟。随着年龄的增加，习惯了每次聚会时讨论最多的话题就是谁做了胃镜，谁“三高”了，谁做了什么手术；同学会开一次少几个。已经很多年没见森哥了，他是我而立之年后，人生中重要的师友。我早些年就在现在的这个小村子里生活，当时跟习相近的朋友们在这里各租了一个小院子20年，与山水为伴、花鸟为邻，算得上半个“逍遥子”。听到森哥相邀，我非常开心。我很兴奋地跟桑洛说：我得去日本一趟。森哥已定居日本札幌快20年了，在小樽附近租了一套房子，开了一家咖啡馆。家里多出一个房间，一直用来做民宿，接待全球旅行者。能遇到有趣的人，是他一辈子的愿望之一。

因为是冬天，穿了很多衣服，我的行动有点缓慢。我穿上保暖衣服后，外面加了一件藏青长呢子大衣，围了一条格子围巾，戴上我的帽子，脚上穿了一双锃亮的皮鞋。如此盛装出行，像是参加婚礼或一个孩子的生日 Party。我从上海机场直飞日本札幌机场，再坐火车去了小樽。日本的火车是可以自行租用的，一节车厢可以坐6个人。遇到路上的风景好或中途有事，可以停靠备用轨道自行下车。可租用一节车厢，也可以租用多节，最多不能超过三节。小樽是一个童话世界，也是我们这一代人记忆里浪漫的地方。在我20多岁的时候，日本一部电影《情书》影响了中国一代文艺青年。去小樽的路上，我看到一栋栋房子被一层薄薄的雪覆盖着，时光回溯，那是宫崎骏动漫里的世界。因为雪不厚，房子的原色仍有些显露，一会儿是蓝色，一会儿是粉色，用白雪“调和”后，更加梦幻。森哥曾在国内他家乡武汉的东湖景区内打造过一个咖啡小镇，小镇里有20多栋各式各样的小房子，他给每栋房子起了一个国家（地区）的名字：埃塞俄比亚馆、肯尼亚馆、北欧馆、澳洲馆等。春天、夏天、秋天时，房子各自五颜六色；到了冬天，森哥会用涂料把所有房子刷成白色，若遇一场雪，也是童话世界，与他现在住的地方，有一种冥冥之中的关联。

见到森哥的儿子阿龙，一阵寒暄。阿龙年纪不大，已有几许白发，气质较好，有艺术家的样子。阿龙在日本神户开了一间咖啡馆，生意不错，平均每天有1万多日元收入，好的时候一天有3万多日元收入。对比一个月8万日元的租金来说，还是有不少收益的。除了咖啡、饮品之类，阿龙还有一个“生财之道”。他从阿里巴巴网站上寻找精美的小摆件，寄到日本，放在店里出售，非常受日本女孩子的喜欢。阿龙25岁时因森哥引导来日本生活。当年是以读日本语言培训班的名义来日本的。记得那个时候，阿

我有一把吉他：『没有什么能够阻挡 我对自由的向往』

龙擅长弹吉他和唱歌，参加过很多歌手选秀大赛。因他在日本有三年以上的经营权，现已成日本户籍，娶了日本女孩，还参加过日本札幌市市长竞选，终因各种原因没能成功。回想起我30多岁时与森哥相遇，是在杭州西湖边的青芝坞小村庄里。晚上，我们坐在小民宿院子里喝威士忌，森哥说：如有一天我老了，我会跟海明威一样，一把枪，一颗子弹，结束生命。森哥有武汉硬汉的气质。

森哥曾说，就算再老，也要坐在自己开的咖啡馆门口，喝着威士忌，看年轻美丽的女孩子无限风华地从门口路过。他现在做到了，在日本做到了。这是他对自己一生追求美的事物的调侃。他一生追求小而美的事物。“小的，是美好的”“参差多态，乃幸福之本源”“自雇佣是年轻人的未来”“一只特立独行的猪”，这些字句，他常挂在嘴边。

森哥虽有些消瘦，却精神很好。一瓶威士忌，仍旧高谈阔论。我与森哥是两个城市的人，因兴趣相近而认识，聊天中，就少了很多七姑八婆、家长里短的话题。聊到深夜，我问森哥想不想武汉老家。他喝了一口酒说：家肯定是想的，但不留恋，现在虽在日本，但阿龙在，自己也有一家理想的小店打理，偶尔有朋友来叙旧，很幸福，很快乐。睡觉前，他让我陪他听一首歌，《汉阳门花园》：

小时候的民主路冇得那多人

外地人为了看大桥才来到汉阳门

汉阳门的轮渡可以坐船去汉口

汉阳门的花园

属于我们这些住家的人

冬天腊梅花

夏天石榴花

晴天都是人

雨天都是伢

冬天腊梅花

夏天石榴花

过路的看风景

住家的卖清茶

现在的民主路每天都人挨人

外地人去了户部巷就来到汉阳门

车子多　人也多

满街放的流行歌

只有汉阳门的花园

还属于我们这些人

我走时就好像在国内与森哥告别一样，打个手势就走了。我一个人沿着小樽的运河边漫走。很多年前，我也常来这里。冬天常来北海道看雪。还记得有一年冬天来北海道，看到白色的世界，写了一篇5000字左右的小说，可惜那篇小说现在找不到了。森哥在困难的时候跟我聊过可以到日本写小说维生的想法。他说日本的版税很高，如果一本书的发行量有5万册，那作者就发财了；一位畅销书作家等同于富豪。我与森哥聊天时，大多在意淫中自得其乐。

我仍然在想森哥对于家乡的情感。他在这里真的开心吗？也许我的思想太守旧了。欧美国家的很多家庭或个人，对于在哪个城市生活非常从容，他们在意的还是内心的需要。

小樽运河边刚好被雪覆盖，河对面的房子倒映在河里。岸边一位老人坐在小凳子上画素描，天空飘起白雪，他仍然全神贯注地在画纸上勾勒。我走到他身边，问他能不能帮我画一幅画，他说可以。我打开手机，翻出我认为森哥最帅的照片。老画家瞄了一眼，就开始创作。大概十分钟，画就好了。我小心翼翼地带着这张森哥的素描画像，搭飞机回国。折腾一日，我回到乡村自己的小院子，把屋子里的一幅画取下来，画芯换上森哥的画像，妥妥地挂在墙上。

二

从西湖边走来，找到玉古路边上的一个小巷子，顺着植物园围墙，到我的小民宿，约3分钟。我与森哥坐在院子里聊天。

认识森哥是因为 Emily。森哥写了一本《就想开间小小咖啡馆》，发行近40万册，他因此成为国内咖啡业红人。全国各地喜欢小咖啡馆的年轻人们，通过各种渠道寻找森哥。其中，微博是主要沟通平台。咨询多了，森哥就开始设置线下咖啡课程。Emily 就是森哥的线下学员。因为 Emily 的咖啡馆是租用了我民宿一楼的公共区域开的，符合森哥“开家小咖啡馆要懂得节约成本”的理念，森哥便来探店。

森哥是知识非常渊博的人，热爱阅读，永远离不开的就是书本。在众多作家里，对他影响最大的是王小波。王小波的思想，一直是他年轻时的理想王国。他也成为王小波笔下“一只特立独行的猪”。后来，王小波逝世十周年，他在《城市画报》的发起之下，到北京见了王小波的夫人李银河，还组织策划了“重走小波路”活动。到了云南王小波插队的地方，大家在地上躺成一个“王”字，以纪念小波。森哥对于很多事都敢想敢做。森哥母亲的去世，对森哥的打击很大，为了寻求一份精神寄托，他喜欢上了咖啡，并且一发而不可收。为了咖啡梦想，也为了自己的兴趣爱好，他走遍全球，寻找咖啡，品尝咖啡，遇到各种“咖啡达人”。东京街头、台北街头、塞纳河边，都有过他的身影。他有很多好的理念与新鲜资讯，都会与大家无私分享。比如他建议我们用国外的一个网站，叫 Pinterest，里面有很多商家的照片，直观，有案例，有创意，非常好用。

跟森哥在一起，永远不用担心冷场，因为他有一万件事要说。只要给他一杯威士忌、一包烟，就可以了。我们坐在民宿小院子里，面对植物园，听森哥侃大山。

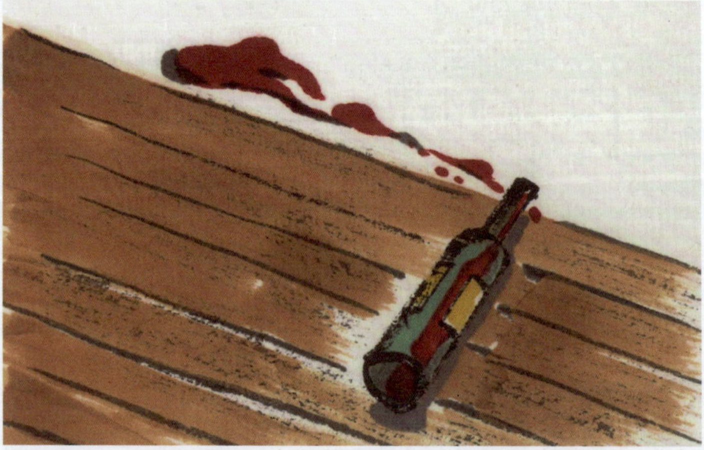

醉了以后　才是自己

森哥高中毕业后的暑假约了两个朋友，准备徒步神农架。为了以后走遍全球，先在家门口做试验。他每天坚持跑步，还督促其他两个朋友跑步，增强体质，以防支撑不住原始森林之行。在没有网络的年代，他跑遍武汉所有书店，寻找荒野求生的知识与方法。那次神农架原始森林穿越，他遇到很多奇怪的事。受到守山人的招待并被劝说回头，路上三人为了是否坚持走下去而争吵，夜晚的恐惧，信念的打击，等等。其中一个人中途返回，约好某天在某个地方见面，森哥两人返回后，却一直没有见到中途返回的伙伴。他们在原地等了两天，最后只能在猜想、沮丧中返回武汉。当时，他们不知道那个中途返回的伙伴有没有安全出来，假如在森林里迷路了，一定凶多吉少。回武汉后，森哥第一件事就是寻找那个中途返回的小伙伴，幸好，那小子安全在家。没有手机、没有网络的年代，事物与事物之间的时间差，让人们因为有太多等待而愈加惊喜。

大学毕业后，森哥因一件特殊的事，离开武汉去了广州，进入一家台资企业。因为表现优秀，他被台湾商人选为厂长。在1990年代，一个大陆人，能被台湾的企业选作领头雁，可称凤毛麟角。在广州来回武汉的飞机上，森哥认识了一名武汉的空姐。他喜欢至极，回武汉就拼命追求。空姐出于各种原因当时没有答应，森哥就每天去她家楼下喊：我爱你。通过死缠烂打和霸道式风格，森哥得到了这位空姐的芳心，如愿让她成了王夫人，后生有一子，叫王龙。或许爱情与婚姻真的是两个概念，在一起生活几年后，森哥离了婚。虽然森哥讲到“离婚”时，只是喝一口酒、点燃一支烟的淡定，但可以想象，那一定是个痛苦跌宕的过程。

母亲离世，离婚，加上森哥思想独立自由、渴望追求生命本质，他希望有一间自己的小店。一切由自己决定，把开小店当成行为艺术，呈现自己的独立IP，把兴趣、爱好、三观相近的人聚在一起。他从台资企业辞职，回武汉开过小酒馆，后又开咖啡馆。他的第一家咖啡馆是在北京开的，后来转让了，他又回武汉开。北京的那家咖啡馆，虽然店主已不是森哥，但店直到现在还在。因为有很强的独立思考能力和缜密的逻辑思维，森哥把咖啡馆玩得很“溜”之后，开始写书。他一直喜欢分享，觉得年轻人就应该“自雇佣”，有一门手艺，用勤劳创造自己的幸福生活。当森哥的书稿寄到中信出版社李静媛手里时，清新又实用的文字使李静媛主编产生了共鸣，李静媛主编着手出版发行。《就想开间小小咖啡馆》不负众望，成为行业畅销书，重印多次，10年卖了近40万册，常年排在亚马逊生活类图书第一名。可惜，亚马逊在2019年撤出中国。由于内容实用性强，符合一代年轻人追求美好生活的内心需要，森哥因此办了14天脱产的“参差咖啡培训班”，每期爆满。截至2019年，已培养学员2000多名。不能不说，森哥用领先的理念，培育了一代人对咖啡的认知，为咖啡在国内的普及立下了汗马功劳，也让当时很多有条件的年轻人幡然醒悟：大企业里的白领、公务员不是人生唯一的职业追求。一个人，一小店，一个因小而大的商业案例，应该被写进“哈佛商业案例”中去，用以研究时代变革中的中国“弄潮儿”的思想变迁。单从营收上看，一名学员学费12800元，2000名学员，就是2000多万元。森哥把小店的“主人文化”发挥到了极致。森哥非常讲究原则，坚守自己的信念，甚至有点“信仰固执”。这让我非常佩服。即便后来跟他合作开民宿培训班亏本200多万元，我仍然尊重他。他坚持“参差咖啡”不加盟。那天小院子里的晚风让人感觉很惬意，门前的树在风中发出沙沙的声音。夜晚总能给人以美妙感。我和森哥一起抽了一支烟，帮森哥算了一笔账：2000多名学员到现场学习，通过现场游说，根据二八分则，20%的学员加盟“参差咖啡”品牌，约有500家全国加盟店，每家店收5万元加盟费，就是2500万元收入。多大的损失啊！森哥喝了一口酒，有条理地回答我的疑虑。他说：一家小咖啡馆，本来就不是非常赚钱，很多年轻人开店，是为了一种生活方式，我们应该给他们更多的帮助，而不是收取额外的费用，希望这些年轻的孩子们能找到自己想要的生活，幸福而安心地过一辈子。

人，总要有信仰或信念。在这个复杂的社会中，几乎很难找到不随大流的人。人们往往在年轻时发誓要如何为人做事，进入社会后，就因为各种原因放弃了初心，给自己找无数个不得已的理由，随波逐流。

不伤害别人的横七竖八

是一种可爱

虽然森哥用个人很强的文化特点与能力，创造了一家小咖啡馆以外的天文数字的收入。但从商业角度来说，我仍然惋惜他的“剩余价值”。假如现在是另一番场景：森哥在武汉开了一间咖啡馆，因其个人魅力和能力，用180种创意方法把咖啡馆经营得有声有色，由此激发了森哥写一本如何经营咖啡馆的书：《就想开间小小咖啡馆》。书大为畅销，森哥因此成立“参差咖啡学校”。在全国2000多个学员里，有500个学员加盟了“参差咖啡”，加盟费每家5万元，额外收入2500万元。有1000家学员咖啡馆用了“参差烘焙工坊”的咖啡豆，每家每天的营业额约为3000元，大概使用5磅豆子，按照每磅70元计算，一家咖啡馆单纯一年从参差进咖啡豆的费用约为15万元，1000家店，就是1.5亿元。森哥还在2003年淘宝刚推出的时候，开淘宝店卖参差咖啡豆，根据最早进驻淘宝且经营较好的商家的营业额预估，每年网店现金流水至少有1亿元。这就形成一个庞大的咖啡产业链。品牌吸引力→线下培训→线下加盟→线上商城→线上培训→全国连锁→品牌吸引力。这是一个良好的商业闭环。如果这样，现在上市的就应该是参差咖啡，而不是瑞幸了。

为什么森哥的咖啡品牌以“参差”命名？这来源于哲学家罗素说的一句话：参差多态，乃幸福之本源。每个人都有自己的价值观，用自己喜欢的方式过一生，这样的人生才值得一提。我假想的，是我的。别人猜测的，是别人的。森哥做的，是森哥的。

那天晚上，我们一直聊到午夜一点多。听森哥聊人生的，还有住在民宿里的另外两位客人。住有趣的房子，遇上有故事的人，希望我的信念不会因为其他因素而改变，使来小民宿的客人，以美妙的体验方式度过回味无穷的一晚。

而我与森哥的故事，才刚刚开始。

三

2017年秋天。因为总是有诗人忧郁的文辞，秋天显得美好又苍凉。雨，跟随我从杭州下到武汉。烟雨中的江南越发细腻，经过一个多小时的飞行，在出租车司机的喋喋不休中，武汉显得粗犷。在中国地域中，武汉“枢纽”着各地的情感，东南西北，在这里平均分割。

这次来武汉，是来见森哥，见参差咖啡博物馆，见黄鹤楼，见盘龙城遗址，见问津书院，见荆楚文化。

森哥给我发了定位，我没有意外地到了导航位置（说“意外”一词，是因为在出租车上，有两位大汉客人相继上车拼车，看起来瘆得慌）。这次来武汉，森哥让我住在他家里。他家有一个小房间，在他有空的时候，接待 Airbnb（爱彼迎）的客人，一个晚上的房费是380元。我来了，他免费提供。此行的主要目的，是在他的参差咖啡学校进行一场系统的培训。自几年前开小民宿以来，我很少参与社交活动，也不参加社会上的组织型学习。我只想做一个“颓废”的自雇佣者。现在，森哥计划与我在杭州开一家民宿学院，我因此提前到他这里学习观摩，参加他为期十天的培训班，听他传道授业。

森哥在路边接我。我很喜欢简单的相见方式，见了面，言语可以简洁到省略，只需一个手势即可。

森哥一个人住，家里男人味十足：小乱，没有女性的物品，影碟、画报、香烟、酒、书，厨房器具有些锈迹，永远重复使用固定的碗和盘子。客厅里堆了很多他全球旅行带回来的好玩的东西，有书，有画报，有咖啡器皿，有各种漂亮的杯子，有布品，比如一些国家的国旗纪念品。一只中国式的红釉茶壶，是他日常在用的。最醒目的是一张夸张的巨大的画，一面墙被画覆盖，画的内容是内心获得了自由，看了让人震撼。森哥说，开一家小店，主人要有趣，小店才有趣。大概这些形式不一的玩意儿，内含了他的知行合一。森哥带我进入他的书房，有很多他年轻时的照片，记录着岁月流年。两把吉他的弦上，能拨出一缕薄尘，一把在墙角，一把耷拉在书柜上。他从客厅沙发后面的很多画报里，抽出一张鲍勃·迪伦的海报。那是2011年，鲍勃·迪伦在北京开演唱会，他毫不犹豫地去了现场。那一年，鲍勃·迪伦70岁。森哥说，再不去现场看他心目中陪他内心摇滚整个青春的音乐人，以后估计没有机会了。在森哥静默地看着那张海报时，我想着他书房里蒙上尘埃的吉他弦，瞄了一眼漆黑窗外的瑟瑟秋雨，有一分钟的无言。森哥玩了十年咖啡，但在家里比较随意，可喝可不喝。我们泡了一壶红茶，谈论了很多有关价值观的事。在聊天中，大多森哥讲，我听。聊鲍勃·迪伦得到诺贝尔文学奖后他的隐形与不争不辩，聊王小波的思想在当下依然有深远意义，聊《锵锵三人行》里的窦文涛当年是如何进入凤凰卫视的，聊李敖，聊木心，聊资本，聊当下中国………丑时一过，我就想睡了，也许森哥会睡得很晚，反正，我要睡了。记得朴树有一次参加节目录制，到了晚上十一点多，他突然起身说：到点了，我得回家睡觉了。人到了一定的年龄，就坦荡了。我的小房间里一张单人床，一只床头灯，灯光微弱，却很温暖。好久没有这样的感觉了，很喜欢这样的小空间里，一张小小的床和一盏小小的床头灯，让人非常有安全感。也许，得到的越大越多，安全感越弱；小的，却十足美好。

第二天一早，我醒来到楼下买些生活用品。接下来，我要在这里住上十天。森哥晚睡晚起，一日多餐，他说现在物质条件好了，不再一顿三碗饭，饿怕了的年代已经过去，以后，要根据胃的需求，多餐少食。想象每一个城市的街头，开着很多美好的小

你再不来 我就“葛优躺”了

店，每家小店里都有美食，东西好吃，摆设也有趣，随便进入一家小店，选一款美食品尝，大家快乐而安详，世界就和平了。在买了生活必需品之后，我路过一家小花店。虽然是花店，但从内到外，都不像花店的样子。前一天晚上，我们讨论了消费升级的话题，我很想冲过去跟老板说：花店不是这样开的，花店必须呈现美好。我选了几支四季竹，买了一只玻璃花瓶，带回森哥家，算是借住他家的礼物。早期的“沙发客”，不就是这样的吗？早期沙发客的形式，是不是现在民宿的雏形？在南方的都市里，把一个人带回家里作客，应该算非常要好的朋友了，我想在武汉应该也如此。至于买四季竹的原因，森哥有时候连续一个月奔波在外不回家，需要一款生命力非常强悍的植物，才不至于浪费这个花瓶。

中午的时候，我与森哥一起去参差咖啡博物馆。路上，我问森哥：早上蹲在超市门口一排穿着还算得体的男人们是干什么的？森哥说他们在那里等着雇主找他们干活。老百姓家里，有需要木工、泥水工、电工的，就到这里找他们。这让我想起民国时期的香港街头。森哥说，等有时间了，他要写一篇关于中国改革开放后很多称呼的演变的文章。如"老板"这个称呼，现在社会的精英人士已不用了，反倒是蹲在超市门口等活做的这些人，别人都称他们为"老板"。要知道，在改革开放初期，"老板"可是身份地位的象征。还有"老总"这个词，现在变成小区保安之间的称呼。这都是社会状态发生变化的象征。

一个上午，我一个人先到参差咖啡博物馆，用单反拍摄了很多照片，以示我对参差咖啡博物馆的喜欢。博物馆里，珍藏着各国的咖啡器皿，墙上述说着很多咖啡豆的故事。有一张史泰龙的照片，放在盆栽咖啡苗后面，那是森哥曾经的梦想。森哥说，有两个人及他们的作品对他影响较大，一个是王小波及王小波的书，还有一个是史泰龙及史泰龙的《第一滴血》。有句话说：你崇拜一个人时，不要崇拜这个人本身，而是崇拜这个人说的、做的和他的思想。森哥的行为，跟这句话说的，同义。

咖啡培训教室的楼上，是森哥经营的几间客栈，平时没有什么生意，主要是提供给学员住的，也算一份收入。后来，我与森哥一起在杭州开民宿培训学校的时候，也在楼上设了5个房间，提供给学员住宿，同时放在途家、Airbnb 上出售。无论如何，我不能离开民宿，森哥不能离开咖啡。而实际中，森哥开咖啡馆，带了几间民宿，我开民宿，必带咖啡馆。小而美的事物在一起，从不违和。

一天晚上，森哥与同学见面，没空陪我。我就闲逛武汉街头。雨，还是稀薄地下着，时而缥渺，时而线条。由于鞋子潮湿，一不小心，我滑倒在武汉步行街头，索性坦然四肢，手脚平放，躺着静望这个城市的夜空，喃喃自语：我到武汉来看你。假如有读者喜欢玩味文字，这里来一记“插曲”。“我到武汉来看你”的这个“你”其实是一个模糊的概念，没有特别地指向某个目标，只是一种意识上的想象，可以随意指向某个突然遇到的人或物，也可以广泛地指苍生宇宙；可以是森哥，也可以是森哥的咖啡馆；还可以是天空、飞鸟、街巷、长江，但凡与武汉有关的一切，都可以是“你”。就如一位诗人，路途中看到一栋街边的小楼，他想象着楼上有位漂亮的小姐，并与她情意绵绵，于是写了一首情诗。其实，楼上什么也没有。只是一场为赋新词强说愁的“作”。

如果一定要定义，那我表达的“你”应该是我与森哥合作开民宿培训的“未来的你”。不过，也不一定。

在夜幕下武汉的小巷子里，我找得一家小咖啡馆，很是喜欢。咖啡馆里没有客人，我点了一壶单品，打开电脑，开始码字。一直期盼要出版的书，被出版社打了回来，需要修改。被打回修改那天，心情是不好的。森哥说，这未尝不是一件好事。除了删去不相干的内容，在不着急的心态下再去补充实操“干货”，更能体现我们开小店的精神：慢而精雕细琢。前一天晚上睡觉前，我看到一句关于作家写作的哲言：有水平的作家，应该在有要求的情况下也能写出好作品。作家有了一定的境界，对于一切文字和故事，才游刃有余，驾驭有度。这样想来，应该感谢出版社把书稿退回来，要求增减。在咖啡馆里写文字，是一件非常享受的事，可以遇到形形色色的人。咖啡馆的门是老式的，进出时需要用手带上，门才能关紧。这个细雨冷风的晚上，把门关起来是一件多么温暖的事。时有客人进来、出去，门总是不关。咖啡馆的主人不停地去关门。我停止码字，与咖啡馆主人对话一番。

“他们为什么不关门？”我问。

“不好意思，门是淘来旧的，不能自动关闭，是门的问题。”

“应该是人的问题。”

“不，是门不好。”

“老板，应该是人的问题。”我重申观点。

“是吗？”

“是的，一定是人的问题。”我的态度非常坚决。

每一座城市都有“病人”，我们用包容的心，一代一代陪伴，他们才能好起来。有些病，医生对症下药，药到病除；有些病，根深蒂固，就算医治了百年，还是会遗传或传染。有些病可能会永远与人类共存。好一个人间魑魅魍魉。

在汉口参差咖啡博物馆，每天听森哥讲课。上午手工操作学技能，下午听与开店实务相关的内容，科学结合。森哥每天的课程排在下午。他说，按常规，下午是学员打瞌睡的时间段，这是生理特征。不过，森哥上课时没有一个学员犯困，从每个学员的眼神里，能看得出森哥讲的东西对他们来说都是新奇的、有用的。森哥的课，信息量大，知识面广，他娴熟地娓娓道来。务实的课程内容，让听者受益匪浅。森哥分享的基本是案例，再加上他生动的表述，课堂就显得妙趣横生。森哥有时候也骂人。有一种骂因爱而生，爱国，爱家，爱人。听得懂的学员，反而更尊敬他。

喝茶虽然养身心
但与寿命长短无关
抽烟纵使不养身心
也与寿命长短无关

我跟森哥开玩笑说，在这里学习的时间里，我都想开一家小咖啡馆了。我来到武汉的重要任务是系统性地理顺自己的民宿课程。因为开小咖啡馆与开小民宿的价值观是相近的，很多管理与经营方面的策略是相通的。森哥有非常清晰的价值观体系，鲜明的个人特点，独特的爱好。这些，都是开一家小店的重要人格内容。

大企业里讲平衡，讲四平八稳。小咖啡馆里讲秉性，讲个人魅力。

一天，在华东师范大学工作的森哥同学来聊天，我们谈了很多关于学生需要技能培训的话题。谈到最后，森哥说，要不要直接办一个类似台湾餐旅大学的学校。大家就这件事非常热烈地讨论了一番。分别后，我与森哥回到家，继续谈论办类似台湾餐旅大学的事。我知道，森哥没有开玩笑，关于办官方认可的技术学校，他是认真的。

那天的饭桌上，遇到两个早年与森哥在广东认识的旧友。一个叫阿昭，一个叫阿俞。阿昭是河南人，在河南做了十多年的户外俱乐部，会徒手攀岩，会冲浪，会玩帆板，算一个户外运动玩得登峰造极的人。他后来离开了广东，结缘于浙江舟山的普陀山，在普陀山一个小渔村里开了一家小民宿。因为他喜欢茶叶，就一边卖茶，一边打理小店，生意很不错，人也变得“陶渊明式”了。阿俞今年50多岁，安徽九华山人，在广东打拼近30年，主要从事房地产营销工作。他刚刚放弃了公司的股份，在全国跑，寻找一个可以让自己过晚年生活的地方。得知我是从杭州来的，他非常兴奋，直接买了与我同行的机票，要到浙江桐庐找一栋民房，开民宿过余生。我没有时间约他们在某个晚上，或在咖啡馆里，或在小酒馆里，好好听他们讲述一下，他们为什么离开自己的家乡，离开自己创业多年的城市，去一个陌生之处过清淡的生活，甚至只是为了安度晚年。

回杭州前，我把森哥家的厨房粗略地清理了一遍，虽然没有在厨房用过一餐。到一个城市，寄宿在朋友家，你需要用一点劳动回报主人，就如早期的沙发客。这趟来武汉，有很多事没有完成。没能在小巷子的旧书摊上寻找荆楚文化，没有时间去问津书店。在一个烟雨朦胧的早晨，我一个人坐了渡轮去江对岸的黄鹤楼。黄鹤楼已被游客包围，我站在边上静静地看着它约半个小时，想着李白是否有话跟我讲。

下午就要离开时，在参差咖啡博物馆，我跟森哥一起吃着盒饭，用手机播放了鲍勃·迪伦的“Blowing in the wind”。

How many roads must a man walk down

一个男人要走多远的路

Before they call him a man

才能被称为男人

How many years can some people exist

人要活多少年

Before they're allowed to be free

才能获得自由

How many times can a man turn his head

一个人要转头多少次

And pretend that he just doesn't see

才能假装什么都没看见

The answer, my friend, is blowing in the wind

答案，我的朋友，在风里飘着呢

How many times must a man look up

一个人得仰望多少次

Before he can see the sky

才能望得见天空

森哥送我走的时候，我看见了一个忧伤的大男孩。他心中有国，有家，有爱。国是我们的国，家是每个人的家，爱是孙先生说的博爱。把一个小咖啡馆的主人，跟这么大的情愫联系在一起，是很难想象的。但，真实存在。

四

我在杭州东信和创园成立参差民宿学院的时候，森哥在大理开发一片农场。

本来森哥不打算在杭州成立公司。因为在大理的投资遇到了阻碍，他留了一条通向杭州的后路。因年龄的原因，他想找一方自己喜欢的净土，既可以经营事业，也可以安度晚年。机缘巧合，他在大理遇到一个农场。在蓝天白云、苍山洱海的魅力吸引下，他果断承包了那个农场20年的使用权，计划着自己的年龄再加上20年——此生够用了。那块土地属于大理才村，离洱海非常近。森哥计划着在这里成立参差咖啡学校分校，并把宽敞的草坪作为旅拍景点。他的想法一直都是超前的，很多人运用他的理念而事业有成。本来阿文是帮他打理大理事务的，后来因项目搁置，阿文只能自寻出路。他沿袭了森哥的理念，在另一个村子打造了旅拍基地，开业后车水马龙，财源滚滚。森哥的农场项目因为与房东及政府沟通出现严重问题，投资700万元全部“竹篮打水”。为了配套参差咖啡培训学校的学员住宿问题，森哥花了200多万元买下了才村611客栈的经营权。当时因为农场项目需要很多资金，森哥在买下611客栈的时候，做了一场众筹。这场众筹的对象基本是参差以前的学员，鉴于学员们对森哥有一份受教的情感，众筹短时间内即取得成功。森哥也想为大家在大理安一个家。他老的时候，坐在客栈里，学员们能有空来看他，他能享受晚年桃李满天下的人生乐趣。森哥的爱，就是这样的。普天之下，爱仁之人。

下关风，上关花，苍山雪，洱海月，这些风花雪月的美好，没能给森哥一点情面，把森哥的安居之梦，撕裂成一地碎片。农场项目被强制失败，而611客栈因洱海整治关门歇业。其间，森哥问我客栈怎么办，我委托蓝花楹去打理一年，终因大环境影响和政府文件规定，611客栈无法正常经营。2018年的洱海整治，是中国民宿史上的大事件，必将被记录下来，留给民宿后来人。

森哥以前一年去大理十几次，我跟他在大理见面，听他讲未来安居大理的美好时，他带着孩子般的兴奋。现在，森哥一年去一次大理，坐在611客栈的院子里，抽烟，喝酒，不说话。面对现实的重创，他不知道要说什么。大理，是森哥“老有所居”的梦想之地。他一直在寻找一个让自己心有所属的地方安度晚年，现在梦想彻底破碎了。不过，森哥有一个值得敬仰的品质：超人般的毅力。给他抚摸山峦的机会，他就能开天辟地。

我在杭州成立的参差民宿学院，森哥占股51%。我们在东信

门前有棵山楂树

恋不恋爱随便你

和创园里商讨未来。森哥还在计划他定居杭州的事。杭州自然环境好，经商环境好，有朋友，有事业。他让我给他介绍一个杭州女朋友，那他就在杭州安家了。当时还有一些无厘头的趣事，至今值得玩味。参差民宿学院的邻居是一位古怪的老先生，他懂得易经、八卦、算命之类的事。每次遇到我们，就帮我们分析面相。民宿学院做了几个房间，园区却不让营业，说已与另一家住宿酒店签订了独家协议，我们不能营业。这位老先生帮我算了一卦，说园区的“大当家”是一位女性，让我在三月春暖花开的时候，去她的办公室，手拿一枝桃花，无论我提什么条件，这位“大当家”一定会同意。老先生又帮森哥看相，说森哥注定是他的女婿。之后，森哥戏称老先生为“岳父大人”。老先生常来我们这里，问他“女婿”在不在。不过，我们从来没有见过老先生的女儿。

非常遗憾，参差民宿学院被我经营倒闭。总投资210万元，颗粒无收。最后的惨局是森哥收的，他从未说过任何一句抱怨的话，他相信未来仍可期。2018年新年时，他在微博上写道：新年伊始，愿你有事做，有人爱，有期待。从那以后，森哥去台湾途中，也会偶尔在杭州逗留。只是无论聊什么内容，他永远不提在杭州定居养老的事了。

如果，那年三月，我真的去找了园区那位女“大当家”，并手拿一枝桃花，我们的参差民宿学院会如何？

如果，那位老先生，真的把他的女儿带来与森哥见面，结果会如何？

五

2014年，冬。森哥去了台湾。他在台湾师范大学附近租了一间店铺，约100平方米，办了经营证，开起了咖啡馆。

森哥准备离开武汉，去台湾生活。在台湾长期生活，需要很多硬性条件。他倾向于选择与台湾女生结婚，只要婚姻满五年，就可以如愿。之后的日子，他常去台湾，也结识了很多台湾朋友。有了朋友，就有人帮忙张罗介绍台湾女生给他认识。有一次我跟森哥去台湾，还遇到一个女生请我们吃火锅，非常热情。森哥悄悄地对我说，那个女生对他“落花有意”，他自己却“流水无情”。在我的认知里，森哥是个干脆利落的真男人。记得有一次，我带他去莫干山“从前慢”民宿，晚上在民宿书店里喝酒，他又开始他的“一千零一夜”分享。他的口才绝对不输马云，观点鲜明，字句铿锵，有理有据，说一件事，表达一个立场，有一定的“煽动性”，听的人会被直接带入他的表述中去。所以，他的故事，每每都是精彩的，我们也爱听。他说有一次在一家咖啡馆里，初识一个女生，有心动的感觉，那女生字句含情，聊天时双方都很愉悦。森哥直接对那个女生说：我喜欢你，我们在一起吧。此话把那个女生吓了一跳。刚认识，怎么可能在一起？森哥说：我觉得你不错，我能感受到你也觉得我不错，那，为什么不直接明了呢？当时我跟另一个朋友紫漫在场，一起问他后情如何，森哥哈哈一笑，喝了一口酒，说“下次分解”。以前，他一直是很爽直幽默的；这次，为什么遇到的台湾女生跟他不“来电”，他却不直接明了了呢？这种拖泥带水的处事方法可能发生在任何一个人身上，但绝不会发生在森哥身上。

森哥变了。

在高雄开了一年多的咖啡馆，森哥仍然没能遇到他心中的台湾女生。根据当下的很多规定，他在台湾长期居留的可能性几乎没有了。他不想成为一只候鸟，安定半个月，就要匆忙离开。内心的无根之感，让他非常不适。

2018年的一天，森哥从台北直飞到杭州，到我的小民宿住几天，顺便叙叙旧。其间，森哥一直提到想去国外开一家咖啡馆，也提到移民的可能性。我一直建议他去日本。之前，森哥对日本是有偏见的。在我的游说下，他有了去日本看看的想法。在离开杭州去武汉后的没几天，森哥一人去了日本，在日本骑自行车游玩了很多地方。这一次旅行试探，让他彻底喜欢上了日本。回国后，他筹集了一些钱，了解了很多政策，通过朋友打听了日本的房屋买卖条款，第二次去日本的时候，他直接刷卡在东京买了房子。一个多月后，森哥把儿子阿龙带到日本。他将买来的房子给阿龙住，自己到北海道小樽租了一栋房子，楼下做咖啡馆，楼上设了两个房间做民宿。因为在日本有了产业，森哥可以长期待在日本。根据日本的经营法规，森哥后来也移民日本，一直在日本生活。

六

“我开民宿，并不是在意民宿的物理存在，而是享受那个空间里的君去君又来。”

森哥以咖啡的名义，一生寻找归属感。他出生在武汉，捧着自己设计的参差咖啡小黄杯，游走在各个城市的街巷。他曾经想定居在武汉、大理、杭州、台北，寻寻觅觅，现在落根于日本一条运河边。他没能找到日本女子结婚，不过，他的儿子王龙与日本女孩结婚生子。那里有事做，有人爱，有期待。其心安处，便是故乡。

汉阳门花园

十年冇回家

天天都想家家

家家也每天在等到我

哪一天能回家
铫子煨的藕汤
总是留到我一大碗
吃了饭就在花园里头
等她的外孙伢
冬天腊梅花
夏天石榴花
晴天都是人
雨天都是伢
冬天腊梅花
夏天石榴花
过路的看风景
住家的卖清茶

冬天腊梅花
夏天石榴花
晴天都是人
雨天都是伢
冬天腊梅花
夏天石榴花
过路的看风景
住家的卖清茶

做一朵倔强的花

开了败

败了开

开开败败

败败开开

下雨的时候

下雨的时候，你来的
湿漉漉的空气带着春天的味道
风与柳树之间
保持着湿润的默契
孕育着那一颗新芽
鸟儿不能代表你全部
偶尔在枝头张望
雨是雨的意思
与落在河里的水无关

下雨的时候，我站在你的桥边
雨水打着栏杆
印染出墨色来
多出来的，自成水珠
洒落在河里
带着前生既定的缘分
漂遇了从河里过来的乌篷船
乌毡帽把船摇曳在烟波里
带着你对昨天还是冬天的眷恋

创作灵感：

2015年初春，我在上海朱家角古镇自己的店里小住。早上天空下着雨，我站在放生桥上，看着落雨的水面和不远处的圆津禅院。走去吃早餐时，我看见一女子在深远的小巷子里打着雨伞走着，很有烟雨江南的意境。文人为了创作，很多时候喜欢遐想。比如有文人路过一条街，两边的房子都有阁楼，他就会想象着阁楼上有个漂亮的女子，并且与他有莫名的关系，因此作了一首相思之诗。而真实情况可能是，这里的阁楼长期没有人居住，蚊虫鼠蚁四窜。这个时代缺少诗人，就少了很多浪漫和美好。

下雨的时候，我在你怀里
感受你没有寂寞而斑驳的孤独
撑着红黄绿伞走在巷子里三三两两的人
稀释了你似古似旧的伤感
心思延伸着你的心思
淡泊着你的淡泊
已在这里守候那么多年了
你若不来
下辈子也可以的

下雨的时候，我在你的早晨
细雨被你做成了蓑衣
披在我的身上
你用你的沉默
宽容了我对蓑衣不适的埋怨
埋怨，是好久不见的想
想，是好久不见的埋怨
下雨的时候
你既然来了
就一直在我身边

梦里寻她千百度

一

森哥是湖北武汉人，一直叫我去台湾到他的小店待一段时间。从民宿经营的角度来说，我也想去台湾寻找知识点学习一下。但总觉得自己很忙，因此一再推迟。

这几年，一直想隐世的我，把自己弄得越来越忙。非常坦诚地说，我的忙碌不是我自己计划中的。有很多事，在想喊停的时候，已经开始了。

2017年12月底。

台北之行，一切是由森哥安排的。他订了机票，吃住在他的台北“余波未了”咖啡馆里。森哥说，他是第一个从大陆到台湾开咖啡馆并拿到当地营业执照的人。

飞机在机场降落滑行时，我看到台北的天。晴，有灰蒙蒙的一层让人看不透的混沌，似雾似霾。这里的气温里可以穿T恤。

“余波未了”咖啡馆是森哥开的，在罗斯福街三段128号，附近有台湾师范大学，是大陆人在台湾开的第一家咖啡馆。开业时，当地媒体以猎奇之心，做过很多报道。咖啡馆门口的绿植整洁干净，一排沙漠玫瑰开得鲜艳。这种花，我以前没有见过，大概在台湾比较宜植吧。咖啡馆以简欧风装饰，桌椅高低错落，摆放大小有致，互不打扰而空间饱满，吧台上放置着一台法国手工打造的Spirit牌咖啡机，价格不菲。墙边的两排书架上放的大多是大陆出版的书。台湾的书，繁体竖排；大陆的书，简体横排。繁体字多一些仓颉的影子，似乎包含了对上天的敬畏；竖着，是万物生长的姿势。立于书架前三五分钟，大概就可以了解这家咖啡馆为什么叫“余波未了”了。王小波的书量最多。咖啡馆里有两间后厢房，一间大床房，一间高低铺。森哥一人住大床房，我住高低铺。

在台北，森哥把自己房子的两个房间留出来接待客人，也算是一个开民宿的人。

咖啡馆的管家叫懿莘。娇小，可爱，说话温和亲切，台湾人，更像日本女生。她说早些年随父母在福建生活，次年要去日本居住。想象在多年后再遇到她，问她究竟是哪里人。

晚上，我与森哥去师大路吃晚饭，看到很多动物内脏料理，煮得非常诱人，点得多，吃得也多，之后肚子一直不舒服，我把这个理解为“水土不服”。师大路以前有夜市，繁华到影响楼上的居民，居民组织起来上街抗议，政府权衡后，把夜市给取缔了。我想到自己的杭州小店被拆迁时的五味杂陈。

森哥回咖啡馆，我站在师大路和罗斯福路中间的天桥上。天桥有点老旧，台阶有斑驳感，下面的人行道便捷，少有人上来行走。站在一座桥上，看这个城市，竟不知身在异乡。

一个人，平静而安详，在哪里不是一样呢？

二

猴子是台湾某研究院的设计专业在读学生，一早到咖啡馆与我们碰面。这天，我们要去台湾餐旅大学。懿莘在餐旅大学进修过，当天拜访校长的事，是由她联络的。餐旅大学在高雄，我们坐捷运去高铁站，再坐高铁到那边，路程约一个小时。在大学门口碰面的，还有蔡蔡夫妇。蔡蔡从澳大利亚学成回来，一直想做自己的手工皂工作坊。他说，很多日用产品被“污染”了，洗涤用品、护肤用品里防腐剂太多，他要做健康的产品，开一家小店也行。我问蔡蔡如何理解市场上的洗护用品与他的手工皂的区别。他说，一般的洗护用品保质期限是三年。三年，必定是要调配很多防腐剂在其中的。而手工皂是使用天然油脂与碱液，由人工制作而成的肥皂，基本上是油脂和碱液起皂化反应的结果，经固化、熟成程序后，可用于洗涤、清洁。手工皂还可依据个人的喜好，加入各种不同的添加物，例如牛乳、精油、香精、花草、中药材等。蔡蔡一聊起手工皂，话头就如滔滔江水，延绵不断。

餐旅大学的潘江东校长在他的办公室与我们聊了很多关于餐旅大学的“前世今生”。一个民办而创新的大学，经过多年的努力，发展到如此面貌，得到官方认可，实在不容易。他的讲话中，最让我惊奇的是，竟然还有“博彩学院”，就是为赌博场所输送人才的学校。在这所大学里，学生除了要学一门技能外，还必须修一门外语。其间，我和潘校长提出有个朋友叫吴克己，是从餐旅大学毕业的，在烘焙业很有成就。吴克己现在被中国大陆及日本的很多烘焙机构邀请去做讲师，一次酬劳有好几万元人民币。潘校长淡定地说：像这样从餐旅大学毕业的人才很多，已输送到全球相关行业。

在下午的参观中，我们发现，这所不大的大学里，有很多学生开的小店，装修精致美好，我们感慨颇深。有文创店、咖啡店、面包烘焙店、牛肉面店，还有气味图书馆。傍晚时，有学生推着餐车，在校园里售卖他们做的西点。我曾与大陆一所大学的系领导老师交流过，是否可以在校园里开很多小商铺，装修要精致，以推动年轻人消费升级、站在前沿。很多教学楼都有闲置的空间，多浪费啊。大陆的大学里也有门店出租，大部分是出租给外面的小摊贩，较少门店象征性地租给学生，通常也是为了完成学生的创业指标。无论是外租给小商贩，还是学生——由于学生没什么资金，店里的氛围装饰都非常简陋，甚至脏乱。那位老师说，若学生开店出了事，学校要担责，风险非常大，又不便于管理。

编制严密的藩篱，扼杀了无数向外生长的枝桠。

我坐在餐旅大学的草地上，看着高雄的蓝天白云，想着潘江东校长的幽默表述。他说，在餐旅大学里，有一座塔，一池湖，一个图书馆，所以，他们的大学精神可以叫：一塌糊涂（一塔湖图）。我忍不住笑，笑成了周星驰的喜剧电影里的角色。潘校长派人带我们参观了校区，就空间规模来说，与大陆的大学相差甚远，但这并不妨碍有世界顶级的“米其林”餐厅在这里设立培训机构。

有时候是这样的

不吃自己烤的肉

不住自己买的房子

不跟自己老婆约会

学校尊重学生，尊重学生交付的学费。我们愿意诚挚地与这样“一塌糊涂”的大学合作，虽然长路漫漫。我们初步达成的合作意向是：教学共享师资，餐旅大学输送台湾学生到浙江做民宿管家。

晚上，我们与校长、老师用了简单的晚餐，再转乘几道交通工具：捷运—高铁—捷运。很晚才到森哥的“余波未了”咖啡馆。

三

回来的时候，高低铺房间里，我的上铺多了一位女生。我友好地打了招呼。她从北京来，看到森哥的微博上出售台北咖啡馆的房间床位，就订了铺位。台湾也不允许没有证照的民宅做民宿，如果要做，需要低调进行；若是被查获，警察会训诫，但不会严重处罚。上铺女生很晚还在床上低声打电话，内容是人世间那点情爱分合的事。她的“电话粥”影响到下铺的我，于是，我坐在床边，建议一起到咖啡区坐一会儿，她犹豫片刻后说可以。晚上十点后的咖啡馆并没有咖啡可以喝，我就在饮品架上拿了森哥的最爱——百龄坛威士忌。每人倒上一杯，话题就开始了。喝了点酒的人，容易从躯体里走出来讲话。相对于她的感情经历，我更乐意与她聊民宿。女孩叫小橙，早期毕业于美国普林斯顿大学，是个超级民宿爱好者。她的理想是做一个“世界公民”，这样，全世界的人都是她的邻居。到邻居家、朋友家住一晚，是她生活中最大的乐趣。从普林斯顿大学毕业后，她在美国找了工作，周末的时候一定会选一家民宿入住。她住的民宿，大多是主人把多出来的房间拿出来与客人分享的类型。住宿时有遇到聊得来的，她会主动烧几个中国菜与主人分享。她去过30多个国家和地区，住了近200家民宿，做过义工，穷游，援非，年轻时理想主义的事，她基本都有经历。她与300多位民宿主交流、聊天，体验民宿主们的生活状态，乐此不疲。威士忌的热烈，让她有些亢奋。我问她要不要抽烟，她迟疑片刻就欣然接受一支。我们各抽了一支烟，但愿第二天不要留下烟味——森哥非常反感有人在咖啡馆里抽烟。小橙酒也喝了，烟也抽了，就把脚搁到凳子上，说她前一天在台湾另一家民宿时，早上跟着主人去菜场买菜，路过民宿主朋友的咖啡馆，一起喝了一杯。咖啡是用搪瓷杯装的，就像二十世纪五六十年代常用的那种杯子，非常有趣。她中午才回到民宿里，和民宿主一起各烧了两个菜，一餐饭吃到下午两点多——聊比吃重要多了。小橙说，她就是喜欢这种感觉，这么多年来，一直没有改变。她想让生命路过更美好的人与事。我问她这么喜欢民宿，为什么不自己开一家。她说，开店和住店是不一样的，千万不要混淆这两个概念；接近，不代表拥有。

小橙真是睿智之人啊！

我跟小橙说，二战结束后，有美国大兵暂留在欧洲，等待回国的通知。这些美国大兵们就开始四处游玩，去城里，去乡村，领略欧洲的风光。当时的欧洲，百废待兴，住宿业更是奇缺。那些去乡村的大兵们借宿于农户家里，农户提供简单的住宿和食物，收取适当的费用。大概，这就是民宿的起源吧。小橙说，她现在体验的，不就是这样的民宿吗？

森哥的威士忌被我们喝完，已是午夜一点多。我晕乎乎地去睡觉了，恍惚听小橙说，她有17个未接来电，她得回个电话。

四

这天，台北的天，是蓝色的。

早晨，我与森哥在咖啡馆里喝牛奶，吃前一天晚上从路边带回来的大大的刀切馒头，口味类似高庄馒头，有嚼劲。咖啡馆要上午11点才开始营业。从懿莘的言行中，我们感受到台湾人的时间观念。上午有两位外国人来咖啡馆，时间是10：57，懿莘告诉他们，咖啡馆还没有开始营业，请他们在外面等3分钟。两位外国客人也就在店外的马路边等待着。大家尊重时间给予我们的意义，诚实、守信。还有另一层含义就是：店里还没有准备好，有些“摆设”还没有达到最佳状态，比如灯光、音乐及空调的温度。客人进来时，消费一杯咖啡的费用里，包含了舒适的空间感受。

两不相欠，方能体现相处愉悦。

我们乘捷运，去了淡水的“有河BOOK”书店。我是不愿意到处乱跑的，一家书店或咖啡馆就可以让我待好多天。只是不要落魄到像萧红一样，因欠旅馆的费用而被旅馆老板变相扣押。不过萧红的故事转折点是：给她送饭的萧军爱上了她。只可惜她英年早逝于31岁风韵年华。

“有河 BOOK”书店的女主人喜欢收留流浪猫。书店里有各种状态的猫：慢走的，躺着的，睡觉的，在客人的脚边蹭痒的。猫对某个人有好感时，就会用它的身体蹭人。一对热恋中的人也会互相蹭，那是一种表达依恋的肢体语言。看着墙绘的图案和色彩，料想主人应该有绘画的功底。很巧妙的是，当天是“有河 BOOK”书店十周年纪念日。女主人为书店设计了

所谓的文艺青年

就是一曲无病呻吟

但

很好听

台历和纪念册，其用心之处彰显了匠人之心。我买了一本纪念册送给森哥，希望对他“参差”十周年纪念的想法有所帮助。“参差”次年四月就十周年了，也是王小波逝世十周年。不知道喜欢王小波的森哥有什么想法。我坐在书店挑台上，看着太平洋海面延伸到远方，生发出很多联想。我开民宿已近十年，丢的丢，未注册的未注册。如今，只剩下自己，莫名地失落。还好“蓝莲花开”以连锁的形式在乡村砥砺前行。如果“蓝莲花开”能走到十周年，我一定给自己立一个牌位，给自己烧一炷清香，拜天地，拜民宿，拜自己。当今，每个人都在谈“轻资产创业”，如果每个人都玩起了轻资产，那么谁来落地做实体呢？我常鼓励自己说：一天就能成的事，会因为太简单而直接失败；一年能成的事，会因为容易被复制而失败；十年才能做成的事，会因为甩掉很多对手而成功概率高；十年以上才能做成的事，会直接成功。到那个时候，你已没有对手。

苏东坡写：十年生死两茫茫，不思量，自难忘。千里孤坟，无处话凄凉。纵使相逢应不识，尘满面，鬓如霜。

“有河 BOOK”书店外的太平洋海水是伤感的。

静默在这里，看着一望无垠的海面，我很想找到韩寒来台湾时写的《太平洋的风》。听说，他站在这里，站在无边的海水之边，感叹风的自由。

晚上我们直接去了101大厦。当天晚上有台湾明星跨年演唱会。

森哥认识陈升，我们不用门票，从后台进入了明星们的跨年演唱会。

我对陈升的印象只是在歌里，还有一些零碎的与刘若英的八卦新闻。帅不帅，老不老，对我来说，关系不大。他的歌曲陪伴我成长。《把悲伤留给自己》《不再让你孤单》，现场能把人的泪水唱出来。《北京一夜》里的“One night in Beijing，我留下许多情，不管你爱与不爱，都是历史的尘埃”，很多人听哭了。我也是“很多人”之一。

在陈升休息间隙，森哥叫我去合影。我的内心只有陈升的歌，没有陈升这个人的概念。我更沉迷于歌曲的旋律，而不是创作者。艺术是永恒的，人是一粒尘埃。

谁说人类不是宇宙文明传播的一个载体呢？

我跟着森哥去了艺人们的后台，那是一个非常疯狂的空间。左小诅咒、陈升，还有几位少数民族的歌手，在里面狂唱、狂舞。陈升应该是“自来熟”，或者说公众人物大多“自来熟”，我们貌似一见如故，热情拥抱，然后合影留念。

五

我们约了新年3号去台湾观光学院，探讨旅游、住宿事业。我一直在寻找民宿的出口，也在感知民宿的源头，希望能对接台

缺陷是一朵花

湾旅游教育机构，探讨民宿的未来。

我们很早乘高铁去花莲乡下，与台湾观光学院院长相约洽谈。到了观光学院，他们非常重视礼节地拉了横幅表示欢迎。院长西装领带，皮鞋锃亮，这应该也是礼节的一部分。我们在办公室里聊了很多问题的可能性：(1)师资互用；(2)共享招生资源；(3)输送台湾学生到大陆做民宿店长；(4)一起经营学院自营的民宿；(5)一起成立民宿学院；(6)投资台湾观光学院。

台湾观光学院经历过岁月，大概也受到经济的影响，内部道路有些坑坑洼洼、不平整。树木茂盛但略失美感，可能是长期没有用心修剪。校区不大，各栋房子都已有破旧感。楼外楼内，颇有大陆20年前普通技校的影子。一些围挡的铁栅栏已锈迹斑斑。估计是招生不足的原因，稀落的三五学生散走在校园内，没有特别强烈的生机。这所学校，如果再不重整，可能就要衰败了。在办公室聊天时，学院院长说，不排除一切可能合作的方式，包含投资学校、认领股份。这大概也是他们应对现状的方法之一。带我们参观的是一位博士老师，我们参观了学校一间烘焙教室、一间咖啡馆。

在花莲，我感受更多的是“民宿之乡”。而对于观光学院，我希望有一天，能有学生来大陆做民宿管理者。

六

这次去台湾，我在森哥的小店里住了十天。森哥是主人，我是客人。他带我喝酒、侃大山、听音乐会、看书、码字、逛书店、吃美食、见朋友、乘捷运、购物（买了一双台湾的布鞋），或者一个下午，坐在太平洋边上，晒太阳。

一间小民宿，“梦里”寻她千百度，蓦然回首，那人却在灯火“栅栏”处。

农家小院里的月光

在中国，关于农历初一、十五不能夜晚出行的说法，从古至今，老人们都有谆谆教导。特别是在乡村，在挂着一轮圆月的苍穹之下，延绵上百公里的深幽山林里，凡不听老人劝说而夜晚在深山里形单影只行走的，总会遇到各种不符合科学原理之事。这些真假难辨的事被加工后，在灯火阑珊的城市小酒馆里，成为无从验证的故事，作为一瓶啤酒的佐菜，听得人惊悚而又不愿意离去。

赣安从非洲尼日利亚来，丽芳从温州泰顺来，我跟之晴从杭州来，我们约好在赣州碰面。赣安和丽芳是姐弟，一起在非洲闯荡近20年，经历了温州人的“四千四万”，终于在尼日利亚打下一片“江山”，拥有14个山头，成为14家矿石公司的创始人。之晴是专业做民宿的，有个梦想是做成“百店计划”企业。而我是之晴的合伙人。

我们从四面八方赶来，参加一次古老村庄探险聚会，有点类似韩国电影《昆池岩》。

赣安在赣州生活过，有些同学、朋友在这里。经同学推荐，我们将去一家叫“望山”的乡村民宿。我一直在以PPT的形式给中国乡村有想法的政府工作人员描述关于“中国乡村Airbnb计划”，终因各种原因不能落地。比如金华的俞源乡，绍兴新昌的东茗乡，安吉龙王村、景溪村等。这个项目，没有当地政府支持，实现的难度非常大。所以，一直迟迟未有结果。

见面时，我问赣安为什么要去望山这个地方，赣安淡定从容地跟我们讲了一个往事。他在这里读高中的时候，班上有个女生怀孕了。在这个生活悠闲平静，没有什么娱乐的小城里，这事成了爆炸式新闻，几乎是所有人见面的谈资，还被编撰

成各种版本传播着。有惋惜的，有怒骂的，有关爱的，有八卦的，有以此为乐的，当然更有不怀好意戏谑的，打听这个女孩子是否漂亮的。这件事很快就传到这个女孩所在的村里。这事已经不是这个女孩家一个家庭的事了，它成为一个带有封建传统思想的家

族的大事。村里家族人员开会决定，把这个女孩赶到深山里去，一生不得下山。六个月后，听守山的老人说，在一棵长满青苔的巨大的枯树前，发现了这个女孩的尸体，这个女孩的下身处蜷缩着一个模糊不清的死婴。场景太过凄惨，守山老人就地掩埋了两具尸体，下山后，把消息告诉了村里的族长，大家沉默不语。第二年夏天，这个村庄发生了从未有过的山洪，整个村的房屋被冲垮，村里人几乎全部死亡，据说有500多人。只有那天晚上到赣州县城办事没有回村的族长和几个陪同人员躲过一劫。从此，只要有人在初一或十五的深夜子时，行走在那条幽深的山路上，透过月光，总会感觉路边每一棵树，都长得像一个婴儿。

之晴听后，执意不去了。赣安说，这已是很多年前的事，当年的事故已是今天的故事。在一片相互调侃对方胆小的氛围中，赣安开车，四人一起向望山出发。

赣州是“红色之城”，90% 是客家人。客家人的传统精神是勤劳、勇敢、隐忍、宽容、热情。养成这一传统的原因，内含在“客家人”这一称呼里。历史上中原战争不断，汉人因此到处躲避战乱，拖家带口，颠沛流离，遇到哪里有可以落脚之处，就安身落户。由于无论到何处，总是以外乡人的身份，也就事事谨小慎微，以客人之身，续命安家。自北宋开始，就有大批少数民族入侵中原。经历西夏、金、元、清的少数民族政权，民族文化大融合，从某种意义上讲，反倒是流浪的客家人，成为未参与交融的“纯种汉人”。

我们去往赣州市上犹县五指峰脚下的一个小村庄。驶过一段非常优美的国道，是全新的。我感慨于这条公路以最先进的方法筑成，没有合乎国际规范的减速带，“平铺直叙”，阳光下两旁的近田远山映染于路，宛如一幅凡·高的画。我们一路欢乐满车，开心至极。赣安讲话略带幽默感，不知道是他天生的，还是长期在国外生活养成，偶尔一句说笑，让人忍俊不禁。他说话分贝不高，却句句清晰。之晴说：人与人之间心近了，说话声音再小，对方也能听到；人与人之间心远了，说话需要大声吼叫，对方才能听到，比如吵架。一段美好的公路结束，便开始蜿蜒山路。夕阳西下，日落黄昏，忍不住玩味起汉语中对时间的细致描述。夕阳、傍晚、黄昏，描述的都是天快黑了的时景。夕阳西下之时应该与傍晚是差不多时候，看各人用语习惯。而黄昏在傍晚之后，是天将黑未黑的那一小段时间。就着乡村村道上的黄昏，我给大家讲了一个关于黄昏的故事。传说包公有“日审阳，夜审阴”的能力，白天在世间办案，晚上入梦到阴间办案。有一个故事叫《探阴山》。有一起冤案，包公因当事人已被害死而无证据再查办，包公觉得本案有疑，在黄昏之时睡去，到阴间找到当事人，问个究竟后回到阳间，把冤案给破了。故事讲完，赣安的表情我无法查看，只听得丽芳和之晴大声制止，不容许我在进入黑暗的望山前讲些邪乎的事。我假装豪迈地说：有什么好怕的，这么多人。其实当时，我自己亦有汗毛竖立之感，略有胆怯。

赣安以淡定的语气问：你们觉不觉得，两边的树，长得像婴儿？

“啊——啊——啊——不许再讲了！”之晴狂叫，丽芳狂叫，我也跟着叫起来。

一路经过潺潺的溪水，郁郁葱葱的山路，百鸟鸣叫的山林，偶有路边的野花盛开，像是进入爱丽丝奇幻仙境，非常迷人。真想用美丽的辞藻赞叹一下这里的景色，但一切语句都显得多余。有谁说过，当你开口时，就已偏离你想表达的意思。大概这是人类语言文明的尴尬之处。还不如像一些少数民族求爱，相互看对眼了，不用说“我爱你”，而是在晚上从窗户爬到女孩子的房间，直接爱了。

到达望山民宿，刚好是夕阳落尽、月上云头之际。

停下车，大家因为景色的美好而忘记了拿行李。远远看去，朦胧的望山民宿，错落有致地安放在山坡上。隔壁的农家，炊烟未了，袅袅升空。我们走过一座略带岁月感的小桥，进入民宿的院子。院子是主人用防腐木和白石子简单设计而成。白石子上，铺着从小溪里搬运上来的石头，作为行走之基，有日式庭院的感觉。院子门口是一片小小的菜园，菜园里种着生姜，长长的叶杆，长得绿油油的，很是厚实。有些青菜和铺在地上的南瓜长得甚好。南瓜的藤蔓顺着篱笆伸出园外，一圈圈的丝茎和黄色的花朵，很有艺术家风格地布落在各自的位置，自成一幅田园油彩画。生命如绿色，蔓延向阳光。民宿院子的转弯处，拾防腐木做的阶梯而上，便到了位于房屋一半高的平台上，算是院子中的院子。站在这个院子里，把小村庄的远山近水，尽收眼底。百米之外，有帐篷平台，当天晚上有四位年轻人来这里露营。不知道为什么，我有一种莫名的兴奋感。脑海中秒闪曾与 Sail 在新昌下岩贝无敌观景平台，与两位女生有夜晚“混帐”的经历，想想就咽了一下口水。望山民宿只有三个房间，其中两个房间连着房东家的房子。这个特点我非常喜欢。现在人们到乡村做民宿，大多是独立租房，需要让房东一家搬离。因为文化差异或其他原因，在一起生活、经营，总是多有矛盾冲突。最后，本来想在深山里实现自己情怀的民宿，成了租赁人必败的战场。不过，望山开了先河，只租用了房东家的两个房间，与房东的院子隔开，形成相对独立的空间；然后雇用房东做客房卫生，把客人的早餐与正餐都交给房东来做。民宿主只赚住宿的费用，这样既达到经营的目的，又可以让房东或当地农家有些餐饮收入。这个方式，不正是我想做的产品——乡村 Airbnb 吗？运用农家多出来的房间，打造住宿产品。

蔬菜家族开过会

做人类藩篱

是为了更加旺盛

开一家民宿，不用1000万元，不用100万元，只要10万元装修一个房间。如此，不用赶走老人，不必搬离房东，将城市文明与乡村原貌相结合，住宿价格合理，还民宿一个“民”声。

月上枝头，远处的山层层叠叠地有五道，我们拿了行李，各自安顿了房间。黄昏已过，天已黑。

赣安是个非常好的旅行伙伴。他总是把一切都安排妥当。月亮当空的邻居院子里，我们在饥肠辘辘中开启了晚餐。这里是深山里最后一户人家，游客也非常少。游客少了，蔬菜真的是农家种出来的，鸡也是自家养了一年半载的。在江浙沪的民宿里，常听到老板多次向客人声明：我家是正宗的土鸡。可是一年那么多的客人，怎一个“土”字覆盖得了啊！食材好了，一切便是美味，哪怕一棵从清水里捞起来的青菜，也是相当有滋味。

晚饭后，我们在有月光的溪边小路上走了一会儿，便回到院子里的平台上，搬出四把椅子，葛优躺式地躺在圆月之夜的小村庄里。风是清凉的，舒服到心扉。溪水和着蝉鸣，声音非常和谐。天空干净得只剩下月亮，浩瀚得让人无忧无虑。一道流星划过天空，不需要许愿，便是一种美好。大家说着自己看到的远处的山一共有几层，总是在四层和五层之间无意义地争议。赣安说最近的一座山的形状在光影下，像一个乳房。丽芳与之晴只是哈哈笑，大概也有默认的羞涩。我们就躺在有月亮的小院子里，聊大自然与人体神奇的相似之处。赣州石城有一景点叫通天寨，景区内有阴阳山峰并列。阳峰如男性生殖器巨大冲天，边上有一巨大山脉，阴面神似女性生殖器，长年泉水浸润而下。国内还有其他地方，有人体形状的山水景观，如五指峰、卧佛、望夫石等。大自然通过山水之形，一一呈现。我看得感慨，随手赋小诗一首：

母体的忧伤

有一种峰巅叫男人之阳
力挺大地之上
有一种崖壁叫女人之阴
不躲不藏
让高傲的男人 get out 吧
有请少年女娲
她说留下的
是母体的忧伤

乡村山川为什么吸引那么多的人？因为大自然是人类生命的源头。

究竟，有没有造物主呢？

“今天是农历八月十四吧？”之晴问。

“是啊，明天中秋节！”丽芳说。

“我们得做点什么，来这里一趟不容易啊。”赣安应和。

“过去的书生们进京赶考，路途遥远，白天赶路，晚上寂寞难耐。于是想象出很多鬼狐之事，当作一种解乏。每到天黑宿荒野人家，便想象有美女出现陪伴，享乐无限。玩乐到鸡鸣之时，鬼狐退去，书生们便好好睡一觉。晨起，继续赶路。故事多了，蒲松龄编集成册，即成《聊斋志异》。”

我说：“你看，男人总是这样，在需要女人的时候，要求她们如花似玉地出现，不需要她们的时候，希望她们消失得无影无踪。”

“要不要叫下面露营的人上来，一起‘嗨’一个节目？”赣安提议。

这么好的建议，当然不容商议。我与赣安起身，直接奔向搭帐篷的地方。

能来荒野之中露营的，大多是有趣之人。我与赣安讲明邀请的原因，对方立即兴奋地同意。他们共有四人，三女一男。男的长得帅，三位女性也是各自风格的漂亮。这样聚拢在一起，共有8人。这是一个很适合玩“杀人游戏”的夜晚。

黑夜

荒野

少人

相互不认识

月亮当空的孤寂

昏灯

酒

微醺

猜疑

狡诈的笑

不诚实的表达

夜莺的低咕

风

我是法官：“天黑请闭眼……杀手请睁眼……”

一直玩到子时，天空的云层掩盖了月亮。月光从云的四边拼命地放射太阳给予它的光芒。这时，帐篷里的一个女孩说：溪边的桥上好像来了一个人。所有人痉挛般地停止了游戏，看着桥的方向。果然有一个人。所谓的“过马路精神”总是有强大的力量，大家因为人多而天不怕地不怕，或者假装很强大，约定一起去看个究竟。当黑夜里有恐惧感渐生的时候，人们总是不愿意走在第一个或最后一个。而我，被虚荣心挡道，走在最后一个。因为我姓段，需要“断后”。当我们一群人走到桥头时，确定了那是一个迷路的露营者。他也是今天晚上来露营的，但走错了路，刚到。大家松了一口气，寒暄几句，决定结束游戏，各自回房睡觉。

我长期走在乡村，说实在的，也是有些怕鬼狐的。但因为太喜欢乡村大山的一切，坚持在广袤山水间行走。时间长了，我就给自己设了一个自圆其说的“相对论”。假如世间真的有鬼怪，那么也一定有佛仙。一方代表恶，一方代表善。我的背包里长期放着一本《心经》，感到恐惧时，默念“大慈大悲观世音菩萨”，就觉得“正能量”爆棚，便会减少恐慌，远离魑魅魍魉。简单洗漱后，我把《心经》放在床头，瞌睡难当，立时便呼呼大睡。

晨起，已是早上8点。真是一夜好眠。

清晨的风，甚是凉爽。鸡舍里的鸡也出来散步。院子里的枇杷树，叶子非常肥硕。手可摘取的野板栗，吃一颗，特别甘甜。菜

做吃瓜群众
比吃瓜更有精神乐趣
如此
瓜又上了一个档次

园里各种菜的叶子上沾满了露水，一个扁圆形的大南瓜，落在矮小的围墙边，端庄稳重。乡村里的黑夜让人害怕，然而在清晨的阳光下，内心的怵感荡然无存到没有一点记忆。房东已在他的院子里叫我们吃早饭。从我们自住的小院子到吃早餐的院子，需要经过一片菜园地，迂回中感觉生活的真实存在，生命顿时变得如此接地气。早餐是房东煮的米粉，之晴一直大赞赣州米粉非常好吃，我们各吃了五六七八碗，用行动认可了之晴的推荐。

吃完早餐，大家想着到周边走走，就去了附近的“蜻蜓泉”。这个名字是我起的。海子写过：给每一条河每一座山取一个温暖的名字，陌生人，我也为你祝福。

因为心情好到开始文绉绉、酸溜溜，因为这汪泉水太漂亮了，又因为有很多对漂亮的蜻蜓在水面嬉戏，还因为第一次见到这么漂亮的蜻蜓物种（我从未见过这么漂亮的蜻蜓，纤细而轻盈，不像江浙的蜻蜓长得壮实），更因为我们以为来到仙境。这里的水干净到不亚于贵州的“小七孔”。阳光透过泉水，照射到水底散落的鹅卵石上，影成瓦片形，与天上的云相呼应，形成美妙绝伦的景色，彩色蜻蜓和着风飞过，此景可称“天上人间”。

我们四人不舍得离去，脱了鞋子，坐在泉边仿佛被神仙玩游戏般地排列过的圆石头上，或说话，或不说，感受人世间的岁月静好。赣安说：曾经有一个农人上山砍柴，见有人下棋，围观一刻；下山时，村庄里的人皆不识，打听才知，山下已过六十年，而砍柴人还是当年的容貌。六十年是一甲子。我假想着我们在泉边片刻，出得山时，已是2079年。

所有的美好，都值得追求。就如我们对一泓蜻蜓泉的想象。

回来路上的溪边，我们遇到了前一天晚上一起玩“杀人游戏”的三女一男，就热情地上去打招呼。然而，他们一脸茫然地看着我们，并不认识我们。我们一直重复前一天晚上我们是如何去他们的帐篷约他们一起玩游戏，我们如何一起到小院子里喝酒，最后还去接了一个半夜迷路的露营的人。他们一再表示不可能，前一天晚上他们几个人在帐篷前烧烤，一直到午夜一点多才睡，并未见过我们，更不要说玩游戏。而且，前一天晚上只有他们四个人来露营，没有其他人。经过十几分钟的沟通，我们四个人被当成傻子一样地离开。难道我们都喝醉了，四人做了一个一模一样的梦？

退房

收拾行李

开车

离去

今天这家民宿满房，我们不能再续住了，得换到另一家民宿。

到了民宿，我们放下行李，并未直接进房间，而是随意跟主人聊起天。每一家乡村民宿都必定有一个院子。这里有原住民文化，可以闲坐，可以与同住店的陌生人聊天，可以坐在空旷的院子里玩手机、刷抖音。长条凳，四方桌，一壶茶，一盘瓜子，可以把瓜子壳随便扔到地上，可以大声讲话，在院子里吆喝楼上房间的同伴下来吃饭，也可以讲鬼故事。

由于前一天晚上的迷幻经历，大家约定，当天晚上不允许讲怪异的故事。于是我们约定到附近一个院子里泡正宗的温泉。那是一家位于院子里的“野温泉”。

这天是农历八月十五，也就是中秋节。

黄昏之后，我们四人开车去另一个农家院子里泡温泉。车子停在杂乱的堆满树干的空地上。所有人打开手机灯，向山上徒步。因为是淡季，管理温泉的人未打开沿途的路灯，全程一片漆黑。我们过独木桥，进入时平时陡的竹林小道，因为是未开发过的小路，确实令人有点慌张。人们的恐惧大多来自对环境的陌生感。赣安一直想停下来讲个鬼故事，被之晴和丽芳坚决制止。

看守温泉的是一位年过七旬的老人，也仅有他一人在。听得我们来，他打开院子里的灯。温泉池是露天的，不大。刚好落在这户农家的院子里。我揣摸着泉眼大概在附近，泉水是被引下来的。除了一池温泉外，其他的设施都非常简陋，大概也算“野”的一部分。男性泳裤4元一条，女性泳裙40元一套，性价比非常高。池子里留有三个泉眼，冒出咕噜咕噜的大自然的琼浆，池上端有一个溢水口，泉水多了自然溢出。这才叫“活温泉”。我们换上各自的泳衣，下得池中。温泉水温约45℃，刚进入时还有热感。温泉池的瓷砖是白色的，映出来的颜色却是淡蓝色，这说明水中的矿物质含量较高。现在各处的游泳池或温泉在修建时大多用蓝色瓷砖，这样映出来的水自然也是蓝色。泡温泉时，每15分钟或20分钟要上来休息一会儿，以保证身体血液的合理循环。我皮肤不好，有汗斑，只要一出汗，皮肤上就会出现各种花斑，我也懒得用药，想着借助大自然的力量，比如温泉，试试治愈之法。

野温泉是稀有的。不知道江浙沪还有没有真正的温泉。我想起几年前冬天去日本北海道泡温泉的场景。如果冬天来这里泡温泉，天空飘落鹅毛大雪，该是如何美妙的时光。躺在温泉池里，我的“职业病”开始泛滥。温泉边上有房子闲置，如果装修成民宿，应该非常火爆吧？装修代价估计很高，那么，是不是把赣州旅投拉进来，就会变得容易？做一条索道上来即可。假如如此开发，会不会在不久的将来，所谓“纯正的野温泉”，又开始有造假了？

关于回归大自然，
关于乡村振兴，
关于开发与保护，
关于人与自然，
应该如何平衡呢？
这里还是贫困县吧？
贫困与幸福感之间有必然的关系吗？
想到赣安姐弟在非洲的事业，
是不是有些事业是可以帮助部分人改善生活的？
比如他们的创业增加了非洲人的收入。
造物主究竟给予我们每个人怎样的任务，
让我们来到人世间？

赣安说他有个相识的人，每天混在澳门赌场，靠博彩为生。除博彩外，他什么也不会，一生也不想做什么。在场子里混久了，虽不能发财，但赚点生活费肯定没有问题。如此，就过了一生。

在野温泉里“三起三落”，我们恋恋不舍地离开。穿衣，走羊肠小道，回住处。走的时候对守泉人说：帮我们开一下沿途路灯。有光，人就没有了恐惧。就算一路黑夜在左右，也是心胸坦荡。

对了，野温泉25元一人，淡季可以还价到20元。

中秋的小院子里，月亮特别明亮。丽芳拿出之前准备好的月饼，每人一个，象征一个美好的寓意。饭后无聊，我们就拉着房东去溪边捉螃蟹和石蛙。房东一时高兴，拿出很多夜灯，我们五人趁夜色去了溪边。经过一番寻找，在溪中央的石头中间，经验丰富的房东捉住了一只石蛙。有了收获，大家乘兴而归。房东说，这里的石蛙卖100元一斤。回来之后，丽芳跟着房东把石蛙放进冰箱，发现冰箱里还有两只石蛙。不知道为什么，丽芳突然生出恻隐之心，想着当天是团圆之日，多了一些联想，于是跟赣安商量着把另外两只石蛙买下，等下去山间放生。

赣安和丽芳去山间放生的时候，我跟之晴在院子里等他们回来。之晴对于“初一、十五的夜晚不要出门”这一传统习俗非常重视，所以没有跟着他们出去放生。这也许是客家人留下的规矩。

放生是一场救赎，或许我们去抓石蛙是对的。抓来的石蛙，通过这姐弟二人的善念，救了另外两只冰箱里的同伴。人间生灵，不只是独立活着，它们通过帮助同类而让生命变得更有意义。

丽芳与赣安回来后，我们在院子里站了一会儿就各自睡觉去了。约好第二天早上6：30起床。第二天早上7点多时，赣安的爸爸打电话过来，问他们两姐弟在什么地方，大家是否安好。赣安觉得奇怪：为什么爸爸一早打来电话？就如实回答在五指峰山脚下的一户农家过宿。在赣安的一再追问下，赣安的爸爸说他前一天晚上梦见一群人拿着各种凶器围攻赣安、丽芳及另外两个不认识的人（应该是我和之晴）。当这帮不明来历的人冲进小院子的时候，突然从空中降下来一个身背双刀、有四只爪子但可以直立行走的生物，两眼放着红光，身高约两米，巨大无比。此物口中吐出一只大网，如渔翁撒网，把那帮行凶的人一网全捕，然后背着大网所获群凶，两腿一弹跳，飞越屋顶而去。赣安的爸爸曾多次做梦灵验，特别相信梦的谶兆，就打来电话问个平安。

这天早餐的米粉没有前一天的米粉好吃。我们边吃边聊着：石蛙晚上被灯光照着的时候，眼睛放出的的确是红光，口吐“天

在这坐久了

这地方

就是你的了

网”，这不是蟾蜍的“技能”吗？

石蛙

蟾蜍

月亮

广寒宫

古人对十五晚上的警示

这些元素被我们拼凑起来就是：生活在月亮上广寒宫里的蟾蜍，知道它的同伴被凡人捕捉并将杀害。由于每年中秋之日，嫦娥允许它来凡间一次，它就从月宫中下来，特指引我们一帮人来捉它，然后引出它受困的伙伴，让善良之人解救它们。它们获救惹怒了置其于死地的其他物种，我们因此遭到报复。此事被蟾蜍算准，它化身“天外来兵”，一网消灭了群恶。

之晴被我们拼凑出的故事吓得直说“恐怖”。之晴面对所有荒野天黑以后的事物，都胆子很小。

丽芳说不用害怕，只要心存真善美，无论在哪里，都会平安无事的。

赣安见怪不怪。身边人一直说他是非凡之人。

而我，负责把这些记录下来。

这次结伴旅行结束了，各自离去。

赣安去了非洲。

丽芳去了欧洲考察大理石市场。

之晴回杭州。

我回杭州。

回杭州后我发现，身上的汗斑不见了，皮肤还更显光滑。嗯哼，一家民宿，治愈了一群人的病。

漂洋过海来看你

遇五指峰野温泉

此行一千里
时光金不换
遇一荒野处
荒野有温泉
村民同聚此
宽衣解带落

一池容男女
谈笑无裸羞
村姑容颜好
耄耋亦少年
一生逢绝处
不悔武陵人

创作灵感：

从杭州到赣州上犹深山里寻找项目，走过崎岖山路，遇一小村庄，有纵横的小溪，溪里流淌着汩汩的温泉水。村子里的村民运用简陋的房子，自建一个温泉汤池，不时来泡上一会儿。外地人偶遇，满怀惊喜地同泡，池中谈笑风生，不问出处，甚为欢乐。当然，不收费。外地人走时恋恋不舍，揣摩着下次再来时，可能此处已被开发，难见素朴。

民宿杂谈

初秋的时候，有一片叶子飘零。随着带有凉意的风，上下摇摆着，俯视着这片土地，以叶子自己的乡愁，轻轻地落在附近一棵高大的树木边，安静地栖息在泥土地上，现出安详的姿势，让余生守候在这里。这棵大树是叶子的母体。很久以前，叶子从高高延伸的某个枝头上冒芽，吸取树干中的养分成长，借助这个强而有力的根基，在风中飞扬，在天地间沐浴阳光。经历风雨后的叶子，让自己的生命足够明亮。漂泊在这个三维空间里这么久了，现在，它想寻找最原始的、给予它能量的地方，给心灵寻得安静之处，让自己感恩那曾经的能量场，守候一份长久离别的怅惘。

有人说，民宿是非标准住宿，民宿是消费升级的产物，民宿代表了自我而不自大的人性舒展，民宿就是回到故乡。而今天国内的民宿，一部分是资本的标的物，一部分是人的“玩票”，一部分是人谋生的方式，当然，也有一部分是鸡肋。

民宿，这个神奇的物种，搅动无数人的心，明明只是一处处很小的房子，却收获着无数关注。有海归回来开民宿的，有企业高管辞职开民宿的，有事业有成后开民宿的，有跟着潮流开民宿的，有为了追求生命质量而开民宿的；当然，也有为了生活开民宿的。这其间，难免也会有政府为了引领某地经济而推进民宿开发的。

民宿者，包罗万象矣。

为什么会有如此多的人参与民宿呢？我想大概如此——

民宿，应该是展示主人文化品位的最好空间。主人可以根据自己的喜好选择待在山中一隅，根据自己的爱好来装修设计。在整个设计过程中，他能强烈地把自己想要的尽量展现出来，让自己生活在自己喜欢的地方。而客人大多会根据主人的喜好而产生好感，无论是服务上，还是空间感觉、精神享受上，都有对民宿主人文化的随从性。民宿服务与传统的高星级酒店服务有时候是截然相反的。比如高端酒店的“金钥匙”服务，会全方面思考如何满足客人的爱好与需求，而民宿在保障基础服务的前提下，会让客人感受民宿主人的爱好，有点“客从主便”的感觉，进而去感受另一个有趣的灵魂。

消费升级也是“民宿热”出现的一个前提。人们有了物质保障，不再“循规蹈矩”于传统住宿，他们希望在与身边人不一样的地方享受独立空间。而民宿作为非标准住宿的载体，正好顺应了这一发展潮流。有的民宿除了常规的房间外，还有房车、集装箱、树屋、气泡屋等，这也大大引起了人们的新鲜感和热情度。在日本、韩国、中国台湾等地，小吃非常丰富，但我们发现，在日本，有受人喜爱的各种小吃和小吃店，却为什么看不到类似中国大排档区的油腻？一轮夜宵后，会是怎样的场面？在泰国清迈，每个月都有一次可以全城摆地摊的盛大活动。琳琅满目的小商品摊位和各种令人垂涎欲滴的地摊小吃沿街摆放，甚是壮观。神奇的是，第二天清晨，当你走在大街小巷之中，却不会发现有一点垃圾或烧烤的油汁落在地上。其他有小吃传统的国家和地区就不再一一列举，此处只想证明一个观点：美好的地摊小吃与良好的环境是可以同时存在的。不是我们以前认为的，有些美食就只能在“脏乱”的地摊上才够好吃。这就属消费升级的范畴，物理空间与精神空间要一致，要给人以感官上的美学享受。民宿，正好契合了这一时代的需求。

造物主在创造人类的时候，免费赠予了人类三样东西：干净的水、新鲜的空气和透明的阳光。让人类能健康地生长在这片大地上。现在的繁华城市里，有水，但已不再甘洌；有空气，但已不再新鲜；有阳光，但已不再透明。当人们惊觉这些的时候，会找寻自己的时间间隙，去到大山里，去到乡村里，看起来是在寻找感官的舒适和心灵的愉悦，其实是在寻找自己生命的踪迹。有条件的人，在山里开了民宿或其他小店；其他喜欢却无法到山里驻扎的人，调整自己的度假时间，去山里住上三两天。有人因此治愈了肉体，有人因此治愈了心灵。

我们暂且认同英国海洋生物学家阿利斯特·哈代的研究结果。他说：人类是从水中来的。经过若干年的进化，以水猿的形态迁徙到原始森林里；再经过几千万年的改变，以类人猿的形态从森林里走出，从树上下来，建立部落、村庄、城镇、城市，进而发展出文明。当文明发展到一定程度的时候，人们又开始思考：我们是从哪里来？我们要到哪里去？我想，无论人类如何进化，原始的DNA是一直延续的。我们看到水的时候，就会特别平静；看到绿色的森林的时候，身心就特别愉悦。这大概是因为，看到这些，我们就如看到最原始的自己出身的地方。那是母体，是生命之源。正如我们好久没有回家，偶尔回家看到母亲，那种无须言语的亲切感，让人的内心得到巨大的慰藉。民宿以亲和的方式，与大自然融为一体地存在于绿水青山之中，非常能给到访的都市里忙碌的人们以这种感觉。况且，这何尝不是一次生命“回归”呢？

杭州是个非常宜情的地方，也是一个自我形成小资环境的城市。散落在西湖边的，有很多小情调的小店。小店里有很多有趣的灵魂，让这个城市在繁华热闹中，拥有淡定的内在气质。民宿，能很好地满足对精神有需求的群体。

一家好的民宿，能提升一个乡村的知名度。我做过十多家民宿，其中有几家店做成了“网红”店。“网红”能带动周边“农家乐”自动升级，带来有资本的人进乡村投资，带动当地农产品的销售，带动农村劳动力的就业，也会带动很多年轻人回乡创业。我们在浙江安吉有一家民宿，每年采茶时节，村里的阿婆会把自己从山上摘来的野茶叶炒好，用小布袋装好，送到店里来。有时候，管家不在，她们也不进来，就把茶叶挂在门扣上。她们的意思就是“随意”：能有客人买，就赚点收益；没人买，就当送给店里。每一次，管家总能如愿帮她们把野茶卖掉，一斤约200~300元。还有一些店，帮助附近的村民们出售南瓜和番薯，每次都能卖个好价格。乡村振兴中，民宿是不可或缺的参与者。一方面是因为民宿是当下消费者喜欢的住宿方式之一；另一方面，民宿投资相对小，方便带动或影响当地人参与，进而带动他们物质升级、思想观念升级。民宿能很好地体现人文关怀。客人从大城市到乡村来，这里能让他们感受车水马龙的城市里所缺少的人与人之间淡定安详的对话，也能让他们感受人与人之间那份关怀的初心。就如木心的《从前慢》：“从前的锁也好看，钥匙精

坐看云起时

还得靠自己

美有样子，你锁了，人家就懂了。”主人在屋子里做小吃或煮饭，客人可以一起晚餐。人与人之间，有了温度。这个温度，是乡村的，是纯朴的，是大自然的，也是人类起初的相处方式。

做得好的民宿，配套有咖啡馆、书店、文艺餐厅等。外出工作的当地年轻人回来，看到自己的村子里有城市的影子，有城市的文明，生存思维会受到一些冲击。很多外出打拼的年轻人，因此就想回乡创业。这些城市文明的出现，满足了他们的生活要求和习惯。民宿以充满设计感的美好方式出现，也让这些曾向往城市生活的异乡人，有了回乡的愿望。这些年轻人若回乡创业，更有基础与条件。他们有自己的房子，有熟悉的邻里关系，懂得与自然相处。乡村振兴中，只要有年轻人的身影，便会显得生机勃勃。

在这里，我谈一个真实的案例。在浙江金华一个乡村里，我们跟随一家投资机构去开发项目。当时我们租用了一个“农家乐”，将其改造成民宿。10个房间，投资400多万元。改造结束后，我们返聘了这户人家的夫妇。男房东负责烧菜，女房东负责做卫生。男房东对我们说：之前，他们的女儿在杭州读书，很少回家，因为回家后，他们夫妇一天到晚在“农家乐”里操劳待客，女儿也得蹲在厨房里帮忙。他们揣摩女儿可能不喜欢自己家的环境，毕竟有很多地方显得脏旧。年轻人总是偏好美好的东西。改造后，女儿不但每个周末回家，还常带同学回来。因为家里的布置很漂亮，很有品位。公共区域还有咖啡馆，提供甜品。女儿回来后也会到厨房帮忙，不同的是，能感觉到她帮忙时愉悦的心情。

民宿总是有无限想象的空间。有些资本能帮助人看到未来，例如有些资本“进入”后，保护了快要被人们遗忘的村落。有些遗留下来的老房子，传承了智慧与文化，倒了，就再也没有了。保护老房子，是一场以民宿为载体的复兴。我们应该感谢资本进入乡村，因为资本更有综合性的能量。

在最后，我想与民宿爱好者聊几句。有时候，民宿像原始森林里的食人花，长得非常漂亮，呈现给你的是它最美好的一面，然而其间有很大的风险，人不能盲目进入。你走到一家小民宿，门口种满绿植，院子里清风明月，一枝凌霄花蔓延在墙头，开出艳阳般的花朵，满目“庭前花木满，院外小径芳”的美好景象；进得客厅，优美动听的音乐，灯光下的书架，扑鼻的咖啡香味，让你无法自拔地想要拥有这么一家小店。这个时候，你需要清醒地意识到：这一切，也许只是一场诱惑。这场动人的诱惑，可能伤害很多文艺青年。

认识民宿，就如认识一个人一样，要懂得它的脾气，发现它的习性，更需要知道它的属性，明白它的本质，这之后再去接

白皑皑的世界

夹杂其他东西而来

触它、拥有它，会更有底气一些。你要非常清楚自己开民宿是为了什么，才能进入这个行业。是为了生活？是为了保护一栋老房子？是为了安度余生？还是把民宿当成宠物一样把玩？

无论你如何生活，秋天已不由己地到来。坐在窗前，看着那片叶子最终的飘落之处，有一种尘埃落定之感，长长地吁了一口气。终于有一片可以回归的土地，是多么踏实与安详。肉身的行走，灵魂的漂泊，心安之处即是故乡。有一间民宿，在山之一隅，给自己一个小憩之处，等或者不等你的到来。你来了，刚好情趣相投，我会与你分享《把一部分时间留给陌生人》，与你围炉品茶，把酒话桑麻。

听，啪啪啪的声音

寂先生一个人开着大大的房车，显得特别不和谐。不过，谁也不能证明，看起来和谐的事，就是美好的。

车子下了高速，再开一个小时蜿蜒的山路，就到了路的尽头。停下车来，鸟叫声，溪水声，还有风过竹子的声音，让他感觉特别舒服。他早期来的时候，这里只是一户人家，现在来的时候，这户人家已租给我开了民宿。一个忽明忽暗的招牌“蓝莲花开”在竹影里，半隐在院墙之上。以前来的时候，他开小车；现在来，开房车。他妻儿皆有，父母健在，却总是一个人出行；累了，就睡在车里。关于喜欢睡在车里这件事，不知是他的一种生活方式，还是心理癖好。如果能把车子开到深山里打盹，他更是身心愉悦。每个人都有不想被人知道的习性，或者叫隐癖。德国足球教练勒夫喜欢吃鼻屎。因为习惯，他在比赛中也如此动作，被摄影师抓拍到，通过电视画面，传递给了全球的观众。陈丹青从来不参加自己的画展，最多在别人为他办的画展外面徘徊一会儿，就走了。他去参观别人的画展时，遇到他敬仰的大师的作品，不敢正视，草草看一眼，就匆匆离开。我开小店十多家，如果不是不得已，我从来不住自己的民宿。以前一直想自己是不是有“病”，知道陈丹青的事后，就坦然很多。寂先生现在喜欢开房车来的原因，是“蓝莲花开”在停车场边上做了一个小型房车营地，通上水电，还设了一个化粪池，能够同时给三到五辆房车补给，让喜欢非标准住宿产品的人能常来。“蓝莲花开”在多个乡村地理位置“奇葩”的地方开店，都尽量留一块空地，做成小型房车补给站。假如遇到开房车的人喜欢交流，可以进民宿里来，喝杯咖啡或下午茶，与店里的管家随便聊几句；如果遇到管家正好在烘焙，那就有口福了。

停好房车，寂先生并不去民宿里入住，而是入竹林里，拾级而上，走一条古道。这条古道就在民宿边上，延伸到竹林之中，不熟悉的人，是不敢贸然一个人前往的。小径延伸得很远很远，沿溪而上，虽有汩汩水声，蝨风吹来凉爽，仍觉幽深得远不可测。熟悉的人知道，可顺古道穿行于竹林之中，一条路徒步两个小时，到山那边的临安，途中有一小小的瀑布，长年有山泉流淌，若有人巧遇此景，会认为是上天特别的恩赐；另一条路徒步约一个半小时，到安吉天荒坪。明清时代，“蓝莲花开”边上是一个集市，

此门是我开

此竹是我栽

如若你想来

想来你就来

每个月附近农民都自发赶集于此。山那边的临安人，会挑着各种农产品、手工艺品，或赶着猪羊，翻山越岭而来。想象当年的景象，如今只留下一条长满野花的小道。寂先生走的是通向天荒坪的竹径。

寂先生一个月左右会来一次。从“蓝莲花开”右边上去，一步一步地走过石头小路，时有小溪，时是竹林，会路过几棵树龄500年的银杏树，先听到一只小狗的叫声，就看到一户山坡上的人家，有“柴门闻犬吠”之感。到了房屋门口，房屋的主人阿婆会出来张望。见得是寂先生，也不知道称呼什么，就说“你来啦”，引寂先生进屋。屋内阿婆的老伴用釉色剥落的搪瓷杯给寂先生倒茶。之后，就会随便聊点什么。老夫妇讲的话不是纯正的安吉话，大概是“杂交”过的语言。民间有传言，在太平天国时，这里因太平军与清军的反复争夺，近乎被屠城。这段历史鲜为人知，只有从60岁以上的老人口中听得。现在的安吉人，基本上是移民过来的。近代移民中，因为三峡工程，有大量湖北人迁移到安吉的梅溪镇。寂先生与这对老夫妇聊天，有时候听得懂，有时候听不懂。不过都不重要，只要交谈就好。

这对老夫妇均已80多岁，长年不下山，儿女每两三个月扛一点米上来，再带一些油盐酱醋之类的生活用品。很多东西，都是老夫妇自给自足。老两口开垦了山地，根据季节种不同的蔬菜，也养了很多鸡鸭。秋天的时候，他们跟松鼠和古人一样，会储备很多食物，比如酱菜或腌制的鸡鸭肉，以备过冬。寂先生一次偶然路过这里，看到这对夫妇相对原始的生活，非常感慨：科技发展到今天这个程度，真的对生命有意义吗？在后来的日子里，他总是过段时间便不忘来一趟，让阿婆给他烧一碗面，走的时候，留下一百元钱。老夫妇对一百元的概念并不十分敏感，客气几番就收下了，久而久之，成了习惯。这一百元，对于寂先生来说，意味着什么呢？他也说不清楚。想到自己在纸醉金迷的城市里一掷千金的消费，与这个深山竹林里的生活对比，不知道如何诠释。人因为没钱而生活困苦，却因为有钱而消沉抑郁。跨越不过生命的哲学问题，想到死，就是一个寒战。

寂先生大学毕业后到社会上打拼，经过二十多年的努力，事业有成。四十多岁的他，有较丰厚的存款，现在却不想交友，不想聚会，不想抽烟，不想喝酒，不想回忆，不想倾诉，不想回家，不想做爱。一次他从山上下来，遇到我在“蓝莲花开”，进来点了一杯咖啡。“蓝莲花开”的咖啡，虽然在深山之处，口味却十分美妙。管家们进店之前，都要学得一门手艺，其中最基本的手艺是做咖啡。管家的咖啡老师是参差咖啡学校的，有美国 SCAA（美国精品咖啡协会）认证。寂先生大概因为咖啡的美味，心情很好，就与我攀谈。我们坐在有一百年树龄的山楂树下，恍若子期遇见伯牙。聊到某个点，他会沉默很久。为了打破静态场面，我仿佛是自言自语地与他说起一件事。前一年，我在莫干山的店里，遇到一位财富甚丰的客人，叫陈世仁，年轻有为，事业大成。傍晚，我们一起喝了点酒，陈世仁开始跟我聊他的光辉事迹。从黄昏聊到深夜，从光荣聊到腐朽，随着夜深和话题的深入，把表面的事聊完了，开始触碰到他的内心。如一场大雪降临后，白皑皑的一片甚是美丽，阳光晒了三天，大雪覆盖下光怪陆离的东西就显露出来。再后来，陈世仁说着说着就哭了。眼泪是身体脆弱时的发动机，只要一启动，就会把喉咙、声带、鼻息，一起带动起来，人便泣不成声，紧跟着，身体就颤动起来。我有点尴尬，等他稍有停息，我想了想，让他跟我一起到外面看月亮。那天的月亮很大很圆。他很谨慎而懵呆地看了我一会儿，就跟着我走了出来。我不知道他当时的心理活动。我带他到一棵很粗很大的树下，让他紧紧地抱着那棵树。他迟疑一会儿就按照我的意思做了。我让他什么都不要想，就一直抱着大树。大概过了10分钟，我问他有没有好一些，他说好多了，心情放松很多，甚至有愉悦感。他问我为什么会有这样的感觉，我建议他有时间去看梁朝伟演的《花样年华》，其中有一段讲梁朝伟饰演的周慕云一生中发生了很多事，都不是他想要的，内心波澜而又无法用语言表达时，他就一个人对着一个树洞沉默很久。梁朝伟本人也常常做一些与别人无关的很自我的事，比如专程乘飞机去巴黎广场喂鸽子，结束了再乘飞机回香港。

寂先生听完我的话，问我要不要带他去抱一棵大树。我说，现在是四月，正是竹笋破土生长的季节。“蓝莲花开”有一片竹林，可以去听竹子的生长。寂先生停顿了一下，就跟着我从后院走出来。可能他怀疑自己是不是听错了我的话，为什么说“听”竹子生长呢？走进竹林，我对他说，这片竹林是“蓝莲花开”提供给客人休闲的。有来挖竹笋的，有在竹林间用吊床休憩的，也有砍竹子做手工的，还有些公司组织员工来竹林里玩真人CS。我们走到一棵长到两米多高的新竹边上，各自找了地方坐下。这棵新竹正以旺盛的姿势向上长，身上还带着竹“胎衣”，包裹在嫩杆上，仿佛发射中的火箭的外壳即将在高速上升中脱落。我与寂先生静静地坐着，不说话，不闭眼，约半个小时，我问他：“你有听到很细很细的‘啪’的一声吗？”

他说：“好像有。”

又过了半个小时，寂先生说：“我连续听到轻微的‘啪、啪、啪’的声音。”

我说：“这是新竹子成长的声音。只要你让自己安静下来，认真聆听，就能听到。”

竹子的根要在地下蛰伏四年，然后长出竹笋，破土，只用四

再不茁壮成长

人类就把你吃了

个月的时间，就能长到十几米高。它们破土后的生长过程特别快，一年后就是成年的竹子。山民们削它们的梢做成扫帚；把它们砍下来，破开，做成篾条，编织成各种商品，有实用型的，有艺术观赏型的。如此，一批一批竹子离开了这座山，去了或近或远的地方，有了它们自己的价值或被遗弃。安吉的竹子，出口去日本的比较多。

这样过了约两个小时。我们看到有好多片竹胎衣从空中飘落，透过光线，在竹林间铺了一层，脚踩在上面，很是松软。这些胎衣，零落成泥腐作肥，供新的竹子长大。

我问："现在的心情如何？"

寂先生说："心情放松多了，甚至有愉悦感。"

这句话好熟悉。是我在莫干山上遇到的陈世仁讲过的话。

寂先生走了，也不知道能否再遇到他。他应该还会来那位阿婆家吧？其实阿婆并不知道他是谁，我也不知道。

白天吃饭

中午小憩

晚上睡觉

大同

我告别了菖蒲的水
站在没有白露的堤边
江南难分四季
日子今天恰似昨天
都是昨天的太阳
我去了更南方的南方
更南方的小镇上的人
也开始彷徨
他们学习了大城市的日夜兼程
把自己弄成北上广

漂亮女孩子的美
张小小与李思思长得一样
王小波的猪已死亡
彼岸花总是孤立地长着
人们喜欢花的海洋
听不到布谷鸟叫布谷
猛虎细嗅了蔷薇
年轻的人们已没有了方言
未来时代整齐划一
非黑即白成为主场

创作灵感：

在“乡村振兴”之下，非常多地区模仿浙江乡村的模式。这是一个非常危险的信号。如果全国的乡村都被规划得一模一样，那是多么可怕而乏味的风景。只有挖掘原文化，呈现出独有的样貌，发展才能长久。所以，敦煌永远是唯一的，布达拉宫永远是唯一的，杭州西湖永远是唯一的。当一个乡村尚未找到文化可挖掘时，请少安毋躁。

陌生的电子邮件

在大理的一天，我在老街的一条小巷子里，看到一家出售旧书的小书店，店里没有人，门口有一只还算醒目的箱子，上面写着：随意。意思是：店里没有人看理，看到喜欢的书，请随意给钱，把钱投到箱子里。包含：可以不给。箱子的边上贴着一张纸，上面写着一个电子邮箱地址。在这个网络化的年代里，通过邮筒里的信来与别人交流已是落伍，电子邮箱是比较折中的办法。

我是一个淘旧书成瘾的人，早些年淘的书，有些都丢了或送了人，我只享受那个"淘"的过程。记得有一次在德清莫干山上的店里，我送了一本老旧的书给一位北京客人。这位客人在接收这本书时，竟然先洗了手，然后整理着装，虔诚地接受了赠予。看得出，他很需要甚至敬畏这本书。当时我想：是不是这本书很值钱？过了半个月，这位客人给我寄来一双老北京布鞋，附言说：此鞋是传承当年宫廷手艺手工缝制的，请自己享用。这让我更觉得那本书很值钱了。

近些年，我越加喜爱旧书放着的感觉，就用一个地方将书存了起来，前后约淘过几千本。之前淘旧书，是按斤买的，后来是 1～2 元一本，现在是 3~10元一本。记得有一次住在泉州城里一个小弄堂里的一家民宿，边上有个巷子专门卖旧书，我买了一堆旧书寄回杭州，邮寄费用就用了300多元。

我突然心血来潮地想要一本民国时期的字典，就想起大理那家旧书店的邮箱，发了一封想找一本民国字典的邮件。过了大概两个月，我在杭州青芝坞的店里，管家说有我的快递，我打开，竟然是一本民国时期的字典。旧旧的书页，大概 A4纸三分之二的大小，约 8 公分厚。第一页竟然是蔡元培先生的签名（印刷体）。我一阵惊喜，生活中的“小确幸”真是美好。

在后来的日子里，我们每三四天，或一个星期，都会给对方写一封邮件。渐渐地，我知道她是女性，网名叫“乌咪”。至于年龄，从来没有问过。她也知道我在开民宿。我一方面很新奇于她在路上的经历，也会请她从各个地区和国家帮我淘一点民间的小旧物品。坊间的旧物品，便宜，有意思。我把她寄给我的物品摆放或装裱起来，摆放在自己的店里，即成一个有意思的空间。她在投宿于各个城市或国家的客栈、青旅，做沙发客时，遇到有创意的经营方式，也会“同步”于我，使我得到很多启发。有时候，她到访一些经营困难的旅馆、青旅、民宿，便向经营者介绍我的经营经验。在此期间，我们从未加对方的微信，也未加QQ，不考虑电子邮件之外的联络方式。这个感觉，蛮好的。记得有一次，她推荐一个广东籍开民宿的朋友来杭州找我，我们在青芝坞见了面，大家聊得很投缘。现在回忆起来，对方名字也变得模糊，只记得他说对杭州的感觉特别好。后来他在八卦田附近找了一栋民宅做了一家有六个房间的青旅。一年后，因经营不善面临倒闭时，他再次来找我，我借给他两万元，帮他渡过难关。以前只是因为聊得来，相处比较愉快，我对他本人并不太了解，在打款时才知道他的真实姓名。他又坚持了一年，最终因亏本而结束了这家小店去了大理，和他的女朋友一起做旅拍，听说做得还不错。又过了两年，他还了我两万元借款。我真心希望世界上都是努力奋斗的好人。当相互帮助成为一种正能量被人们传承时，造物主就不会那么操劳。

这一两年，我喜欢写一些原创的小文章。没有太多技巧，只以行云流水的方式记录。我偶尔会问她在路上有什么奇特经历，她说她在路上走了近六年，国内走了一年，国外走了五年，至今仍未停止。路上确实遇到很多事，但她不想用文字表达出来，这样思想更自由。我有时候很难理解她的这种想法，很多人在国内

和爬到屋顶的人

一起看星星

旅行徒步几年，就写了书，有的甚至还很火爆，因此成就了自己的一番事业。当年小鹏的《背包十年》就是徒步旅行人必看的书；谷岳应该是第一个在外国的公路上竖起大拇指搭车旅行的中国人；而她说：不。

根据她与我无意间的往来邮件，经她同意，我整理后转载一些。

邮件 1

午候，你好！

我在西藏待了一个月，现在到尼泊尔了。三本旧书已寄给你了，希望你尽快收到。这里有一家经营惨淡的客栈，我把你的经营理念整理了一下，给了客栈主人，希望对他有帮助。其中提到请他到浙江参与民宿众筹这个方法，他非常感兴趣，准备这几天去杭州，到时候，你们可以见面聊聊。

在去尼泊尔的路上，我遭遇了人生中第一次危险。当时是傍晚七点多了，我们三个女孩在路边搭车去往西藏的下一个小镇。我们相互之间不认识，只是因为在路边搭车，临时打个招呼，也算是给自己一份安全感。我们等到了三辆同时来的大货车，很欣喜。当三辆车停下来后，司机讲了各种理由，说每辆车上只能搭一个人，这样，我们三个女生就分别坐上三辆大货车。在行驶到离下一站还有20多公里的时候，三辆车都停了下来，司机说开车太累，当天晚上只能在车上过夜。我当时就觉得有问题，但这么荒凉的地方，海拔4000多米，又黑又冷，如果我直接下车，估计会冻死的，况且下车会更危险。那个司机看着我，露出猥琐的笑，我第一次深刻知道“猥琐”的含义。车子里开着空调，驾驶室内倒是暖和。唯一庆幸的是，有微弱的信号。在我略微感觉到不安全时，我用短信报警求救。报警短信发出不久，另外一辆车上的女孩就跑到我这里，面色苍白，我也能揣摸出一些原因。我们两个挤在一起，司机看到我们两个人，没有敢轻易做什么。我们就一直假装漫不经心地在那片荒野待了近两个小时，警察终于来了。我们上了警车走了。警车开出约20分钟，我非常担心另一个女生，请求警察回头把她一同带走，警察同意后，我们又折回到这辆车边上，呼叫那个女生。让我们意外的是，她在车上与司机睡得正酣。她头发蓬乱、迷糊地睁开眼睛看着我们，我问她要不要走，她很勉强地说：“那好吧，等我一下，我把衣服穿一下。”

谁都知道发生了什么事，但都沉默着。大家都当什么事也没有发生。我知道你知道我知道，但你不想知道我知道。

这次搭车，我有惊无险，那个慌张跑到我车上的女生被司机

"袭胸"了，最后那个女生，直接跟司机发生了性关系。万物生长，万物请随便长。

其实路上并没有那么危险，最危险的是自己的初心。你想干吗，内心一览无余。

过几天，我要去非洲了。有信号时会回复邮件。

邮件2

午候，你好!

我在非洲已经待了快一年了。这里贫穷得让你无法用语言来描述。你上次邮件说安全问题，其实只要自己小心就好，谁叫自己认定要走这条路呢?

这里抢劫比强奸认真。

他们可以随便和一个女性发生性关系。在肯尼亚，大街上有非常多的妇女拉着没有父亲的孩子行走。一个男人，可以跑到一个村子里，与某一个女人住上一段时间，女人怀孕了，男人就跑了，跑到下一个村子，跟下一个女人发生关系。在这里，女性没有尊严，更得不到尊重，基本定义为男人的附属品。在埃塞俄比亚，有很多中国企业，工人们很容易找到当地的性伴侣，妇女不小心有了孩子，如果有一天，中国男人要回国了，丢下那个“家”就走了。妇女带着孩子找到中国公司，只要有当地人到警察局证明，并且完整报出中国男人的名字，中国企业就会赔偿一笔费用给那个妇女及孩子作为抚养费。在埃塞俄比亚，你可以看到很多孩子很像中国人，他们是混血儿。

抢劫多，是因为这里太贫穷。有一次，一个日本男人被当地人用刀威胁，劫匪自称是黑社会的，要求他拿出财物。日本人被抢现金300多美元，又被迫从银行卡里取出1000多美元。日本人冷静与他们商量，希望把相机留下，因为有很珍贵的照片。最后，这帮劫匪非常“讲义气”地把相机里的卡还给了日本人，把相机拿走了。这是我在坦桑尼亚的街头吃早餐时，遇到这个日本人，听他亲口讲述的。当时我们准备结伴一起去石头城，一个叫桑给巴尔的地方，那里的海，超级蓝。

虽然路上充满不确定性，但大多是好的。我告诉你一件正能量的事。

之前在约旦的时候，我在 Facebook 上约了一个德国女同伴一起去佩特拉“玫瑰古城”。我们搭上一个60多岁的老司机开的

男人徒步旅行的三要素：

烟

咖啡

和永远遇不到的女孩

车，行程到一半的时候，他用蹩脚的英语向我们喊着“SEX”，意思是要与我们发生性关系。我害怕地拒绝后，就要求下车，那个德国同伴一脸无所谓的样子。我下车后，他们开车走了。我站在连村庄都没有的公路边，心里有些恐慌。没过一会儿，有一辆车停下来，下来一个50多岁的男人，对我说的第一句话就是：“Do you want to die？”大概是因为待在那里太危险了。他打电话叫来了他的司机，就开车走了。这个时候，生命只能用来做赌注。他的司机把我送到目的地佩特拉，来回跑了近两个小时。我在与他的司机聊天中知道，救助我的人是一个飞行员培训基地的老板。司机把我送到就直接走了。我们没有留下任何联系方式。

当你走出家门的时候，一切都在冥冥之中。

我在路上行走多年，很多男人对我有过无私的帮助。不过，有时候男人也想得到什么，比如暗示跟我发生性关系，当然那只能是单方面妄想而已。

后来我通过 Facebook 问那个德国女伴，搭车的老司机有没有什么出格的行为。德国女伴说她是海军，什么也不怕。

这里常常没有网络，所以有时候会中断联系几天。你叫我帮你找的当地邮票，我收集了大概300多张，有的是从小市场的地摊上买的，有的是刚好路过邮局买的。我请一个中国驴友带回国内了，这样省了邮寄费。你收到的时候，给我回邮件。希望如你所愿，把这些邮票裱起来，放在自己的小店里。

常联络。

邮件3

午候，你好！

在尼日利亚的时候，很巧遇到一对中国的姐弟。她们是温州人。温州人的聪明，天下皆知。姐弟俩15年前来非洲，在一家国企当翻译。没过两年，他们发现中国企业里被淘汰的重型机械在当地有商业机会，从中周旋，赚了大钱。之后，姐弟俩开发了第一家石矿，由此一发不可收拾地连续开了14家石矿。现在他们已开始做大理石出口了。你大概也能了解，我对财富没有太多感觉，我对非洲这块土地和生活在这块土地上的人非常有兴趣。

姐姐特别会聊天，性格活泼外向；弟弟特别诚实少言。姐姐跟我聊了很多他们酸甜苦辣的创业经历，当然也有一些趣事。她的矿场有一个门卫是当地人，每个月工资40000奈拉，相当于人民币800元。这位非洲兄弟有三个老婆，他给每个老婆10000奈

拉，自己留下10000奈拉。他想吃羊肉的时候，就会在发工资后去买一只羊。在非洲，一只全羊的价格在10000奈拉左右。这个门卫用月工资剩下的10000奈拉买一只羊后，就在自己的岗亭门口搭一个烤羊架子，准备简易调料，开始烤羊。他一个人用10天的时间把一只烤全羊全部吃完。之后的大部分时间，他就躺在值班室里睡觉。姐姐问他为什么一直躺着不起来，他说：羊吃完了，钱也没了。接下来很多天他会没有东西吃，躺着不动，可以减轻饥饿感。

对了，在尼日利亚，男人娶三个老婆是合法的。

在非洲，无论是大人还是小孩去世，亲人们只是难过，并不非常悲伤。他们认为，真主会带死者去往更美好的地方。

邮件4

午候，你好！

听说你读了三遍《百年孤独》，我也因为喜欢《百年孤独》来到了南美的哥伦比亚，到加西亚·马尔克斯的故乡感受魔幻。听说莫言的小说《丰乳肥臀》正因为风格魔幻而获得诺贝尔文学奖。这里应该算离中国最远的国家之一。从地球仪上看，刚好与

起风的时候
很少有不凌乱的

中国穿过地球轴心对望，时差13个小时。

这里的气候跟国内的昆明一样，可算是“春城”。马路上乞讨者非常多，那种乞讨让人感受到他们是真的贫穷，不像国内有些乞讨者，回到家乡能造一栋大房子。很多乞讨者举着一块牌子：“Any help can be。”他们非常难找工作，因为这是一个讲究知识技能的国家。马路边的泥工若想举一块牌子，需要到相关部门接受培训，考出资格证。有了资格证，才能去做泥工；工资也相当不错，约200美元一天。但如果没有资格证，在路边举牌子找活做，被警察抓住是要坐牢的。

这里富人也不少，贫富差距非常大。这是一个毒品肆虐的国家。很多以毒品为主题的电影或电影剧，都是取材于这里。

对了，你还记得我在邮件中提到的在从西藏去尼泊尔路上搭车的那个被司机“袭胸”的女孩吗？

她已结婚了，嫁给了一个美国人，生活非常拮据。家庭收入3800美元一个月，租房子就要2000美元一个月。我本来一直想找个美国人嫁了，现在想来，还是回国嫁夫生子吧。

如果我有一天回国，或许能见到你；假如我不回国，就在某个国家定居了，希望能与你保持邮件联系。我也想在某个国家做 Airbnb 上的住宿产品。听说你在杭州已有开设，到时候请你多提供建议，或许我们可以相互推荐客人。我在全球认识很多做 Airbnb 的房东，我在想，借这些信息是否可以成立一个“全球民宿营销联盟”？毕竟对于一个徒步旅行者来说，找到既便宜又安全、房东又 nice 的民宿的概率不高，通过旅行者的推荐形成一个联盟，相信会吸引更多徒步的人。

今天晚上我住在一家青旅。我住下铺，上铺是一位美国人。他的鞋子臭味难闻，我终于忍不住把他的鞋子扔到了外面。不知道明天早上，会有怎样的后果……

做民宿的乐趣之一，就是会遇到很多社会“边缘人”。他们大多行走在规矩之外。他们出行时，极少住酒店，而是选择青旅、客栈、民宿、帐篷、做沙发客，甚至在树上或山洞里过夜。人类活在三维空间里，如果说这个世界上四维空间真实存在，那么，这些社会边缘人就是生活在三维空间和四维空间之间的人。

我等你的时间
只有一炷香的工夫
你若不来
我再点一炷

无须被审判的灵魂

教授坐在我的对面。

莫干山“从前慢”民宿的“孤独的书店”里，壁炉的柴火很旺，第二瓶红酒已倒了一半。他曾是一所美术学院的教授，早已“被辞职”。在朋友圈里看到我的“从前慢”民宿，因为一句“方圆十里无人家”而来。

外面大雪，那种满天飞舞、天地弥漫的苍凉感，安详平静地飘然于“从前慢”，从月亮那个高度的天空下来，轻轻地小憩在玻璃窗外的棕榈树叶尖上，炉火与干柴的“噼啪”声，与这个冬天的雪形成哲学的对比。

安静的雪片，燃烧的火焰，

冰冷的雪花，温暖的炉火，

雪轻轻地栖息在枝头，炉火有笙歌鼎沸的热烈。

最后，

雪绒花融化在空气中

柴尽薪断时，火焰消失在烟波里。

“先生，你请喝茶。”我与自己的客人对话聊天时，从来不用“您”，平和、平静、平视地与客人相处，才是真实的民宿人。

民宿里没有上帝。

“我是一位出色的画家，但我在生活中遇到各种问题。”

虽然不知道教授是不是出色的画家，但我有些感觉到他的傲骨。文人如果没有傲骨，他的作品如何让人刮目相看呢？李白让高力士给他脱靴子，大概，这是古今中外，文人最高等级的癫狂行为。

我很配合地也抽了一支烟。我平时不抽烟，但遇到朋友小聚，与陌生男人聊天时，会应景式地抽几支，这样算有一个“手势”。

对方抽一支，我也抽一支，心理距离就近了。就如我平时不喝酒，但遇到类似这样的情景，我也会小饮几杯。

那天，我们从下午一直聊到深夜。外面是鹅毛大雪。都忘记了胖墩是不是在外面。它常常在黄昏前，坐在“孤独的书店”前面的平台上，看着天空，一动不动地待两三个小时。无论天空中是有星星、月亮、晚霞还是飞鸟，它都无视，它只看着一个方向：东南方。我翻看了《易经》及一些传统的奇闻杂说，也没有明白，胖墩为什么每天傍晚要静坐在那里，看向东南方向。唯一能让我以无厘头方式联想到的就是《陌上桑》里的句子：日出东南隅，照我秦氏楼。它究竟在看什么？

对了，胖墩是养在“从前慢”的一条狗。

他在美院是油画教授，一届一届地带着学生。他与其中一届的女学生恋爱了。唏嘘，谁来为感情与缘分这样的事分个对错呢？我在想，这样的故事类型，我听得不少。

他们的恋爱被公开后，学校领导找过他很多次，叫他注意影响。他是有妻儿的人。在无法舍弃爱情的情况下（暂且称之为“爱情”吧），他决定辞职。这一决定，倒是让我觉得他有点“真男人”。他没有以玩弄的方式丢下他的爱情，向领导写万字篇幅的悔过书。辞职后，他需要面对的另一个问题，就是他的结发妻子。

教授与妻子已结婚十年，有一个八岁的孩子。

我向壁炉里添了一点柴薪，拿起酒杯与他对碰了一下，细品一口。屋子与身子暖和了很多。他要怎样处理这些问题呢？像媒体上报道的那样，吵闹？上法院？分家财？窗外茫茫的大雪，我站着，他坐在我对面。

随便你听不听

反正

我讲过了

教授的妻子曾毕业于中文系，受传统儒家思想熏陶颇深。四十岁的年龄，刚好处在一个“中国式思维分水岭”的时间段。复杂的内心世界，一边是现代的，一边是传统的；一边是前卫的，一边是内敛的；一面是自由的，一面是守矩的。妻子与他没有太多吵闹，双方安静地讨论过很多次，也没有讨论出一个结果来，就一直拖着。

其实，中国家庭里，很多问题没有看上去那么其乐融融，只是大家拖着，不解决问题而已。美其名曰为孩子，为父母，为家庭，为亲戚，为朋友；为形式，为面子，为苟居，为年纪，为财产，为旧爱。

教授与“爱情”住在一起，偶尔也回到前妻那里吃一顿饭，陪妻子，陪儿子。教授说他并不富有，这样，他就要为两个“家”努力赚钱。

一份“艰辛”的爱情，一个不富裕的现状，话题一下子沉重起来。我让教授等一下，我推开书店的门，外面安静到一根小树枝被压断的声音，都足以响遍整个山谷。脑子里神显《借山而居》里的冬子。我走了两步，用茶具在雪地里兜了一点雪，拿到屋内，在我们两个人的红酒杯里各放了一点，相视一笑，酒杯“叮”的一声，喝一口，为大雪干杯！为相遇干杯！

教授说他辞职后，与“爱情”在老街上开了一家书画店，自己画油画，“爱情”守店卖画。“爱情”虽然师从与他，但“爱情”更喜欢的是国画。在闲暇之时，“爱情”也自己画一些国画出售。近几年，书画市场一直不好，他们的小店也是举步维艰。

我看着跳动的火焰，想象郑板桥辞官回家，是如何在扬州桥头鬻画度日的。

他需要赚钱，面对现实问题。

经老同学介绍，他去了加拿大温哥华一家艺术机构工作。在国内，由于教授是因为“作风”问题“被开除”的，圈子里的人都离他远远的，他只能去国外发展试试。一个人落寞的时候，才显现出一个真实的社会状态。

“我把书画店交给‘爱情’一个人打理，顺便让她教我儿子学画画。”教授说。

“让‘爱情’教你与妻子生的孩子学画画？你确定？”在这个平静的书店里，我还是惊愕了一下。

“是的，而且安排得很和谐。”

“你这样，好吗？”酒过微醺，我已不把他当客人了。说不出哪里不对，但又说不出个所以然来，总感觉他这样，对任何人都不公平。我非常想责备他，用我接受的传统观念。他跟我分析唐伯虎。教授说，如果唐伯虎付出那么多的行动，只为博得秋香，那我们应该尊重他，因为他完全可以以当时的身份，直接抢占一个丫鬟，而不是算尽天机，到华府折腾那么多事。只有真爱，才有追求的过程。就如孔雀在求偶时，要打开漂亮的尾羽。我总觉得他违背了中国传统师德，他怎么可以这么过分？每个人都在为自己的行为寻找论点。

“我不想伤害谁，但我当时需要这样。”他平静地回答。可能他感觉到我有点“情绪”，加了一句：“今天晚上的炉火让人温暖，酒也不错。”

打开浩瀚的中国史籍，民国的人说人心不古，清朝的人说人心不古，明朝的人说人心不古，唐宋的人说人心不古，一直前溯到孔子，孔子说：当朝礼崩乐坏。也许盘古也觉得天地不古，就劈了天地。我们还要讨论关于当下人心不古的问题吗？这个“不古”的时间节点如何判定？

在温哥华艺术机构工作的日子里，他一边打工，一边进行油画创作。不要纠结于“打工”这两个字，他这次出行，就是打工赚钱生活，不过因为教授是画家，暂且叫“艺术打工”吧！就如3000英尺高空飞机上的空姐，其实跟民宿前台服务员是一样的，笑脸相迎，倒茶递水，服务客人。基于中国人的身份，教授在油画中掺入了很多中国元素，比如他用油画的手法画中国门神。中国常见的门神是秦琼和尉迟公。有一次我去江南的桐乡一带，见到乡村农家的门上贴的门神是海瑞。据说，海瑞是中国“最后一个门神”。

教授继续讲他的经历。

一个下午，艺术机构里没有人，他照常在那里画他的门神。一个犹太男人进来，伫立很久，静静地看着他的画。

“您的画具有神秘感。”男人用不纯正的美式英语向他表示喜欢。

“谢谢，真的喜欢，可以带走。”他也用不纯正的美式英语回答。

“您希望您的画免费在法国卢浮宫展览吗？”

“您确定没有跟我开玩笑？”

“是的，确定。”

在这个犹太人的张罗下，一年后的秋天，他的画出现在卢浮宫里，展览了三个月。犹太人以聪明优秀著称。马克思、耶稣、爱因斯坦、毕加索，都是犹太人。全球23%的诺贝尔奖获得者是犹太人，而全球犹太人只有1700万，还没有上海市的人多。美国的很多投资银行，都是犹太人掌控的；美联储的历位主席大多也是犹太人；世界100强公司中，有40%左右是犹太人控制的；美国的好莱坞也是犹太人的一大“领地”。如此，让我联想到玛雅人和他们造的金字塔，以及玛雅人在历法上的卓越成就。5000年前，这些刀耕火种的玛雅人搞这么深奥的数学干吗？我突然想，这是不是每天傍晚胖墩面对东南方向的天空思考的问题？

这个犹太人确实非常有智慧，他让教授的画在卢浮宫展览三个月后，又巡展到美国白宫、英国白金汉宫，专门给那些政府的高级官僚欣赏，以使他们寻求文化差异，感受不一样的艺术。这批画，以专供高级政府官员欣赏的展览方式又去了澳大利亚，以及中东的一些国家。在中东展览时，还被一位神秘人物以高价收购。加拿大的艺术机构得到大部分画款，教授也得到一笔不菲的收入。

我竟然忘记责备他了，开心地跳起来，给他倒了一杯酒，让他站起来，与他干杯。这是民宿与其他住宿业不一样的地方。主人高兴的时候，可以拉着客人一起玩，甚至带有一定的“强迫”性，而在规范的五星级酒店，可不能这样。中国人的画可以在法国卢浮宫里免费展览，这值得庆祝。这次我们可不用绅士的方式喝红酒了，一大杯红酒，两个人一饮而尽。当时已是子时，一个讲得跌宕，一个听得离奇。

豪饮之后，身体开始有了反应。在炉火温暖的屋子里，我坐在松软的沙发上，渐渐地不知道教授在讲什么，开始有了睡意。

第二天早上我六点醒来，炉火已灭，教授已不在。我赶紧活动一下筋骨，伸个懒腰，走出书店。

雪已经停了，我看到路上有深浅不一的脚印，确定他真的走了。看着美好的雪景，我有一点怅然。我还没有问他，后来怎样了。也许我并不是想知道故事的结局，只是想关心他一下。还有一件事，让我有一抹内疚。他前一天付了1200元房费，但他根本没有进房间，一直在书店里和我聊天。要不我就“笑纳”了？嗯，好吧。

我茫然于一个人，一位陌生的客人，前一天晚上围着炉火叙

我们坐着

不说话

便十分美好

述人生又不辞而别的人。顺着他在雪地里留下的脚印，像胖墩一样，我遥望东南方向很久。

第二年，春天快结束了，万物渐入夏天的旺盛，我一个人走到书店。胖墩不知道用了什么本领，从山坳里叼了一只兔子回来。它把兔子放在院子中央，摇头摆尾的，很是嘚瑟。其实，我也很嘚瑟，赶紧拍照发了微信朋友圈，与大家分享，竟然有两位客人看了我的朋友圈后订了两间房。我下意识地瞄了一眼东南方向的山路。在这个地方，东南方是个神奇的方向，只要你站在这里，就会思念你最思念的人，想你最想要想的事。我无意间想起大雪封山的那个晚上的那位教授。打开电脑，给他发了一封邮件，邮箱是他在 Airbnb 上订房时留下的。我一方面想与客户联络一下感情，另一方面想问他在加拿大的近况如何。意外的是，他在傍晚的时候就回复了邮件，并且篇幅很长。邮件内容如下。

你好，午候！

见信如晤！

那天晚上是值得怀念的，我人生中一次灵魂与灵魂之间的对话。我相信，能去你那里的人，都是灵魂干净的人，否则，怎么能找到你那里呢？

很抱歉不辞而别，我是为了赶飞机，要回加拿大。给你留了一幅画，这幅画主要表达我自己，或者我这个群体的人，一直在寻找生命意义的人。我们住在这个星球上，必须去思考，这样，大家才有信仰，就如你说的那条狗一样。

门神油画展览后来出现了问题。你还记得资助我的那个犹太人吗？我叫他犹太男。他不但免费为我办画展，还让人高价收购了我的画。我的画当时在欧美引起热议，无论表现手法还是画工，都在上流社会传播。那些发达国家的政治家们，争相在自己的高级会所展出这些画，以显身份。我无法用文字描述那种感觉，只能建议你去看《绿皮书》，看后你应该能明白我的意思。犹太男在画的颜料上做了些手脚。那些油画表面的颜料可以收集声波，在政府高层人员聊天时，他们的声音被吸收储存在颜料内。等画展结束后，犹太男把油画撤出，运到秘密基地提取声波。如此方法，犹太男获取了大量欧美政府官员在赏画时的机密聊天。在被美国 FBI 追查时，那个犹太男消失了。当时我们在加拿大的艺术机构里，FBI 联合了加拿大警方，直接逮捕了我与“爱情”。经过三个月的审问，他们确认我是无辜的，但“爱情”还被羁押着。原因是，我们的日常生活用品和绘画的一切材料都是“爱情”采购的，美国与加拿大方面还不能释放她。其实我也担心再回加拿大的风险，但“爱情”还在扣押中，为了表示我们是清白的，我必须得回去。

国内还是有很多人“惦记”我，关于妻子，关于孩子，关于父母，关于爱情，关于家庭。那个犹太男利用了我，但不得不承认，我得到了一大笔钱。我把大部分寄给了妻子，让妻子有丰裕的物质生活。

午候，人应该怎样活着呢？我的肉身被道德和法律裁定有罪，但没有人可以审判我的灵魂。

如果回国，我想在莫干山“从前慢”住一段时间。希望与你挑灯夜酒。

祝一切安好！

教授
2016年春末

看着教授的回信，我思考着，如果再见到他，要不要谴责他的行为？

英雄之死

百无聊赖时遇到漂母
无可奈何死于吕后
你有天降大任于斯的天才
生时渺小
死时潦草
本来与项羽兄弟一场
却歇斯底里逼他死在乌江边上
一人守着那乐也不乐的长乐宫

生是流氓
死是重伤
你从南阳出来时羽扇纶巾
离世前不忘留下遗憾的锦囊
一生谨小慎微地谋略
生亦忧忧
死亦蹉跎

创作灵感：
翻看唐伯虎诗词时，感慨于他的“不见五陵豪杰墓，无花无酒锄作田”，或者刘禹锡的“旧时王谢堂前燕，飞入寻常百姓家”。时代创造英雄，英雄只是完成他的使命。如果人有宿命，每个人应该努力完成今生造物主分配的任务；如果没有，那就创造文明，留下永恒，来生见。

你从奥地利一路走来
横扫整个欧洲战场
最后与情人躲在挖地三尺的地窖里
生得迷茫
死得慌张

你是东方互联网的王
全球 70 亿人屏住鼻息听你演讲
你是从火星来的吧？！
生得瘦小
活得激荡

白天的我
和晚上的我
是不一样的

作者的陋习

在别人的店里

一

一天，我去4S 店保养车子。由于去得太早，4S 店的所有员工还没有到岗。他们每天上岗前，会在大厅站成一排开例会。一个类似领导者站在前面，其他各部门的员工一字排开，颇有声势。领导开始言行并施地给员工培训如何服务客人。我当时无聊，走去与他们的员工站成一排，听那位领导慷慨激昂地讲解。最后，有一个互动环节。

他问：“假如遇到一对50岁左右的夫妇来买车，我们应该如何推销我们的汽车？”

“有谁能回答一下吗？”

那位领导重复了一下。

“我！”我的声音有点响亮。

领导很开心有“员工”态度积极。

“你哪个部门的？”

“办公室，刚来的。”

估计部门多了，新来一名员工，不认识也不奇怪。

“那请这位新同事讲讲如何把汽车卖给50岁左右的夫妇。”

“·#￥%……—*（）+—*……%￥#。”我滔滔不绝如长江之水地演说了一通。

因为民宿也是服务业，服务理念互通。我早期听过陈安之关于卖汽车的演讲，正好临时从大脑里调出来用一下，应对这个小问题，游刃有余。

我言毕，这位领导带头鼓掌，其他的员工亦掌声如潮。

早会结束，4S店的员工各就其岗，我便去找相关人员办理保养业务。当我坐在4S店的贵宾休息厅里喝咖啡时，员工们窃窃私语后确定我是他们的客人，而不是办公室的新同事。

也许，因为此事，他们能在茶余饭后娱乐好几天。

二

一天早上，我去一鸣真鲜奶吧买早点。

我在挑选面包，一位柜台外的员工在摆放货架上的面包。可能这位员工是新来的，她问柜台里面的同事：

“这款面包放在哪一层？”

我刚好在边上，就回答：

“就放第一层。”

同事接过话：“他说的是对的，就放第一层。”

新员工问我："你怎么知道的？"

我假装犹豫了一下回答：

"其实我是总公司派来巡店的，今早刚好到你们这里。"

我窃喜蒙对了面包的位置，觉得可以接着表演。

两名员工热情起来，向我讲了店里的大概情况，我也借势简单问了几句，摆出一副领导巡店的样子："嗯……你们很优秀。"

"再忙，也要有微笑。"

"在摆放面包的时候，要用心，默默地跟面包讲话。面包也是有生命的，如果你讲夸奖的话，面包会很精神，顾客就会觉得它们很新鲜。"

"你们听过一个日本人养花的故事吗？"

"没有。"她们俩相继回答。

我说道：在日本，有一个植物学家做了一个试验。他在阳台上养了两盆同品种、同时买来、大小差不多的花，用一样的养植方式。不一样的是，每天早晨起来，他对着A花盆里的花说一些赞美、表扬的话，类似“今天你真漂亮啊”“你好香啊”；对B花盆里的花说一些批评和责备的话，类似“看你样子大概活不了”“你有腐烂味”。一个月之后，A花盆里的花长得非常好看，B花盆里的花渐渐枯萎了。

“你们明白这里面的意思了吗？”

“明白了。”两位店员开心地回答。

物以类聚公式：

美好＋美好＝美好

当我走出店时，说了一句："这次暗查，你们超出了检查标准，好好做，努力成为一名优秀的店长。优秀的店长可以跟公司合股开一家分店。"不知道他们会不会与总部核实这次"检查"。

三

其实，服务业的属性非常不一样。制造业的产品，只要符合国家或行业标准，就是一件合格的产品。比如可口可乐，在一系列严格标准下出厂，它就是一件稳定且固化的合格产品，只要人们品尝到那个熟悉的味道就可以了。而服务业不一样，比如民宿行业。民宿的主要功能是提供住宿，一个房间只要布置和卫生标准合格，就可以提供给客人使用。但这里面有一个很难标准化的要素，即服务人员的笑脸、热情及服务方式。这是客人主观感受层面的，是很难标准化及量化的。工厂在生产可乐时，客人是无法有参与性的，而在民宿接待和服务的过程中，客人还会打乱服务的程序参与进来。如果在参与过程中，客人没有体验到开心，那么他仍然会对这个"产品"不满意。比如客人到餐厅点一道菜，他会根据自己的口味要求厨师在菜品中加一点什么或减少一点什么，而不是由厨师按照既定的方式烧菜；如果餐厅满足了客人的要求，客人就会给出高评价，如果不能满足客人"定制"的需求，就算餐厅的菜再如何好吃，客人仍然不满意。这，大概就是服务业的产品与制造业的产品不一样的地方。

在制造业产品生产的过程中，客人无法参与，而在服务业的很多产品生产的过程中，客人有参与性，随机性极大。比如一家民宿的房间价格是788元，这个788元包含：客人订房的程序、客人入住前与民宿服务人员的沟通、道路指引、搬运行李、泡茶倒水、前台规范登记、房间卫生达标、餐饮口味合意、服务让客人愉悦、风土人情诠释、周边景点介绍、早餐、送别等。其中任一环节有不周到之处，这个住宿产品就是不合格的。

锻炼

我非常不喜欢跑步，特别是在健身房里。单一的动作和不变的风景让我感到乏味。这些年来，因为年龄的原因，我也胖了很多，但我仍然不想跑步或锻炼式地走路。有朋友说我懒惰或不珍惜自己的身体，我会歪理邪说般地举证：你看，乌龟都不怎么动，一活就是一千年。不过，我对爬山情有独钟，无论是绵延山峦，还是崇山峻岭，甚至需要披荆斩棘，我都能乐此不疲。虽然有时候逞能爬海拔5000米以上的山，回到旅店会头昏脑涨，但只要有机会，我依然会毫不犹豫地选择上珠峰。这大概就是每个人的运动偏好。也许我不能忍受一成不变的风景，在总是变化的山体中，我能寻找到或大或小的感官刺激。有些人不能承受生活的平淡无奇，总对未知的事充满好奇和动力。比如，有时候会惊喜于爬过了一个山坡，发现山坳里有一朵小花长在牛粪上。

运动这种事，一定是因人而异的。大多数艺术家都是不怎么参与标准化运动的，他们大部分的时间都在安静地创作。有很多作家、画家或手艺人，有时一个月都不出门。他们的生活里，很少有偏好的运动方式，到了耄耋之年，他们却鹤发童颜、精神矍铄地活着。难得日本的村上春树喜欢跑步，还写了一本《当我谈跑步时我谈些什么》。估计他是为了创作而跑步，而不是出于健身的目的。那些不怎么运动的艺术家们，总是身体硬朗且长寿。大概他们的运动方式是精神升华，是内在的，而不只是让肉身动起来。他们用大脑思维的方式，把身体内所有的细胞都调动起来，用肉眼看不到的方式在肉体里、血液里、意识里，让细胞以光的速度，欢快地奔跑。这种运动，远超城市里的人们拖着工作一天的疲惫身体，在健身房里挥汗如雨地在跑步机上狂奔一个或两个小时。很多人分不清，在那样的状态下，毛孔里渗出的汗水，是健康的分泌，还是虚脱。

长期跑乡村，我会对一些事物有一些对比。有两个农村的孩子，一个叫小黄，一个叫小陈，从小一起长大，感情甚好。高中毕业后，小黄考上了大学，小陈落榜回家种田。到了40岁左右的时候，小陈因为在农村干农活，每天都有固定的运动，身体特别结实，且精神抖擞；小黄因为长期从事艺术工作，待在工作室里，不太有固定的健身时间，虽然身体也算硬朗，但没有小陈肌肉发达，强壮有力。两个人到了60多岁，再相逢时，又是另一番样子。

小陈由于每天劳作，间接地过度锻炼身体，使身体的所有机能提前达到最高值，又迅速回落。这个年龄的小陈，身子已有些佝偻，面部多了风吹日晒的苍老纹；而小黄，大部分的日子里，他心平气和，匀速地使用身体，甲子之年，反倒容光焕发，健步如飞，两眼炯炯有神。

2019年年底，公司在网上团购了体检券，硬把我这个十年没有进医院检查的人推进医院赤裸裸地“照”了一遍。体检报告出来，除了说我有胆囊息肉之外，其他皆安好。既然有胆囊息肉了，我各种肉会少吃一点，但还是一定要吃的；仍不刻意地去运动，宁愿找一座山，松鬡同行。

一个人的时间

从莫干山通向安吉龙王村的路上，有很多岔道，但凡是曲径通幽型的，或毛竹山路型的，我都会驱车前往。遇到路的尽头有小河之水安静而清澈地流淌，我便在车上睡一觉，特别舒服，睡前或睡后都会思考一些问题。假如车上有两个人，我和另外一位——另一位若是男人，我不能跟男人一起睡；若是女人，也不能跟女人一起睡。这样想着，把自己给逗乐了。每个人都需要有独处的时光，那是我们生命的福利。我们都在努力争取社会上的各种福利：工资、养老金、公积金、过节费、加班费、银行利息、投资回报。这些真的非常不容易。而很容易得到的，随处就能得到的独处福利，人们却视而不见。然后就会出现一个极端的现象：由于年轻时没能有独处时间，积累到垂暮之年，人们便常常独身一人，佝偻着身躯，坐在城市小巷子里，一坐就是一天，默默无语，孑然一身。更有一些人，患了老年痴呆，其独处的世界里，尽是荒芜。

任何东西都不能积累太多，积累太多便成“疾”。不独处，也是一样。

2018年深秋的一个下午，我在携程上买了一张打折机票，直飞大理。我在机场包了车，去了森哥在大理才村的611客栈。走进开满很多花的院子，到前台登记完毕，我开门进房。在房间里一直没有出来，只是睡觉。睡醒了就码字，晚上吃了背包里的面包，喝了包挂耳咖啡，两天一夜，足不出户。其间，前台服务人员来敲门，说给我送一瓶矿泉水。我微笑问他：你是不是担心我在房间里出什么事？他说：是的。我告诉他：我很好，待着很舒服，就一直待着。

这几年，我身边的心理咨询师越来越多了，这也意味着这个城市里“健康的病人”越来越多了。所谓“健康的病人”，就是身体很好，但晚上睡不着觉的人。假如长时间晚上睡不着觉，身

午候：

秋天的山野里

豆荚日渐成黄色

垄上的小番薯开始翻挖

人们在田埂上做入冬前最后的劳作

盼你早日回来

等！

山中来信

2020年秋

体也会出问题。这些年，我也遇到各种跌宕起伏的事，麻烦也有一大堆，但这些不是我喜欢独处的原因。我认为独处是生命的恩赐，是生命中的美妙时刻。我也常跟朋友们一起围炉夜话、喝酒吹牛，这也是我选择写作的原因。生活创造素材。晚上子时一过，我便呼呼大睡。一觉醒来，已是早上七点。掐指一算，像猪一样睡了近8个小时。我喜欢独处，与外在因素无关。外在的因素无外乎：失恋、失业、家庭破碎、妻离子散、创业失败、人生波折等。有一种人，就是喜欢独自行走。

一次，在“山中来信”，我陪旅游局的朋友在院子里聊天，有七八个人。盛夏的晚上，山里特别舒服，我看到一女子站在游泳池边很久，以民宿人的习惯，我走过去问她是否愿意一起坐会儿。一聊才知道，她一个人来此放松心情，小住几日。我很兴奋于在这个大山里能碰到喜欢一个人旅行的客人，便与她聊起来，一聊就是几个小时。她说她出行一般都是一个人。一个人出行，不需要等别人刷牙、用早餐、收拾行李、购物等，也不需要迁就别人而去一个自己不喜欢的地方。若同行的人想凌晨后睡觉，早上10点起床；而你想子时睡觉，早上8点起床。一个人可以睡在80元一晚的客栈高低铺，也可以住1500元一晚的高品质度假村。遇到什么就随遇而安，没有太多纠结。她的孩子已经上了大学，夫妻也相处和睦，但她仍然给自己很多独自旅行的机会。当然，还有一种境界是“合二为一”，那是人比较少能达到的境界。莫干山“山中来信”的房东夫妇，已是近80岁的老人，大伯每年开车带着他的老伴周游国内城市2~3个月。路上经停小镇，就住镇子上的小旅馆，经停城市，就住大酒店，经停乡野，就住民宿，若没有经过村庄城市，就在野外搭一个帐篷，就着星空而眠。房东夫妇相处自然，价值观相近得几乎无缝对接。这样的两个人出行，算一个人。

我曾经在杭州遇到一个女孩子叫小闲，“蓝莲花开”很多小伙伴都认识她。她是广东人，几年前去了大理，在大理买了房子，后又离开了大理。她来杭州的原因大概是觉得自己作为一个“85后”，在大理太“丧”，到新鲜的城市来才有活力。性格使然，她仍然孑孑独行。一个人居住，一个人上下班，一个人吃饭、骑车、喝咖啡、喝酒、旅行。她说她拥有很多积累下来的休息日。因为她独身一人，很多时候不需要休息，也不休假期。有一年累积的休息日太多了，她租了一辆车，一个人开车从杭州出发，去了新疆一趟。她也会一个人去日本，在日本的半个月里，大多数时间一个人泡在小酒馆里。她有一个最大的爱好，就是一个人喝酒。晚上一个人，拿着一瓶酒，坐在杭州的马路边，一喝就是几个小时。她说她去杭州“吾游吾游”面试的时候，是拿着酒瓶喝着酒被录用的。不得不说，“吾游吾游”的胡泉宇先生甚是有趣，用人理念独特。

凡人者，必有烦恼。有的人烦恼在白天，有的人烦恼在黑夜。

黑夜里睡不着觉的人，是这个世界上真正孤独的人。因为当你半夜里睁着眼睛时，周边漆黑一片。

阅读

我跟大多数人一样，基本知识来自学校和阅读。近些年来，因为乡村民宿，我常年奔走在名山大川之中。走久了，感到人类的带有突破性的知识都来自大自然，而不是书本或一代代人的传授。

“乡伴”的朱胜萱老师到达丽水的松阳县四都乡榔树村时，被村口一片古树震撼到了。朱老师多次在分享时讲到他第一次去这个偏远小山村时看到这些树的情感反应。这片参天大树给予他灵感和力量，他带着团队，历经辛苦，把这个村庄打造成了“网红”村，如今在这个道路遥遥、大山深处的村庄，宾客盈门，参观者络绎不绝。我在想，若没有这片古树棒喝式地让朱胜萱老师瞬时“顿悟”，会不会有今天的“乡伴揽树山房”项目？

我在乡村开民宿，每去到一个地方，并不是凭借自己的经验积累和书本知识来决定要不要开一家店的，而是凭借对一个地方的树木、竹林、茶叶、花草的感觉。远处的山，天空飘着的云，让人心情宽广而舒畅。或者，在走山路时，突然间遇到一只飞起来的山鸡。若是能有几只松鼠在枝头蹿跳，那便满心欢喜，可能因此决定在这样的地方开一家店。这些感触，无法用语言形容，也无法用知识储备来衡量。我想，在人遇到一个好地方的时候，是不分你是小学毕业，还是博览群书的文学家的，人的基础感知是一样的。无论人类如何划分群体，有些基本元素，造物主会通过自然界，进行公平的传授。我们见溪水，见山泉，见山石，认知是一样的。古人不需要学习书本，就能知道一年二十四节气时的景象，能知道春夏秋冬的特征，甚至山民们对于大自然的一切，比城里的人们知道得更多。《诗经》中除了有谈恋爱的浪漫诗句外，更多的是古人们在没有学过书本知识情况下的知识积累。而这些积累的知识，仍在供现代大文豪们学习。蒋勋在演讲时说他喜欢《诗经》里“风”的部分，而不是“雅”和“颂”。“风”的部分是古代农民田间劳作时积累的语言，纯朴而美好。现在的服装设计师、建筑师、室内设计师们，在古代就是裁缝、风水师、泥匠。村民们根据大自然的给予，把房子建成坐北朝南式的。这一直是中国建筑界永恒的朝向。比如黄山宏村的建筑布局，至今仍是经典，成为人类的瑰宝。要不要用高科技来解决农村和山水的问题，一直备受争议，而我偏向把大自然的东西，还给大自然。

一次与作家桑洛在新昌“山中来信”店里品茶聊天，我们探讨了树与中国古代村庄风水文化的关系。一个村庄，无论在多偏远的大山深处，只要这里有古树或古树林，树龄有几百年甚至几千年的，这个地方大多出人才。比如樟树，中国江浙沪的乡村，普遍都种这种树。有些村庄的人，把这些樟树保留下来，让孩子们与树木一起成长。随着孩子们与树一起长大，这些树枝繁叶茂，既可以给孩子们提供乘凉的树荫，也是孩子们的好朋友。孩子们长大，去了外面读书、赶考，偶尔有一个或几个中了秀才、举人、进士的，发展好的，还当了朝廷大官。而那些没有古树的村庄，显得干枯，少了生机，鲜有听说有人才光宗耀祖、流传后世的。我在想，这是不是一个地方的人，与大自然和谐相处久了，大自然赐予了他们智慧？当下的乡村热土，有创业者去了，看到村庄房子边上的参天古树，就租了房子，做成民宿、酒馆、餐厅、手艺人工作坊……而不尊重大自然的村庄，少有被眷顾的。

老子躲在山里，写了一本《道德经》；佛陀坐在菩提树下仰视启明星，悟出人类的精神哲学；王阳明在竹林里格出了“知行合一”，在贵州万山丛薄的龙场悟道了伟大的心学，说“圣人处此，更有何道”，认为一切伟大的事都出于“良知”；万有引力，缘于牛顿在苹果树下的思考。伟大的知识总是从自然界中获取而来，通过人们的思考、实践，形成文字，印刷成书，供人们阅读学习。

竹子

是用来格的

我的阅读，知识精华的吸取，人生的感悟，大多在乡村，在大自然之中。

仁者乐山，我阅山。智者乐水，我阅水。

一顶帽子

契诃夫在《装在套子里的人》一文中说，别里科夫因为各种原因，以“套子”为保护方式，使用各种套子，比如雨伞套、鞋套、手表套、笔套等，把自己包裹起来。这是一个人内心特点的外在表现。木心先生在美国时，常戴一顶帽子。我对木心的敬慕，相对他的文学成就，更多来源于被他戴帽子的魅力所吸引。大侦探福尔摩斯一出场，必定手握一只烟斗，烟斗成了福尔摩斯外在形象的标志。

我常戴一顶帽子。

我戴帽子的原因可能与木心戴帽子有关。我很喜欢他在雪天里，神情淡定地戴着一顶爵士帽，站在空旷的地方若有所思。这种帽子也叫巴拿马帽。十九世纪，厄瓜多尔人把自己生产的这种帽子，经由巴拿马，卖给美国人。帽子非常畅销，渐渐就被称为巴拿马帽。美国当时的淘金者们戴着这款帽子，在各种高级交易场所出入，很有风范，大家又称其为爵士帽。木心有时候也会戴费拉多帽。木心高大英俊，费拉多帽可卷可不卷的毡边，非常适合他的造型。我戴帽子也没有什么特别的癖好，戴习惯了，就不能离开了。特别是在公共场合，没戴帽子，我会有不适感。把帽子戴上，会大大提升我的自信。所以，无论下雨刮风，夏炎冬雪，我都会把帽子戴着。冬天，我把帽檐向前拉一点，除了为凹造型，还能遮挡寒风。夏天因为太热，我会把帽子向后戴一点，就算我已是中年大叔，也会略显可爱，大概是因为我的脸形是圆形。我常到全国做民宿知识分享会，假如我没有戴帽子，台下的学员会说：老师，你今天没有戴帽子。无论是出于心理暗示，还是对外社交的需要，我已经不能离开头顶上的帽子了。

其实，戴帽子有很多好处。下小雨的时候，戴一顶爵士帽，走不远的路，是可以不打雨伞的。在不太熟悉的公共场合，可以把帽檐拉得低一点，别人就无法看清我的脸。与陌生人聊天吹牛时，偶尔把事情吹过了，把帽子拉低可以掩盖脸红和瞬间的尴尬。有时候我会在车子里睡觉，把帽子往脸上一盖，就如夜幕降临，睡得舒畅。或者在某个独立咖啡馆里，在软沙发上一靠，用帽子把脸一盖，也能自如小憩，打个盹也非常有安全感。当然，也会在沙龙场合发生“撞帽”事件，和女孩子“撞衫”一样。会有瞬间即逝的窘迫，但想象中早期的欧洲男人们，几乎每人外出必戴一顶帽子，就释怀一笑。或者遇到同类人，还可以随便凑近聊个天。喜欢戴爵士帽的人，大多价值观相近。这种帽子不像早期欧美人是出门必需品，而是装饰品。记得有一次去新昌大市聚镇的“左岸花园”，见到“左岸花园”的老板，我们穿了同样的T恤，同样的带有破洞的牛仔裤，我戴了帽子，他没有戴。他见到我，不是马上握手，而是转头跑进他的咖啡馆里，戴上他的帽子，竟然跟我的是同款。如此再来握手，那种面对面不言而哈哈大笑的场面，很是欢乐。

中国人很勤劳，很辛苦地工作赚钱。普通人有养家糊口的艰辛，企业家为了梦想日夜兼程，很多创业者时时如履薄冰。我们的内心责任重于泰山，那么能不能以外在的方式，彰显一种雅致的癖好，像福尔摩斯出场时嘴里含着烟斗，让观众津津乐道呢？

吃喝玩乐

老朋友森哥著书多本。我们一年总能见上几面。以前见面多一些，是因为我和他在杭州成立了西点培训学校，当时还邀请了包含吴克己在内的很多台湾地区的面包大师教学。后来西点培训学校因经营不善关闭，森哥来杭州的次数也少了。我们一个月至少保持通一次电话。森哥对于吃喝的理念，与我几乎一致，大概也就应了那句“人以类聚”。森哥说，他吃东西主要是为了活着，只要营养够、能吃饱就可以了。我们这样的人，非常难理解“吃货”们排队几个小时，或开车去一个地方，只是为了饕餮一顿。森哥大多晚睡晚起，一般上午十点多起床，十一点前吃东西。英文中叫 brunch，早午餐。这顿早午餐大多以咖啡、面包和鸡蛋为主，而不是传统的中国式面条、饺子、包子。他晚上八点左右再吃一餐，一天两餐。八点以后，他大多喝威士忌，配一点果仁之类的小食。我有多次与森哥同居一室半个月以上，我们大致的饮食习惯一样。不同的是，我一天也是两餐，但是早餐和中餐。很长一段时间里，我不吃晚饭，主要原因是想在不运动的前提下控制体重，而不是减肥。晚上有独立空间码字时便喝点；或有朋友来，如果能一起在清风明月的院子里来一杯加冰的威士忌，那是非常美妙的时刻。我喝威士忌不是因为我真的想喝，而是早年受森哥的影响。森哥喝“百龄坛”这一品牌比较多，我也适应了这款口味。这种酒口感没有那么烈，一百多元一瓶，价格合适。我早年有一个学生，毕业后去了绿城房地产公司给宋卫平先生做秘书。所谓秘书，其实就是给宋卫平先生做办公室的物品整理和一些简单的信息传达。她说宋卫平先生除了爱喝冰水外，就是抽“万宝路”香烟。这种烟十元一包，口感强烈。我想宋卫平先生不会为一包烟多少钱而烦恼，应该是因为口味适合自己。很多次重复的行为，就变成了习惯。

我不去酒吧，不去夜场，不打游戏，不去 KTV，不抽烟，不喝大酒，不玩风花雪月。有时候，朋友们说我活得没有意义，什么也不玩。我对他们说：我喜欢码字。虽然我的写作水平不高，但我喜欢。就如我喜欢民宿一样。我开民宿快十年了，这个行业，投资回报率比较低，如果不是喜欢，早就放弃了。我开的民宿，从“高大上”的标准来说，没有行业里很多大咖的厉害，但我仍然混迹于此。码字也一样，我没有办法与专业作家相媲美，但如果把写作当成爱好，就无所谓好坏了。如果作品是商品，写作时就会迎合阅读人的喜好；如果是个人爱好，就直接写了，什么人爱看，什么人不爱看，不会太在意。有人问我民宿与酒店有什么区别，我会做一些对比分析。真正的民宿人，在打造民宿产品的时候，大多是考虑自己是否喜欢，然后分享自己的喜好。民宿开业后，顾客会根据自己是否喜欢民宿主人的喜好而选择入住与否。酒店接待宾客时，会有专门的服务人员研究客人的喜好与习惯，而民宿有时候是相反的。就像近几年比较火的李子柒。李子柒只是自然呈现了她的田园生活方式，人们因为喜欢而追随她。

我把客人的旅行故事记录下来，当成我的旅行。我把客人品尝美味食物的感觉记录下来，就当我也品尝了。我把朋友去酒吧喝醉酒后嬉笑怒骂的百态记录下来，当成我也醉了一场。很多有思想者一生追求个性，其实同为人类，从哲学层面来说，我们大同小异。我们有共同的宇宙、地球、耶稣和佛祖，也有共同的地狱和天堂。

来，一起喝一杯威士忌。

不喝也行。

用佛家的姿势

修道家的果

成为儒家的人

敦伦

站在威严的祠堂前
看着你的牌匾
你用带有神秘色彩的榫卯
让人们有所顾忌
一进二进三进的房子
越深处越让人小心翼翼
你把所有墙壁漆成黑色
让人们徒生敬畏

左墙上是祖祖奶奶裹小脚的
美丽传说
右墙上是曾有家女做了有
九十九个老婆的皇帝之妃
还有那远远望去的牌坊
标记着少年殇夫终生守寡的
女子的荣耀
孔子很忙
他忙着给别人丧葬

创作灵感：
走了太多的乡村，听到最多的就是当地人向到访者自豪地介绍他们的家族祠堂。中国传统文化很博大，有些文化只能写进历史。儒家对女子做了很多限制和要求，有的近乎残忍。有些家族祠堂的门头牌匾写的是“敦伦”二字，意思是敦促伦理。什么是敦促伦理呢？就是你与什么样的男子或女子结婚同床，是父母决定的。晚上发生了性关系，其实与你无关，是你的父母让你们发生了性关系。这种文化，在中国至今仍有很强的生命力，很多年轻人与父母为了自己跟谁谈恋爱和结婚的问题进行顽强的斗争。张艺谋用《红高粱》诠释过这样的故事。

失恋 21 天

2018年的冬月。雨。

她一个人乘高铁从北京直达杭州，再包车去安吉。前几天，她在网上预订了安吉“山中来信—山楂树”民宿，准备在那个竹海深处，待上一段时间。

第1天

司机一路抱怨，因为下了高速后，一半是山路。进了安吉龙王村，安静的村庄，清澈的河流。一道山里的晚霞，干净地落在满山竹海后面。

黄昏。

司机开尽了村庄的路，无路可走时，到达村里最后一户人家。遇一江南“小长城”，抬头一牌匾：山中来信。

管家小Q远远地看到她，窈窕淑女一枚。就从山坡的房子里走出来，帮她提行李。一拎她的行李箱，小Q“啊”的一声。一问才知，箱子里三分之一是换洗衣服，三分之二是红酒。

小Q边走边跟她闲聊日程安排之事，她偶尔“嗯”一声，不再回答。

登记，签字，被领进房间。小Q提前把地暖打开了，房间很舒适。晚上七点多，小Q给她打电话，问她是否吃饭，她不接，也不回，更不言。一夜未有她的声音。

第2天

晨，不见她出门。午，不见她出门。小Q让店里的帮手新宇去敲门看看。新宇敲门三声，听到里面有迷糊的声音：谁啊？干吗的？新宇说明来意，问她需要什么帮助。她回答：滚。一声落地，北方性子的霸气。

下午三四点的样子，她打开房门，带着一股酒气来到民宿客

跋山涉水

砥砺前行

遇一亭

则一停

厅。小Q见多识广，阅客人无数，让新宇盛一碗提前为她准备好的粥。她尴尬一笑，声音沙哑地说：谢了。大概是之前一个“滚”字落下的歉意。粥，她只是放唇边碰了一下，又索然无味地放下。

晚上，新宇在客厅燃起了烤炉。她坐在炉子边，不言不语，一手握红酒瓶直接喝着，也不用杯子，呆若木鸡。新宇之前敲门时尝过她的“狮子吼”，也不便多言，只是过半个小时，往炉子里放几根无烟竹炭。午夜一点、两点、三点，新宇不敢离开。考虑到她是客人，也有些特殊，担心她的安全问题，只能“尬陪”。天快亮了，新宇打了瞌睡，她拎着酒瓶，回了房间。

新宇一夜未睡，只能白天补充睡眠。

第3天

下午三四点的样子，她衣衫不整、头发未梳地出了房门。在大山深处，对于仪表，不讲究也没有关系。她手里倒是没有了酒，坐在山楂树下，看远处的山。连绵竹海的上空，空白一片，没有云，没有蔚蓝。一阵一阵的寒风，她无所谓。山是沉默的，因为山本来就是沉默的。她也是沉默的，她模仿山的沉默。她让小Q打开音响，播放《漂洋过海来看你》，小Q放的是李宗盛版本的。李宗盛浑厚的声音，让透过玻璃客厅的夕阳显得很浓情。传说台湾歌手娃娃因为爱上了一个有家室的大陆诗人，从台北辗转来到大陆看望她爱的人，但因为各种原因，有情人终究还是没能修成正果，娃娃把这个故事告诉了好友李宗盛，李宗盛非常感动于这个故事，创作了《漂洋过海来看你》这首经典名曲。当歌曲放到“在漫天风沙里，望着你远去，我竟悲伤得不能自已”时，店里叫皮皮的狗都以茫然若失的神情看着窗外。

晚上，新宇在客厅燃起了烤炉。她坐在炉子边，不言不语，继续一手握红酒直接喝着，也不用杯子，呆若木鸡。她已两天没有吃东西了，只是喝酒。晚上十点多，她漫不经心地用火钳钳起一小块竹炭，伸出手臂，露出一个“山”字的文身，她把火红的竹炭直接放在“山”字上，只听“嗤”的一声，火钳掉在地上，她用另一只手紧握“山”处。大颗大颗的眼泪夺眶而出，她却一声不吭。新宇被吓到的同时，打电话叫来小 Q，开车送她去县城医院。急诊医生训斥了她的无知，简单包扎，说无大碍。从县城回来时，已是拂晓。山后面的公鸡拼了命叫着，三个疲惫的人回到民宿。她进房间，睡觉。小 Q 白天要看店，只能耗着。新宇又去补觉。还好冬天的山里，没有什么客人。

第4天

下午三四点的样子，她衣衫不整、头发未梳地出了房门。来到客厅，新宇将提前熬好的粥盛给她吃。明显的，她消瘦了很多，面色惨白，无精打采。这次，她虽寡言，倒是坐在咖啡区，喝完了一碗桂花粥。她让新宇帮她把房间里的十几瓶酒全部拿到客厅，放进吧台，然后打开一瓶，要了两只杯子，自己倒一杯，给了新宇一杯，说一起喝点。

天黑了又冷起来，她手里拿着酒杯，坐在山楂树下，看远处的山。连绵竹海上空，漆黑一片，没有星星，没有月亮，一阵一

阵的寒风。不过，她无所谓。山是沉默的，因为山本来就是沉默的。她也是沉默的，她模仿山的沉默。

晚上，新宇在客厅燃起了烤炉。她坐在炉子边，一直喝酒。新宇偶尔关心地问点什么，她也懒得回答，只“嗯”一声。新宇负责往炉子里添些竹炭。午夜一点、两点、三点，新宇不敢离开。考虑到她是客人，也有些特殊，担心她的安全问题，只能“尬陪”。天快亮了，新宇打了瞌睡，她拎着酒瓶，回了房间。

新宇一夜未睡，只能白天补充睡眠。

第5天

下午三四点的样子，她出了房门。到了前厅，说：想吃面条。新宇笑脸相迎，煮面时放了一只土鸡蛋。这只土鸡蛋是小Q养在边上竹林里的土鸡生的。夏天，鸡生蛋最多，只要每天带上篮子上山捡就是了；秋天，鸡生蛋少了很多；初冬，就难得生一个蛋了。她继续喝酒，坐在山楂树下，看远处的山。小Q一般会在深秋时，把门前山楂树上的果子敲打下来，洗干净放在玻璃瓶里，倒入糟烧酒，再放适量糖浸泡着，做成山楂酒。这时，拿出来与她一起分享，如此就多了一些关于酒的话题。

晚上，新宇在客厅燃起了烤炉。她坐在炉子边，一直喝酒。这天，她开始主动跟新宇聊天，问一些关于为什么在这里开民宿的事，又续付了几天的房费。晚上十一点左右，她叫上新宇，去外面走走。山里的冬天，特别的冷，何况是深夜。新宇打了几个寒战。她跟新宇站在游泳池边上，随便聊着。她让新宇帮她把红酒瓶拿着，一个瞬间，纵身跳到泳池里。新宇惊愕了十几秒钟，也跳到游泳池里，把她拖拽上来，赶紧背着她进了她的房间，半夜叫醒了客房大姐，他退出，让大姐给她解衣淋浴，换衣服。新宇已因跳游泳池而抖得不行。常规来说，一家五星级酒店的房价在800元左右，他们配备足够的保安、行李员、大堂经理，提供露出8颗牙齿的微笑和标准化的服务姿势。好一点的民宿，一晚房价就要1000多元，可能只有一个管家提供服务。客人为什么要选择高价格却有“缺陷性服务”的民宿呢？大概新宇的行为，代表了部分民宿的魅力。

第6天

她足不出户。中午时，出于专业的服务态度，新宇去敲门了解情况，在门外听到房间里的号啕大哭，又退回。

早些年，我在店里打理工作，遇到很多客人。大部分民宿的客人是欢乐而幸福地来度假的，还有一小部分客人来民宿是为享受那种独立感。我写这本书的主要目的就是想把这些相对小部分客人的行为记录下来，通过这个小小窗口，说明民宿除了通过物质满足人们的旅游需求外，还起到了治愈作用。这个作用，让我更加爱上民宿。那是我内心对于民宿的大情怀：让幸福的人见到美好，让人生低谷中的人见到温情。

晚上十点多，小 Q、新宇、大姐三人一起打开房间去看她。她在睡觉，小 Q 各种劝说，让她起来吃点什么。她只翻了个身，不待见。他们只能退出。

第7天

下午，她才起床，随便把自己包裹了一下。到了客厅，她问小 Q 有什么体力活可以干的，她可以帮忙。小 Q 绞尽脑汁说：他准备做竹筒饭，需要一些毛竹。她拿了店里的锄头、刀锯，一人跑到边上的竹林里砍竹子。折腾到天黑，才砍了三根。她脱得只剩下一件薄薄的贴身棉毛衣，在这个湿冷的大寒冬里，把三棵长她十几倍的竹子，连枝带杆又拖又扛地弄到院子里。竹子的生长分大年和小年，一般来说，在大年里砍一些竹子是没有关系的。

她是那么的纤弱，又是空腹，这几天几乎没吃什么，加上当下的剧烈运动，她坐在门口的台阶上呕吐起来，吐出的只有黄色的液体。拉不拉多犬皮皮“汪汪”地把新宇叫过来，扶她到房间，拿走她房间里的酒，让她洗个热水澡。一个小时后，新宇敲门，送去一碗鸡蛋面。

第8天

早上七点多，小Q在给客人准备早餐。看到她走进来，连忙打了个招呼，问她怎么这么早，她说已经顺着竹径爬了一个小时的山。吃了早饭，她在山楂树下抽了一支烟，回到客厅放书的区域，站着翻了很多书，只是不细看。这里的书品质都是非常好的，一部分是我自己精挑细选的，还有一部分是上海坐忘书房的司马帮我选的。她把炭炉拉出来，自己生了炭火，躺在懒人沙发上，打开投影，一边喝红酒，一边看电影。小Q给她放了张艺谋的《山楂树之恋》。中午时，新宇说带她到这个村的村长家走走，她不说话，站起来，跟着新宇走路下山。

在村长家吃了中饭，她付的钱，新宇只管陪吃。

晚上，新宇、小Q、她，坐在炉子边，一起喝酒。彼此都知道彼此知道的，聊得就不深入。午夜一点、两点、三点，小Q去睡了。新宇约她次日早上去爬山，她同意。各自睡去。

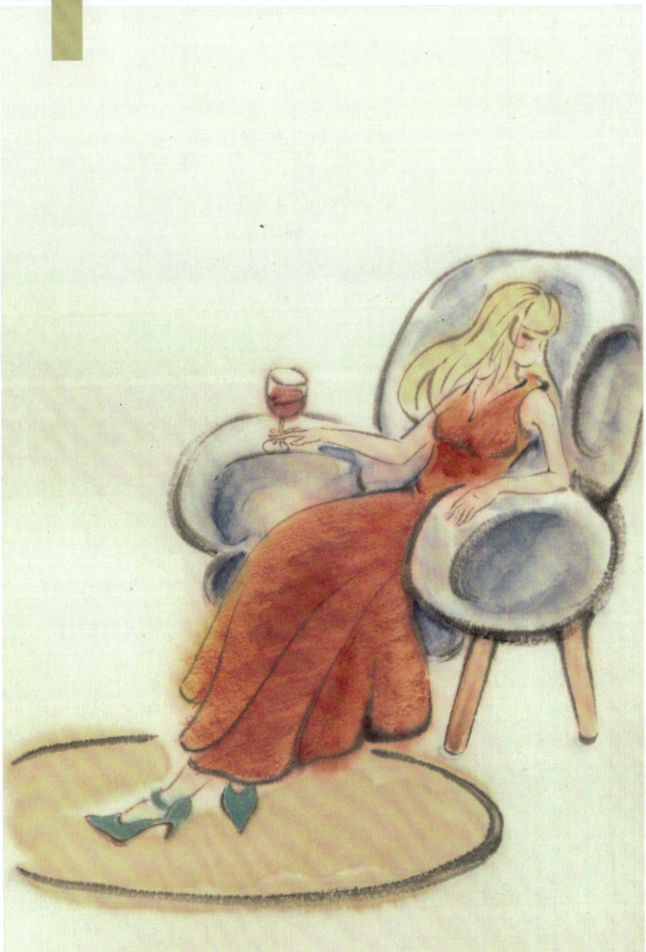

灵魂一旦想出窍

就诱导人喝酒

第9天

早上七点多开始爬山，顺边上的古道，路过山水涧，溪水潺潺，树木郁郁葱葱。她一直用心徒步，少有跟新宇说话。新宇倒也不在意，他作为民宿主人提供的热情与个性化服务，刚好在冬天也是“淡季”，陪客人爬个山，又是美女，本分所在，乐在其中。用了四个多小时，他们走完这条一直蜿蜒到安吉江南天池的深山竹径。在江南天池小憩，他们乘公交下山，又在路边叫当地农民的车，一直回到店里。

晚上，新宇在客厅燃起了烤炉。她、小Q、新宇，一起喝酒。小Q给她讲客人的故事，她似乎很感兴趣。爱喝酒的小Q，炉火边一盘腿，一杯红酒，把之前住在这里的客人分享的故事，再“翻版”给她听。

之前有个客人叫孟火火，是个多栖人物，集导演、摄影家、作家、旅行家于一身，用网络词定义就是“斜杠青年”。有一次，他在西班牙做沙发客。在沙发客网站上了解当晚选择的主人是裸体爱好者。孟火火犹豫了很久，才决定入住。他当时的想法是：出来，不就是为了体验别人不一样的生活吗？孟火火敲门后，主人开门，果然，一个赤身裸体的男人站在他面前。进门后，火火被裸体男引进小房间，一个人待在小房间里20多分钟，一再思考要不要脱光衣服走到客厅。如果两个大男人站在一起聊天，一个裸着，一个衣着整齐，如何对话呢？同频才能坦诚。最终，孟火火全裸着来到客厅，与主人对视了几秒，会心一笑。笑，可以掩盖不适。一两个小时后，他们已能适应自如，相谈甚欢。孟火火在此住了三天，这位主人每天早上西装革履地上班，下班回来后一丝不挂。行程结束那天，这位主人还去火车站送他。孟火火说：有一点被主人喜欢的感觉，一阵后怕。

故事结束，她淡定从容地说：我睡觉都是裸体的。小Q说：上次孟火火来的时候，就是住你那个房间，好巧。大家笑。

晚上十二点左右，炉火熄，各自回房睡觉。

她害怕黑夜来临。

因为不知道黑夜来了之后要干吗。

第10天

她睡到中午，来到客厅前台，自己到接待处里做了一杯咖啡，也顺便帮小Q和新宇各做了一杯。小Q和新宇一品尝，非常纯正。小Q建议她给客人做咖啡，可以打发一些无聊时光，也可向客人露一手。她开始帮忙做些对客服务的小事，或跟着新宇打理室内的花花草草。新宇偶尔带她去村里农家乐吃饭，换换口味。有时候小Q到县城买东西，也带着她。

晚上，新宇习惯性地把炉火燃好，红酒备好，他们开始讲故事。

小Q说，前一年来了几个客人，都是地产商，非常有钱，常去澳门娱乐。因为喜欢这里的遗世独立、曲径通幽，加了小Q的微信，常有联系，并介绍朋友来入住。有一天小Q得知，这群地产商的其中一位因为在澳门赌场输了1000多万元，自杀了。小Q非常震惊：这么有钱，为了1000多万元自杀？后来才知道一些端倪。这些地产商都是成功人士，大多不能接受失败，他们未必在乎输了1000多万元，而是无法接受自己输了。

她说：输的是过去，未来仍可期。小Q他们附和着，说着一些“鸡汤”的话。

第11天

这天天气较好，她一个人出去跑步。冬天虽冷，但有一束阳光，感观上好很多。

下午，小Q说去工作室画画，邀请她一起。她欣然同意。小Q在来“山中来信”之前，是美术老师，素描基础很好。她在小Q的指导下，学了一些绘画技巧。

傍晚，他们远远地看到一辆车开过来。停下后，下来一个高个子的男人。她站在房间的平台上，一直看着他走过来。当他们靠近后，紧紧地抱着，毫无顾忌地深吻。小Q对新宇说：不要看了，我们回客厅吧，人家是久别重逢啊。

当天的晚餐小Q没有叫她。她和那个男人一直在房间里没出来，不便打扰。午夜一点多钟，睡在楼下员工宿舍的新宇来叫小Q，说听到她的房间里有打斗的声音。两个人赶紧穿好衣服，出来观察，以防出什么大事。

两人确实在房间里打架，而且是那种玩命的打架方式。房间里能砸的东西，都砸了，在深夜的山里，声音特别刺耳。最后一声“呯”——房门应声倒在走廊上。只见那个男人愤怒到极点地冲出来，大步走向他的汽车。此时，见她飞也似的跑到厨房，拿了一把菜刀，站在平台上，把菜刀狠狠地扔向那辆汽车，菜刀在黑夜里闪出一道寒光，正中车顶，“哐当”一声，划破这个漆黑的夜，吓得后山的鸡和留在竹林里过冬的鸟一阵慌叫。那男人不管不顾，一脚油门，走了。

她穿得少，站在冽冽寒风之中，眼角有泪，但没出声。牙齿咬着唇，破了一点。门已坏，只能换一个房间。小 Q 把只听摆布不想有意见的她带到家庭房，她睡大床，让客房大姐睡小床，陪她一夜。

情人总是这样，好的时候好到要死要活，坏的时候坏到要死要活。

第12天

她终于顶不住折腾，感冒发烧了。

小 Q、新宇、大姐，熬粥，备热毛巾、中药冲剂汤，用红糖煮土鸡蛋。一个大姐，两个男人，能想到的关照方式，都用上了，希望她早点好起来。

就小 Q 这个大男人来说，关心别人的方式就是：煎一只土鸡蛋。这个方式跟常说的“喝热水”是一样的。肠胃不舒服，喝热水；感冒了，喝热水；身体不适，喝热水；女性经期，喝热水。表示关心一个人，就倒一杯热水给对方。冬天取暖，手里捧一杯热水。

她睡了一天，迷迷糊糊的。

第13天

早上八点多，新宇煮了一碗韩式面条送到她的房间。等她用完早餐，新宇把她之前房间里的东西全部拿到这里。她又续付了几天的房费。小Q说，损坏的房间物品加上踢坏了的一扇门，她需要赔偿2100元。她一并支付了。民宿里，关怀是免费的，东西损坏是要赔付的。

年轻人的精气神足，除了心病之外的小病，都很容易恢复。她睡了一觉后，下午就好了很多。晚餐吃了小Q做的煎饼，喝了一杯咖啡，早早地睡了。

第14天

前一天，小Q跟山里的阿婆预订了一只土鸡。这天阿婆把鸡送下来。阿婆一辈子住在山里，很少下山。阿婆家的鸡比较野，会飞，需要晚上捉，白天只能“望鸡兴叹”。小Q给了阿婆100元、两个苹果，还有前一天做的蛋糕。阿婆讲着旁人不太听得懂的感谢话，回更山里的山里了。

这只鸡，是小Q买来给她煮鸡汤喝的。中国人喜欢用土鸡汤来补身子。鸡肉可以不吃，但汤一定要喝。在这一点上，与欧美国家的人对鸡汤的认知是一样的。硬汉杰森·斯坦森在电影《帕克》中，多次受伤后，闯入女主角家里，女主角的妈妈为他熬了一锅鸡汤，给他调理身体。

晚上照常生起炭炉，小Q给她讲故事。山上的阿婆为什么住在山上不下来？阿婆年轻时嫁到这里。一天，一个受伤的解放军跑到她家里，寻求躲避。她在家人的同意下，把这位解放军藏了起来。没过多久，有几个人拿着枪上山找人，四处搜查询问后，

空手而去。这个解放军在她家休息了一个星期就走了。因为害怕，他们家人之后便尽量不下山。后来，她的孩子们长大，一个一个搬到山下成家立业。她与老伴一直住在山上。子女们过几个月会送点米和油盐上去，其他的日常食物，基本靠老两口通过原始的劳作方式得来。老两口有自己的小菜园，种上各种蔬菜，足够自己吃。春天到了，他们挖了春笋，应季吃一些，剩下的做成笋干，可以吃上一年。他们也养些鸡鸭，冬至的时候，杀了鸡鸭腌制、晒干，便于保存，这样可以吃到第二年春末。老两口都已九十高龄，身体硬朗，耳聪目明，干起活来，不输城里的年轻人。

小 Q 喝了一口酒，提高了嗓门对她说：你喝的鸡汤是用阿婆家的鸡做的，那才叫土鸡汤。

她喃喃自语：原来，执子之手，与子偕老，是如此简单。

第15天

小 Q 对她说，这天他要回杭州办事，店里有五个房间的客人是来开年会的，需要准备和布置。新宇干活不错，但缺少审美，希望她帮一天忙，和新宇一起做会议接待。她欣然同意，愿意一起打理这家深山里的店。

有一年春节，有个女生去莫干山“从前慢”民宿做义工。“从前慢”管家觉得刚好缺人手，欢迎她参与，但有一个条件是：住员工宿舍。她提出不住员工宿舍，住客房。做义工10天，她愿意支付10000元房费。有时候，你真的不懂某些开民宿的人和体验民宿的人，他们大概是从冥王星来的，不是地球人。客人来做义工，帮忙干活，还付房费。有时无法用正常思维来理解某些人的思维逻辑。

她跟新宇打扫公区卫生，清洗游泳池，把各种花瓶整理出来，到边上的竹林里和小溪边，剪一些枝叶，插在瓶瓶罐罐里，放在客厅相应的位置上，仿佛艺术品。在会议桌上铺上一块麻布，上面放三盆花，再去院子里捡一些石子随意散放在麻布上，营造开会时的轻松感。把书店里的书拿一部分来，放在会议桌中间，这是年轻人喜欢的感觉。从邻居阿姨家借来一个农村的火盆，加上店里还有一个，两个炭火盆放在桌子下面，做好安全防护，客人坐在这里开会，整个下身都是暖和的。所谓“接地气”，就是从脚到腿暖和了，整个人就暖和了。一个煮早餐粥的大电饭煲里，煮着鸡汤。鸡汤里放了一些前一年秋天从竹林里挖来的黄精，一起慢熬。从山上挖来的黄精经过九蒸九晒才能食用。这个鸡汤不是作正餐用的，而是给客人开会前，每人来一小碗暖身的。如此暖身方式，大概是她的独创。准备好了咖啡豆，她把咖啡机预热，又把做小蛋挞的面粉、配料准备好，准备下午给开会的客人做简

易茶歇。一切准备就绪，她打开了音乐，放一首编剧红料在话剧《从前有座庙》里创作的插曲：《无主情话第四首》。与新宇坐在已生好的火炉边，等客人到来。

我身边很多人寻找解脱，皈依了佛、道或耶稣。其实，解脱的唯一方法是皈依自己。你让自己有了生机，所有一切，就迎刃而解。人首先要独善其身，自己好是起点，再出来混社会，才不会殃及别人。

“老树画画”的老树如果遇到她，一定会对她说：人间那点破事，去他个娘。

第16天

她与新宇一起打理“山楂树”小店。店里用的是山泉水，水管拉得很长，穿过竹林，直到溪水的源头。有时候水流大，水管被冲跑了，水箱里就没有水。新宇带着她，跋涉一段没有路的竹林，遇到陡坡，她需要新宇拉着她的手才能前行。有个朋友叫小玉，是跑步专家，也是专业的户外登山员。她有时候会带队到户外甚至雪山上徒步。她说，一次户外旅行，有时候需要大家在一起十天八天，在队里遇到对眼的人，一路上就会相互帮助。尤其是过崎岖山路时，手拉手才能前行。拉手的次数多了，男女间难免会产生一些微妙的感情。新宇带着她约半个小时，到达放水管处，两个人把水管处理好，天色已黑。女生在天黑之时，可能会特别依赖男人。在那个生长了多年的竹林里，四周无人，没有了白天的清秀之气，有些瘆人。新宇颇具男子气概地护她下山，皮皮也跟随左右。在黑夜里，有一条狗伴随左右，能让人类非常有安全感。皮皮是“镇店之宝”，它非常善解人意，跟着小Q和新宇一起干活，迎接客人，特别喜欢和客人的小孩子玩。有一位客人，后来也成为我的朋友。他说他家的孩子无论去哪个山里住宿都会哭，唯独在我们这里不哭。他家的孩子喜欢皮皮，把皮皮当朋友相处。所以，这位客人一年总会来住多次，不是为了我们店的风景和管家服务，而是为了这条狗。

皮皮既是店里的宠物，也是店里的“守护神”。它保护客人的理由比较单纯，人狗平等。这几天，皮皮总是见到她就跟随左右，貌似哄她开心，又貌似知道她的心思。很多动物的洞察能力强于人类，只是它们不说。

第17天

她与新宇一起打理“山楂树”小店。山上放养了一些鸡，鸡会在固定的地方下蛋。虽然冬天，鸡很少下蛋，但新宇仍带着她在竹林里寻找，算作一种乐趣吧。记得有一年春天，一只固定下蛋的老母鸡的蛋一只也找不到，那只老母鸡也是难得一见。大概大半个月后的一天，那只老母鸡竟然带着一窝小鸡跑到店的院子里寻找食物。那个场景太神奇了！房东阿姨说，老母鸡肯定跑到附近竹叶叠层多的地方下了蛋，然后把这些蛋孵成了小鸡。这是多么奇妙的大自然，生生不息。

第18天

我到安吉“山楂树”，晚上约她喝酒。她笑着说：不喝了。不过，她调制了几杯鸡尾酒一起喝。在我们的协助下，她用山楂酒、雪碧、几颗山楂、几颗冰糖、半只蛋清，放了几粒花椒，一阵上下摇拌，倒在杯子里，插上竹叶，青白相间，口味相当不错。

此生，我最大的乐趣就是在民宿空间里，与客人聊天。特别是在冬天里，围炉夜话那种，更是有无限的魅力。当你置身于一个“山中无甲子，寒尽不知年”的深山里时，可以与兴趣相近的陌生人聊文学、哲学，谈笑人世间，或者吹个牛，当下有“夫复何求”之感。魏晋时代有“竹林七贤”，他们在竹林里干吗呢？我想无外乎就是聊这些了。

她从中国人民大学毕业，在北京的外资企业从事商业策划工作。她特别喜欢研究北纬30°。北纬30°沿线有地球上重要的自然现象与文明，它贯穿世界四大文明古国。珠穆朗玛峰、埃及尼罗河、长江、美国密西西比河、埃及金字塔群、撒哈拉沙漠、死海、古巴比伦空中花园、神秘百慕大三角、玛雅文明遗址，这些代表地球上文明巅峰的事物，都在北纬30° 线上。当她聊起胡夫金字塔时，更是脑洞大开，滔滔不绝。看着她两眼光芒四射的神情，我无限宽慰。山野的民宿多好啊，请爱惜它吧，这是造物主赐给人类最后的精神家园。她是一个知识丰富的人，我们听她讲这个星球远古时代的大纪事。看到她如此兴奋于埃及文明，我提议一起看一部《木乃伊》，那是一部美国式幽默的奇幻电影，很符合当下大家的心情：轻松，愉悦，对未知世界充满好奇。

第19天

一早，我回杭城，她搭我的车。一路上，她谈笑她爷爷在北京的趣事，我也插几句杭州作为南宋都城时的轶事。如此，路途显得特别短暂。我把她送到杭州东站检票口，看着她窈窕的身材和活力的步伐，回头明媚地挥手一笑，感叹生命重生的力量。

第20天

本来前一天，新宇是很想送她走的。大概因为朝夕相处半个多月，又关怀入微，建立了一些情感。无奈他自己没有车，只能作罢。前一天她走的时候，新宇全程帮她打包行李，少言，埋头利索地做事。临别时，新宇在前台没有出来。大概过了半个月，新宇提出辞职。我问他：辞职后有什么打算？他说：想去北京几天。我后来才知道他去找她了。新宇约了她在北京的一家咖啡馆见面，结果如电影似的，她一直没有出现。新宇在北京漫无目的地闲逛了三天，抽了三天烟，听了三天赵雷的《鼓楼》，返回杭州。

新宇回到杭州，我请他吃饭。新宇喝了点酒，说在一段时间里，心里放不下她。我也喝了一点酒，对新宇说：关于她，你想多了。

他低头，哽咽。很像《天下无贼》结尾时的刘若英，坐在小餐馆里，听到刘德华的“死讯”时，大口大口吃着北京烤鸭，面无表情，泪水大颗大颗地在面颊上滚落。

第21天

她在微信上给我留言：

亲，到了北京后，一切安好！据说王阳明在人生迷茫时，去“格”了竹子。我呢，也到了你们安吉的竹林里“格”了一段时间。虽然没领悟到什么，但醒悟了。我想以自己喜欢的方式过一生，而不是把跳动的脉搏交给别人。

虽然忘记了过去的一切，但仍记得你捎我去杭州东站路上的欢声笑语。把你送给我的小诗写在漂亮便签上，贴在窗前：

生命如绿，
蔓延向阳光！

爱的疯狂

不肯松开你的手
珍惜你的拥抱
不想停止情河边的脚步
永远不要结束的电影
白天不想终结白天
夜黑了就不需要启明星
扎个猛子浸淫在你的眼波里
像亘古的水依恋河床

无人驾驶的车一直开
列车不要到达终点
路一直延伸
接吻不知疲倦
喜欢的就偏执着
爱就到永远
如果灵魂可以嫁娶
就在今晚

创作灵感：
一次出差在动车上，遇一对男女热恋，每隔几分钟就要抱在一起热吻。我们很难想象出一个理由：为什么不回家慢慢抱、慢慢吻，而要在公共场所迫不及待？大概这就是扑朔迷离的爱情。就像飞蛾喜欢扑火，就像特洛伊王子帕里斯爱上了斯巴达美女海伦，就像李隆基杨玉环“集三千宠爱于一身”。

关于民宿和我

有些人民宿开得非常好，但不会或不愿意写作。

有些人的文学水平很高，能写出漂亮的文章，但是不会开民宿。

我开了近十年民宿，在全国的乡村、大山里开了十多家店，并晴耕雨读地写了两本书。

民宿这个行业非常特殊，很多人因为向往美好生活而开一家小民宿，但因为不懂经营而伤心绝望。如果一个经历风雨的民宿人，把民宿的美好与“坑”全部用文字呈现出来，并出版成书，利人利己，岂不美哉?

第一本书《把一部分时间留给陌生人》是以文学的手法、教科书的形式，把如何开一家小民宿进行了360°解析，由中信出版社出版后，已售约两万本。开民宿的人阅读后，有所共鸣；不开民宿的人阅读后，会感受“自雇佣”的自由和生活的美好。

为什么会有民宿这样的产品出现，如此被人们接受和喜欢呢?

究竟什么样的人，灵魂里住着民宿?

在无限思绪中，我准备出版第二本书《你并非身在他乡》。

第一本书讲的是开民宿的人，那第二本书，讲的是住民宿的人。

我开民宿的选址总是有些“变态”。在杭州西湖附近有6家店。每一家都非常幽静与独特。左手边是一年四季花开的植物园，右手边是浙江大学，步行15分钟是西湖，背后是杭州的名山——小和山，山巅之上北高峰，北高峰下灵隐寺。

在浙江安吉、莫干山、绍兴新昌、普陀山海边，上海朱家角古镇、赣州阳明湖等乡村山里，都有我们的小店。我们追寻造物主给人类的三样免费的东西：透明的阳光、干净的水和新鲜的空气。

我用步伐丈量乡村，用文字记录乡愁。我让鲜花盛开的地方开满小民宿，我让有民宿的地方，鲜花盛开。

让人们住有趣的房子，遇到有趣的人。开民宿，意味着把人生一部分时间留给陌生人，让每一个在路上的人感知温暖——他们并非身在他乡。

我们能做的，只是呼唤。呼唤不一样的文明。比如乡村里的祠堂、石拱桥、村口的大树、夯土墙，都应该被记录。

我不是最会开民宿的，也不是最优秀的作家，我刚好在他们中间。

人类生活在三维空间，假如四维空间也真实存在，那我刚好是三维和四维空间中间的那个点，并不显眼，但认真存在。

图书在版编目（CIP）数据

你并非身在他乡 ：民宿里的深夜食堂 / 午候著. --
杭州 ：浙江大学出版社，2021.8
ISBN 978-7-308-21389-9

Ⅰ. ①你… Ⅱ. ①午… Ⅲ. ①故事－作品集－中国－当代 Ⅳ. ①I247.81

中国版本图书馆CIP数据核字(2021)第094927号

你并非身在他乡：民宿里的深夜食堂
午 候 著

策划编辑 张 婷
责任编辑 张一弛
责任校对 张 婷
封面设计 VIOLET
插画设计 丐 帮
内容核对 之 晴
出版发行 浙江大学出版社
（杭州市天目山路148号 邮政编码 310007）
（网址：http://www.zjupress.com）
排 版 杭州林智广告有限公司
印 刷 浙江省邮电印刷股份有限公司
开 本 880mm×1230mm 1/32
印 张 8.125
字 数 150千
版 印 次 2021年8月第1版 2021年8月第1次印刷
书 号 ISBN 978-7-308-21389-9
定 价 54.00元

浙江大学出版社市场运营中心联系方式：0571-88925591；http://zjdxcbs.tmall.com